D. G. Robinson · U. Ehlers · R. Herken
B. Herrmann · F. Mayer · F.-W. Schürmann

Präparationsmethodik in der Elektronenmikroskopie

Eine Einführung für Biologen und Mediziner

Mit einem Geleitwort von
K. Mühlethaler

Mit 60 Abbildungen

Springer-Verlag Berlin Heidelberg GmbH

Prof. David G. Robinson, Ph. D.
Priv. Doz. Dr. Ulrich Ehlers
Prof. Dr. Rainer Herken
Prof. Dr. Bernd Herrmann
Prof. Dr. Frank Mayer
Prof. Dr. Friedrich-Wilhelm Schürmann

Fachbereiche Biologie und Medizin
der Universität Göttingen
D-3400 Göttingen

ISBN 978-3-540-15880-6

CIP-Kurztitelaufnahme der Deutschen Bibliothek
Präparationsmethodik in der Elektronenmikroskopie / e. Einf. für Biologen u. Mediziner
D. G. Robinson . . .

ISBN 978-3-540-15880-6   ISBN 978-3-662-09413-6 (eBook)
DOI 10.1007/978-3-662-09413-6
NE: Robinson, David G. [Mitverf.]

2131/3130-543210

Geleitwort

Als im Jahre 1939 in Berlin im Laboratorium für Elektronenoptik der Siemens & Halske AG die ersten Elektronenmikroskope serienmäßig fabriziert wurden, standen den Biologen und Medizinern unerwartet Geräte zur Verfügung, welche das Auflösungsvermögen der Lichtmikroskope um das 100fache übertrafen. Der sofortigen und breiten Anwendung dieses neuen Verfahrens in der Erforschung der zellulären Strukturen standen aber fast unüberwindliche präparative Schwierigkeiten im Wege. Die bisher in der Lichtmikroskopie verwendete Mikrotechnik konnte nicht übernommen werden, weil selbst die feinsten Paraffinschnitte von den Elektronen nicht durchstrahlt werden konnten. Viele damals kompetente Biologen und Mediziner äußerten auch die Befürchtung, daß die im Hochvakuum befindlichen Objekte durch die vollständige Entwässerung verändert und schließlich durch die absorbierte Elektronenenergie bis zu einem rudimentären Kohlenstoffskelett abgebaut werden würden. Es schien auch zweifelhaft, ob es gelingen würde, Dünnschnitte in der Größenordnung von 0,5 μm aus den heterogen zusammengesetzten biologischen Präparaten herzustellen. Man besaß plötzlich ein völlig neuartiges Instrument, das gegenüber dem Lichtmikroskop eine um zwei Zehnerpotenzen höhere Auflösung ermöglichte, aber keine dafür geeignete Präparationstechnik!

Diese skeptische Einstellung zur Anwendung des Elektronenmikroskopes in der Biologie und Medizin wurde gleichzeitig auch durch die Lehrmeinung der damals aktuellen Kolloidchemie unterstützt, in der postuliert wurde, daß es im amikroskopischen Bereich der lebenden Strukturen keine stabilen Bauelemente gebe, die man mit diesem Gerät abbilden könnte. Man stellte sich damals das Cytoplasma, die Kernmatrix, den Inhalt der Mitochondrien und Plastiden als ein amorphes, homogenes Gelgerüst ohne definierte Strukturhierarchie vor. Warum also ein Elektronenmikroskop?

Das Fehlen einer Dünnschnittmethode, welche erst die systematische Erforschung der Feinstruktur von Zellen und Geweben ermöglicht, bewirkte zunächst einen Wettlauf nach leichter Entdeckerbeute. Wie zu Antonius van Leeuwenhoeks Zeiten versuchte man es mit allen möglichen und unmöglichen Objekten, in der Hoffnung, etwas zu sehen, was erstmalig und epochemachend sei. Außer der Sichtbarmachung von Viren und Bakteriengeißeln gab es aber bei dieser Jagd nur wenige wirklich gute Funde. Bei der Hast, neu aufgenommene Bilder gleich zu veröffentlichen, wurden auch viele denaturierte Strukturen und Artefakte als Abbilder der lebenden Materie angesehen, was natürlich der Anwendung dieses neuen Verfahrens nicht förderlich war. So lange sich der Einsatz des Elektronenmikroskopes nur auf die Untersuchung von Viren, Bakterien, Erythrocytenhüllen, Diatomeen etc. beschränkte, blieben neue grundlegende Erkenntnisse aus. Die Präparation dieser

Objekte bereitete an sich keine Schwierigkeit, denn sie wurden nur in dest. Wasser suspendiert und auf einem Kollodiumfilm angetrocknet. Die Bilder waren mit Ausnahme der Diatomeenschalen aber meist kontrastlos und verschwommen, und viel mehr als ihre Umrisse konnte man nicht erkennen. Eine Metallbeschattungsmethode zur Messung der Tiefe von elektronenmikroskopischen Objekten war zwar schon 1942 von H.O.Müller in Berlin entwickelt worden, aber erstaunlicher Weise wurde sie damals von den Biologen zur Kontraststeigerung nicht übernommen. Erst Williams und Wyckoff, welche 1944 in den USA unabhängig davon die Metallbeschattung ebenfalls für die Elektronenmikroskopie entwickelten, benützten diese Technik zur besseren Darstellung von Virus- und Bakterienpräparaten. Die außerordentlich plastischen Bilder, welche diese Autoren von ihren Objekten erhielten, bildeten einen Markstein in der Entwicklung der Elektronenmikroskopie und ließen selbst die eingefleischtesten Skeptiker unsicher werden. Bereits 1946 verwendete Wyckoff zur Präparation seiner Viren und Bakterien auch die Gefriertrocknung und erreichte damit eine bessere räumliche Strukturerhaltung als nach dem Eintrocknen. Während die Partikelsuspensionen sehr gute Resultate ergaben, konnten größere Objekte, wie Zellwände, Fasern, Gewebe etc. immer noch nicht anhand von Dünnschnitten untersucht werden. Man versuchte zwar alle möglichen Tricks, um genügend dünne Schichten für die Abbildung herzustellen, aber die Informationen, welche man daraus erhielt, waren bescheiden. Wir verwendeten z.B. zur Zerkleinerung von Pflanzenfasern Ultraschall und konnten anhand der feinsten Bruchstücke auf einen fibrillären Aufbau schließen, was frühere Beobachtungen im Polarisationsmikroskop von Frey-Wyssling bestätigte. An Stelle von Dünnschnitten, ging man dazu über, größere Objekte mit Hilfe von Abdrucktechniken zu untersuchen. Als Abdruckmaterialien verwendete man Gelatine oder Kollodium, die nach dem Ablösen mit SiO bedampft wurden. Wegen der starken Quellbarkeit dieser Abdruckmaterialien beim Weglösen, war es aber schwierig, die auf der Reliefseite aufgedampfte Schicht abzulösen, ohne daß sie zerrissen wurde. Erst die von Helwig und König 1950 eingeführte Kohlenumhüllungs-Technik mit Hilfe der Kathodenzerstäubung lieferte nach dem Weglösen des Objektes sehr schöne Abdrucke. Mit dieser Methode gelang es uns, bei Pollenkörnern sehr schöne Oberflächenbilder der stark sculpturierten Exine aufzunehmen. Die Abdrucktechnik büßte aber zu diesem Zeitpunkt ihre Bedeutung bereits ein, weil zwischen 1948 bis 1950 brauchbare Dünnschnittmethoden entwickelt wurden. Den Amerikanern Pease und Baker gelang es 1948, mit einem histologischen Spencer Mikrotom 820 durch eine Verkleinerung des Vorschubes auf $\frac{1}{10}$ des ursprünglichen Wertes und durch eine Einbettung des Präparates in eine Mischung aus Kollodium und Carnauba Wachs die ersten brauchbaren Schnitte herzustellen. Die Erfolge mit dieser Methode stimulierten andere Gruppen zu weiteren Versuchen mit anderen Mikrotomtypen und Einbettungen. Bretschneider in Holland verwendete Paraffin mit einem Schmelzpunkt von 65 °C als Einbettungsmittel und stellte die Schnitte in einem Kühlraum bei 10 °C mit einem alten Cambridge Rocking Mikrotom her. Seine Schnitte waren aber schlecht fixiert, weil er die in der Lichtmikroskopie gebräuchlichen Medien, wie Bouin, Carnoy, Bichromat-Formol oder Sublimat, verwendete. Den entscheidenden Fortschritt brachte erst die Umstellung der Mikrotome vom mechanischen zum thermischen Vorschub, welcher von Newman, Borysko und Swerdlow im Jahre 1949 eingeführt wurde. An der Objektkammer eines Spencer Mikrotomes wurde ein Messingblock mit eingebautem Reduzierventil befestigt, der mit CO_2 abgekühlt werden konnte. Gleichzeitig wurde als Einbettungsmittel an Stelle von Paraffin oder Kollodium eine Mischung von Methyl- und Butylmethacrylat verwendet. An Stelle der Metallmesser wurden ein Jahr später von Latta und Hartmann die aus Streifenglas gebrochenen Glasmesser eingeführt, was einen weiteren entscheidenden Fortschritt in der Dünnschnitt-Technik brachte. Der einzige Nachteil dieses Verfahrens bestand darin, daß durch den kontinuierlichen thermischen Vorschub beim Rückweg die Schnittfläche die Messerkante berührte, was zu Deformationen des Präparates oder zur Beschädigung der Schneide führte. Die einfache Auf- und Abbewegung wurde deshalb so abgeändert, daß der Schneidearm entweder eine kreisförmige Bewegung ausführte oder das Messer nach jedem Schnitt zurückgezogen wurde, um das Objekt vorbeizulassen. Um die Schnittintervalle genau gleich zu halten, wurden später die Mikrotome mit einem Motor angetrieben. Das damals am weitesten verbreitete Gerät war das sogenannte Porter-Blum Mikrotom, das ab 1953 in Serien von Sorvall hergestellt wurde.

Nachdem diese Dünnschnitt-Technik etabliert war, zeigte sich, daß mit den konventionellen Fixationsmitteln keine genügende Strukturerhaltung möglich war, wie dies auch bereits die Untersuchungen von Bretschneider belegten. Osmiumtetroxid oder Formol ergaben zwar annehmbare Resultate, aber je nach Objektbeschaffenheit zeigte sich eine unterschiedliche Strukturerhaltung. Palade fand 1952 heraus, daß man für eine optimale Fixation den pH-Wert entsprechend dem Objekt genau einstellen muß und auch die Osmolarität der Pufferlösung eine wichtige Rolle spielt. Als Puffer wurde damals fast ausschließlich der Veronalpuffer verwendet. Weil vor allem die mit Formol fixierten und in Methacrylat eingebetteten Präparate im Schnitt wenig Kontrast zeigten, war es üblich, vor dem Mikroskopieren das Einbettungsmittel herauszulösen und den Schnitt anschließend zu beschatten. Durch das Herauslösen quollen aber die Schnitte stark auf, was zu Artefakten führte. An Stelle von Methacrylat, das sich im EM bei der Bestrahlung verflüchtigte, trat im Jahre 1956 das von Glauert eingeführte Araldit. Um den Kontrast im Dünnschnitt zu erhöhen, mußte aber mit Bleisalzen nachkontrastiert werden.

Nachdem die Dünnschnittherstellung technisch gelöst war, stellte sich die Frage nach der chemischen Zusammensetzung der im Schnitt sichtbaren Strukturen. Man versuchte zuerst, mit Hilfe spezifischer Schwermetallkontrastierungen oder durch enzymatischen Abbau mehr über die chemische Zusammensetzung der Objekte zu erfahren. Trotz großen Anstrengungen gelang es aber nicht, überzeugende Resultate zu erhalten. Um mit diesen Verfahren weiterzukommen, brauchte man unfixiertes Material zum Experimentieren. Es schien deshalb zweckmäßig, eine Methode zu entwickeln, um Gefrierdünnschnitte für histochemische Untersuchungen herzustellen. Wir beschlossen 1958, ein solches Gerät zu bauen, was verschiedene konstruktive Änderungen gegenüber dem konventionellen Dünnschnittmikrotom bedingte. Um eine Bereifung der tiefgefrorenen Gewebestücke während des Schneidens zu vermeiden, mußte das Mikrotom in eine Vakuumkammer eingebaut werden, was zunächst große technische Probleme mit sich brachte. Zusammen mit H. Moor und H. Waldner wurde in unserem Labor ein Prototyp entwickelt und ausprobiert. Zu unserer großen Enttäuschung gelang es uns aber nicht, Dünnschnitte von tiefgefrorenen Gewebeblöcken herzustellen. Andererseits konnten wir aber durch Aufdampfen von Metall auf die frisch gebrochene Fläche sehr schöne Abdrucke herstellen, wie das vor uns Steere 1957 mit Viruskristallen bereits demonstriert hatte. Besonders interessante Ergebnisse konnten wir mit dieser Gefrierätztechnik an den Membransystemen der Zellen machen. Es zeigte sich nämlich, daß die von Robertson 1958 postulierte „Einheitsmembran" bei den verschiedenen Zellorganellen unterschiedliche Strukturen aufwies. Vor allem bemerkten wir, daß alle biologischen Membranen, welche wir beobachteten, eine Partikelpopulation zeigten, welche nach dem Robertson'schen Einheitsmembran-Konzept nicht auftreten sollten. Unsere Beobachtungen wurden aber von den damaligen Experten auf diesem Gebiet als Artefakte bezeichnet, und es brauchte viele Jahre, bis unsere Arbeiten anerkannt wurden. Rückblickend darf man sagen, daß die heutigen Erkenntnisse über den Bau der biologischen Membranen erst durch unsere Arbeiten und Methoden möglich geworden sind.

Nachdem alle Versuche gescheitert waren, aus unfixiertem, tiefgefrorenem Gewebe Dünnschnitte herzustellen, mußten andere Wege zur biochemischen Charakterisierung der verschiedenen Strukturelemente ausprobiert werden. Wie Coons, Creech und Jones 1941 zeigten, können für lichtmikroskopische Untersuchungen Antikörper mit covalent gebundenen fluoreszierenden Gruppen zum Nachweis von Antigenen in Gewebeschnitten verwendet werden. Es lag daher auf der Hand, auch für EM-Untersuchungen Antikörper zu benützen, nur mußte die fluoreszierende Gruppe durch einen Schwermetall-Komplex ersetzt werden, um die Marker-Moleküle sichtbar zu machen. Wie Singer 1959 zeigte, eignen sich dazu Ferritin-Antikörper-Konjugate, weil der Ferritinkomplex mit seinem eisenhaltigen Kern genügend Kontrast erzeugt. Auch nach der Beschattung sind diese Partikel auf dem Schnitt klar zu erkennen. Im Laufe der Jahre hat man statt Ferritin weitere Marker, wie Peroxidase, Haemocyanin, Lectine oder Viren verwendet, aber diese sind heute durch Goldkolloide ersetzt worden. Goldpartikel lassen sich in verschiedenen Größen herstellen, was Doppelmarkierungen am gleichen Präparat erlaubt. Am fixierten Präparat werden aber immer wieder solche Antikörper-Markierungen durch Denaturierungs-Effekte beeinträchtigt, weil der Ligand durch die chemische Einwirkung verändert oder zerstört wird. In den letzten Jahren sind deshalb nochmals große Anstrengungen unternommen worden, um Gefrierschnitte herzustellen. Durch die Erfolge der Cryomikrotomie hat die Immunoelektronenmikroskopie eine wesentliche Förderung erfahren.

Leider ist es aber auch mit den raffiniertesten Methoden nicht möglich, das Grenzauflösungsvermögen des EM von ca. 2 Å zu erreichen. Schuld daran sind zahlreiche Artefaktmöglichkeiten wie z.B. Denaturierungseffekte, Strahlenschäden, optische Einflüsse etc., die bisher nicht völlig eliminiert werden konnten. Nach Siegel veränderte sich z.B. die kristalline Ordnung in einem Paraffinkristall schon nach einer Bestrahlung mit ca. 8 Elektronen/Å^2 bei 100 KV, obschon das Präparat bei 4 K gehalten wurde. Die kristalline Ordnung von Adenosin wird nach Glaeser bei Raumtemperatur nach einer Dosis von ca. 6 Elektronen/Å^2 bei 80 KV weitgehend zerstört. Strahlenschäden treten also schon bei einer Dosis ein, die weit unter derjenigen liegt, die für die photographische Registrierung benötigt wird. In dieser Hinsicht waren also die Bedenken, welche von den Cytologen bei der Einführung des EM geäußert wurden, nicht unbegründet! Diese Artefakte sind aber nicht so schlimm, wie das damals vermutet wurde, denn bei der konventionellen Elektronenmikroskopie mit einer Auflösung zwischen 20 und 30 Å beeinträchtigen die

Strahlenschäden die Untersuchungsergebnisse kaum. Sie werden aber für die Hochauflösung von großer Bedeutung, und hier ist in den letzten Jahren eine Entwicklung im Gang, die wesentliche Fortschritte gebracht hat. Einerseits versucht man, mit vitrifizierten biologischen Präparaten im Cryoelektronenmikroskop eine bessere Strukturerhaltung zu erreichen, und andererseits, durch Fourier-Filterung und Korrelationsanalysen mit Hilfe eines Computers Artefakte zu eliminieren. Diese neuen Methoden sind sicher für die hochauflösende EM von großer Bedeutung, können aber nicht verhindern, daß wir uns langsam der Auflösungsgrenze der modernen Geräte nähern, welche wie seinerzeit beim Lichtmikroskop dem weiteren Fortschritt eine Grenze setzt. Wie in jedem neuen Forschungsgebiet folgt nach einer stürmischen Entwicklung, die in der Elektronenmikroskopie zwischen 1950 und 1960 stattfand, eine Verlangsamung der Fortschritte, die aber gleichzeitig durch eine Verbreiterung des Anwendungsgebietes kompensiert wurde. Auch in dieser Beziehung verläuft die Entwicklung der Elektronenmikroskopie ähnlich, wie seinerzeit in der Lichtmikroskopie, wo mit der Anwendung in verschiedenen Fachgebieten auch eine Spezialisierung der Geräte (Polarisation, Phasenkontrast, Interferenz etc.) erfolgte. Diese Entwicklung ist auch beim EM eingetreten, indem im letzten Jahrzehnt neben dem konventionellen Durchstrahlungsmikroskop auch das bereits 1933 von Ardenne erfundene Rastermikroskop sich in der Anwendung fest etabliert hat. Das von ihm im Jahre 1937 gebaute Rastermikroskop war für die Durchstrahlungsabbildung konstruiert worden, weil mit dieser Variante auch bei dickeren Präparaten der chromatische Bildfehler sehr klein blieb. Ein geplantes Gerät zur Oberflächenabbildung konnte von Ardenne nicht mehr vollenden, weil die Anlage im Krieg zerstört wurde. Erst 1965 wurde in Cambridge von Oatley, Nixon und Pease ein solches Oberflächen-Rastermikroskop gebaut, das seither in den verschiedensten Anwendungsgebieten mit großem Erfolg Einzug gehalten hat. Das ursprüngliche Konzept des Durchstrahlungs-Rastermikroskopes ist 1970 von Crewe für hohe Auflösung weiterentwickelt worden, indem er an Stelle der üblichen Kathode eine Feldemissionsquelle einbaute.

Die Kriterien zur Präparaterhaltung im Raster-EM entsprechen denjenigen im Durchstrahlungsgerät, und es ist deshalb verständlich, daß bei der Objektvorbereitung ähnlich vorgegangen wird. Zur räumlichen Konservierung der Präparate hat sich vor allem die 1950 von Anderson zur Darstellung von roten Blutkörperchen entwickelte „Critical-Point"-Methode sehr bewährt. Um die Präparate mit einer dünnen Metallschicht leitend zu machen und vor zu großer thermischer Belastung zu schützen, hat sich die von Helwig und König 1950 eingeführte Kathodenzerstäubung allgemein durchgesetzt. Die auf diese Weise erzeugten Filme haften sehr gut auf der Oberfläche und weisen auch bei zerklüftetem Relief eine gleichmäßige Dicke auf.

Wie im vorliegenden Werk dargestellt, sind im Laufe der letzten Jahre neben der Immunelektronenmikroskopie und Autoradiographie vor allem neue Bildverarbeitungsverfahren, wie Morphometrie, stereologische Analyse, Bildrekonstruktionsverfahren entwickelt worden, die neue Erkenntnisse über den Bau und die stoffliche Zusammensetzung der Präparate liefern.

Wer wie ich seit 1943 die Entwicklung der Elektronenmikroskopie miterleben durfte, darf die Genugtuung haben, daß sich die jahrelangen Anstrengungen, das Ringen um neue Präparations- und Abbildungsmethoden, sowie die Verbesserungen der Präparatherstellung doch gelohnt haben, denn die modernen Anschauungen über den Bau der Zelle verdanken wir zur Hauptsache der Elektronenmikroskopie. Den Autoren dieser zusammenfassenden Darstellung der gesamten Präparationstechnik, der Durchstrahlungs- und Rasterelektronenmikroskopie haben wir für Ihre vorzügliche Arbeit zu danken. Sie haben aus der 50jährigen Geschichte der Elektronenmikroskopie die bewährten Methoden ausgewählt und sehr klar und verständlich dargestellt. Obgleich die Standardmethoden in der EM seit ihrer Einführung mehr oder weniger gleich geblieben sind, braucht es doch eine große Erfahrung, um aus den zahlreichen in der Zwischenzeit entwickelten Varianten die zuverlässigsten Verfahren herauszufinden. Für den Anfänger ist es deshalb eine große Hilfe, eine zusammenfassende Darstellung, wie sie im vorliegenden Werk zu finden ist, zu Rate zu ziehen, um sich so das zeitraubende Suchen in der Fachliteratur zu ersparen. Aber auch für den langjährigen Praktiker bietet dieses Buch ein zuverlässiges Nachschlagewerk, um sich über den neuesten Stand bestimmter Präparationsschritte zu informieren. Trotz verschiedenen Büchern mit gleicher Thematik fehlte bisher eine Zusammenstellung, die sämtliche Präparationsverfahren umfaßte. Es ist deshalb ein Glücksfall, daß sich mehrere bestens ausgewiesene Autoren, die in ihren speziellen Fachgebieten große Erfahrungen sammelten, zusammengefunden haben, um dieses Buch herauszugeben. Ich bin überzeugt, daß es seinen festen Platz im Laboratorium finden wird, und wünsche dem Werk eine weite Verbreitung und den Autoren die verdiente Anerkennung für ihre große Arbeit.

Zürich, im September 1985   K. Mühlethaler

Vorwort

In der Pionierzeit der Elektronenmikroskopie war die Analyse biologisch-medizinischer Objekte nur ein Nebenaspekt dieser Technik. Inzwischen hat dieses Anwendungsgebiet einen kaum mehr zu überblickenden Aufschwung genommen. Es erbrachte Kenntnisse und ließ Zusammenhänge deutlich werden, die mit anderen Verfahren nicht zugänglich waren. Ein sehr wesentlicher Grund dafür liegt in der stetigen Weiterentwicklung aller bei der elektronenmikroskopischen Untersuchung nötigen Einzelschritte. Diese reichen von der Probennahme und -vorbereitung über verschiedene Fixiermöglichkeiten, die Kontrastierung, die Einbettungs- und Schneideverfahren und die Abbildungs- und Dokumentationstechniken bis zur Bildanalyse. Ohne die parallel laufenden Geräteentwicklungen wären diese Fortschritte nicht möglich gewesen. Eine besondere Dynamik in Teilbereichen fällt auf. Sie betreffen die Problematik der präparations- und strahlungsbedingten Artefaktbildung, das Erreichen höherer Auflösung und verschiedene Gesichtspunkte der Materialanalyse.

Es gibt vergleichsweise wenige Labors, in denen grundlegende Neuerungen erdacht und realisiert werden. Dagegen stehen die Mitarbeiter einer großen Zahl von elektronenmikroskopisch arbeitenden Gruppen täglich vor dem Problem, von bekannten oder unbekannten Proben Präparate herzustellen und auszuwerten. Dies geschieht sowohl für Forschungsprojekte als auch für diagnostische Zwecke. Die Lösung dieser Probleme kann nur gelingen, wenn adäquate Techniken eingesetzt werden. Das vorliegende Buch bietet erfolgversprechende Verfahren an, die praktisch erprobt sind. Jedem Teil sind in der Regel eine kurz gehaltene theoretische Einführung und einige Literaturangaben beigefügt. Damit sollten die Benutzer in der Lage sein, die der Problemstellung angemessenen Präparations-, Abbildungs- und Auswerteverfahren auszuwählen. Zur Orientierung bei der Qualitätsbeurteilung dienen exemplarische elektronenmikroskopische Aufnahmen. Einige neueste Techniken wurden nicht aufgenommen, sondern nur erwähnt, da sie noch nicht sehr verbreitet sind.

Bei der Abfassung dieses Werkes haben wir die Erfahrungen – sowohl der jetzigen als auch der ehemaligen – in unseren Arbeitsgruppen tätigen Mitarbeiter ausgenutzt. Obwohl sie nicht unmittelbar an diesem Buch beteiligt waren, bedanken wir uns bei diesem Personenkreis für die teilweise langjährige Unterstützung. Den verschiedenen Kollegen, die uns beraten oder freundlicherweise Bilder überlassen haben, sei an dieser Stelle ebenso herzlich gedankt. Besonderen Dank möchten wir Herrn Bernd Raufeisen für die exzellenten Strichzeichnungen, die manchmal von einfachen Skizzen angefertigt wurden, und Frau Heike Freundt aussprechen, die eine zuverlässige Hilfe bei photographischen und redaktionellen Arbeiten war. Zuletzt darf natürlich nicht Herr Dr. D.Czeschlik vom Springer-Verlag unerwähnt bleiben. Seine Sachkenntnis und seine Geduld waren uns eine große Stütze.

Göttingen, September 1985   Die Autoren

Inhaltsverzeichnis

1 Einführung in die Elektronenmikroskopie (EM)

1.1 Elektronenmikroskopische Abbildungsverfahren

1.1.1 Konventionelle Transmissionselektronenmikroskopie (TEM)

Elektronen können im konventionellen Transmissionselektronenmikroskop mit dem durchstrahlten Objekt in verschiedene Wechselwirkung treten: Es können elastische Stöße erfolgen; dabei verändern die Elektronen ohne Energieverlust die Richtung ihrer Bahn durch Wechselwirkung mit den Atomkernen im Objekt; erfolgen unelastische Stöße, d. h. treten Wechselwirkungen mit Elektronen der Atomhüllen auf, so erleiden die eingestrahlten Elektronen einen Energieverlust. Im Gegensatz zu elastischen Stößen treten unelastische Stöße selten auf.

Die Richtungsänderung von Elektronen ohne Energieverlust, d. h. durch elastische Stöße, wird als Streuung bezeichnet. Das elektronenmikroskopische Bild entsteht durch denjenigen Anteil dieser gestreuten Elektronen, deren Ablenkungswinkel aus der ursprünglichen Einstrahlungsrichtung gering ist. Stark gestreute Elektronen werden durch Blenden daran gehindert, zur Bildentstehung beizutragen. Durch diesen selektiven Eingriff entstehen im Endbild Helligkeitsunterschiede („Kontrast") zwischen unterschiedlich stark streuenden Objekteinzelheiten. Objektatome mit hoher Ordnungszahl streuen Elektronen stärker als solche mit niedriger Ordnungszahl.

Nach Rutherford (spezielle Anwendung des Coulumb-Gesetzes) ergibt sich nämlich für die Ablenkungskraft K eines Atoms:

$$K = \frac{-e \cdot eZ}{r^2}$$

e = Elementarladung, Z = positive Ladung des Atomkerns (= Ordnungzahl des Atoms), r = Abstand Elektronen-Atomkern.

Die Beziehung zeigt, daß die Ablenkungskraft der Ordnungszahl des Atoms proportional ist.

1.1.1.1 Elektronenmikroskopische Hellfeldtechnik

Die in biologischen Objekten überwiegend vertretenen Atome (wie C, O, H, N, S, P ...) streuen den Elektronenstrahl nur sehr wenig; deshalb reicht der objekteigene Kontrast in den meisten Fällen nicht aus, um die Feinstrukturierung des Objekts erkennen zu lassen. Man ist daher gezwungen, den Kontrast (d. h. die Elektronenstreuung bestimmter Objektstellen relativ zu ihrer Umgebung) künstlich durch Einführung von Atomen mit hoher Ordnungzahl zu erhöhen. Solche Atome sind z. B. Os, Mn, U, Pb, Pt, W u. v. a. Die Einführung dieser Atome kann gleichzeitig mit der Fixation (z. B. bei der Fixation durch OsO_4 s. 2.1.1.2.1 – oder durch $KMnO_4$ – s. 2.1.1.2.3) oder durch die Kontrastierung selbst erfolgen (für dünne Schnitte s. 2.2.5; für Negativkontrastierung s. 2.3.1.2; für Schrägbedampfung s. 2.3.1.3 und 2.6.5).

In einigen Fällen kann eine Anhäufung bzw. Aggregation von Atomen mit niedriger Ordnungszahl zur Sichtbarkeit führen. Hier ist die Massendicke der Objekte an bestimmten Stellen ausreichend, um genügend Kontrast zu bewirken. Je dichter solche Atome zusammenliegen und/oder je dicker die Schicht solcher Atome ist, durch die die Elektronen hindurchtreten müssen, um so häufiger erfolgt Streuung. Oberhalb einer gewissen Grenze (über ca. 500 nm) wird die Objektdicke zu groß, als daß Elektronen in herkömmlichen Mikroskopen noch durch das Objekt hindurchtreten können. Um brauchbare Bilder zu erhalten, dürfen die Objekte i. allg. eine maximale Dicke von ca. 100 nm nicht überschreiten (hieraus resultieren für biologische Objekte meist Zwänge zur Objektaufbereitung!).

Der Kontrast wird durch zwei weitere Faktoren bestimmt, und zwar zum einen durch die Öffnung der Objektivblenden, d. h. je kleiner die Blendenöffnung, desto größer wird der Kontrast (gleichzeitig nimmt aber auch die Bildhelligkeit ab), zum anderen durch die Höhe der Beschleunigungsspannung zwischen Kathode und Anode; hiervon hängt die Geschwindigkeit der Elektronen ab. Je höher die Geschwindigkeit der Elektronen ist, desto kleiner werden Streuwinkel und damit Kontrast.

Weiterführende Literatur

Agar AW, Alderson RH, Chescoe D (1974) Principles and practice of electron microscope operation. In: Glauert AM (ed) Practical methods in electron microscopy, vol II. Elsevier/North Holland, Amsterdam, pp 1–345
Lange RH, Blödorn J (1981) Das Elektronenmikroskop. TEM und REM. Thieme, Stuttgart, S 1–327
Wischnitzer S (1970) Introduction to electron microscopy. Pergamon Press, New York, pp 1–292

1.1.1.2 EM unter geringer Strahlenbelastung

Konventionelle Arbeiten mit dem Transmissionselektronenmikroskop unter Routinebedingungen belastet das Präparat mit einer Strahlendosis, die im Bereich von einigen hundert (bei schnellem Arbeiten) bis einigen tausend Elektronen pro $Å^2$ liegt. Diese Gesamtdosis setzt sich zusammen aus den Einzeldosen, die beim Absuchen, Scharfstellen und Herstellen der Aufnahme eingestrahlt werden. Um Strahlenschädigungen zu reduzieren, kann diese Dosis drastisch reduziert werden. Es gibt Elektronenmikroskope, bei denen konstruktive Vorkehrungen getroffen sind, die das Arbeiten unter geringer Strahlenbelastung routinemäßig ermöglichen. Generell ist das Prinzip wie folgt: Absuchen des Präparats bei möglichst geringer Vergrößerung und geringer Helligkeit, Scharfstellen bei gewünschter Vergrößerung, aber nicht an der interessierenden Stelle, sondern daneben, Verschieben des Präparats relativ zum Strahl (oder umgekehrt) so, daß die interessierende Objektstelle im Strahlengang liegt, aber noch nicht bestrahlt ist (möglich durch vorheriges Abblenden des Strahls), Herstellen der Aufnahme mit den ersten an dieser Stelle auftreffenden Elektronen (abgesehen von denjenigen, die beim Absuchen bei geringer Vergrößerung eingestrahlt wurden). So können Aufnahmen mit einer Gesamtstrahlenbelastung von 6 bis 10 Elektronen pro $Å^2$ hergestellt werden. Sie zeigen bei entsprechender Wahl der Photoemulsion und des Entwicklers auf dem Negativ erkennbare Details. Um eine bessere Kontrolle über Objektdetails und Fokuslage zu haben, wird im Anschluß an die erste Aufnahme eine zweite Aufnahme unter konventionellen Bedingungen (ohne Fokusänderung) gemacht.

Aussagen über die tatsächliche Strahlenbelastung können mit nicht entsprechend ausgerüsteten Mikroskopen, und falls nicht genaue Justier- und Arbeitsvorschriften bestehen, nicht gemacht werden. Einen groben Anhaltspunkt über die eingestrahlte Elektronendosis kann man erhalten, wenn man gegen Elektronen hochempfindliches Negativmaterial benützt und den Vorschriften entsprechend entwickelt. Man erhält dann bei Primärvergrößerungen im Bereich zwischen 20000 × und 40000 × eine erkennbare Schwärzung, wenn die Gesamtdosis während der Belichtung im Bereich zwischen 5 und 50 Elektronen pro $Å^2$ lag. Über die zusätzliche Belastung beim Absuchen des Präparats erhält man dabei keine direkte Auskunft. Die durch die Gesamtdosis eingestrahlter Elektronen verursachte Objektschädigung kann an kristallinen Objekten mit Hilfe der lichtoptischen Diffraktionsanalyse dargestellt werden. Mit zunehmender Dosis verschwinden in einem solchen Diffraktogramm die peripheren Beugungsmaxima. Damit wird ein Auflösungsverlust angezeigt, der quantitativ ausgewertet werden kann (Abb. 1.1a–e).

Weiterführende Literatur

Unwin PNT, Henderson R (1975) Molecular structure determination by electron microscopy of unstained crystalline specimens. J Mol Biol 94: 425–440
Wasserbäch W (1983) Kontrast- und Strahlenschädigung in biologischen Präparaten. Zeiss Inf Mem 2: 28–41
Wrigley NG, Brown E, Chillingworth RK (1983) Combining accurate defocus with low-dose imaging in high resolution electron microscopy of biological material. J Microsc 130: 225–232
Wurth M (1983) „Low-dose"-Mikrographien des Bakteriophagen T 4 – aufgenommen mit dem Zeiss EM 109 Elektronenmikroskop in Mikro-Dosis-Technik. Zeiss Inf Mem 2: 25–27

1.1.1.3 Elektronenmikroskopische Dunkelfeldtechnik

Konventionelle Transmissionselektronenmikroskope sind in der Regel mit einer Strahlablenkungsvorrichtung ausgestattet, die das Arbeiten im Dunkelfeld erlaubt. Dabei wird das Objekt durch Kippen der Strahlachse schräg bestrahlt. Der Hauptanteil der vom Objekt gestreuten Elektronen wird von der Objektivblende abgefangen. Nur Elektronen, die gebeugt wurden, tragen zum Bild bei. Im Dunkelfeld erscheinen Löcher in einer Folie schwarz, während das biologische Material, je nach Masse, unterschiedlich hell aufleuchtet. Das bedeutet in der Praxis, daß sehr dünne und saubere Trägerfolien benützt werden müssen, um genügend Kontrast gegenüber den abzubildenden Objekten zu erhalten. Ein typisches Einsatzgebiet ist die

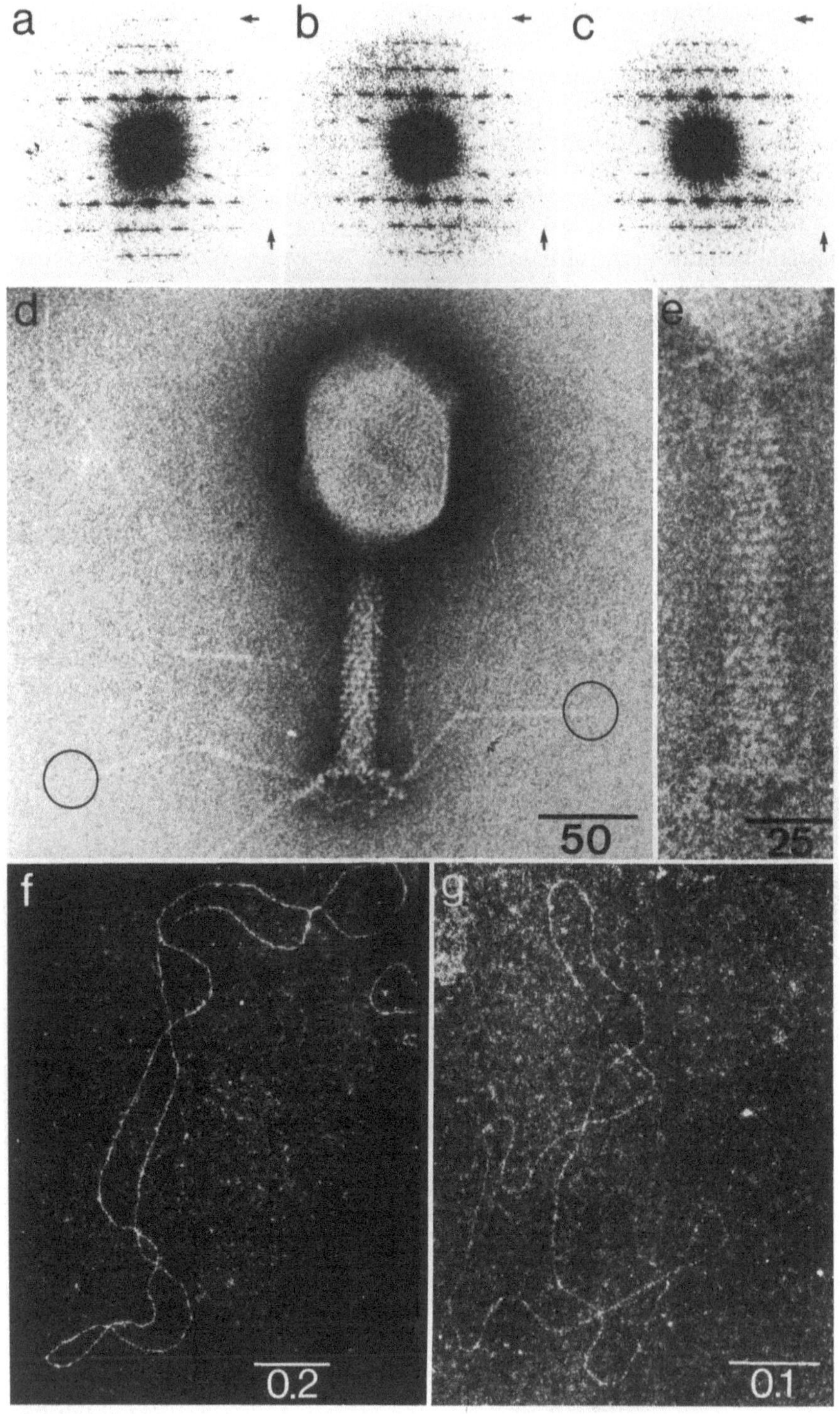

Abb. 1.1 a–g

Abbildung von BAC-gespreiteter unkontrastierter oder kontrastierter Nukleinsäure (Kontrastierung nicht durch Metallrotationsbedampfung, sondern durch Positivkontrastierung mit Uranylacetat).

Das Verfahren arbeitet mit hoher Strahlenbelastung des Objekts und kann deshalb zu einer „Veraschung" biologischer Proben führen. Schwierigkeiten können bei der Messung der optimalen Belichtungszeit entstehen, denn die Objekte leuchten hell vor einem dunklen Hintergrund, so daß die konventionelle Belichtungsmessung nicht routinemäßig einsetzbar ist. Kontamination der Probe im Elektronenmikroskop muß durch Arbeiten mit der Objektraumkühlung verhindert werden, da aufwachsende Kontamination gleich wirkt wie eine zu dicke Trägerfolie (s. oben). Das Scharfstellen im Dunkelfeld erfordert mehr Erfahrung als im Hellfeld, da „Hilfsstrukturen" wie Phasenkontrast nicht ausgenützt werden können und deshalb falsche Fokuslagen nur schwer zu erkennen sind.

Eine andere Möglichkeit der Dunkelfeld-EM ergibt sich durch kontrolliertes seitliches Verschieben der Objektivblende. Die erzielbare Bildqualität ist jedoch nicht hoch. Dunkelfelderzeugung durch Kondensorringblenden ist ebenfalls möglich. Dieses Verfahren hat sich wegen der nötigen Justierarbeit und wegen der Notwendigkeit, genau aufeinander abgestimmte Blendensätze zu haben, im biologischen Labor nicht durchgesetzt.

1.1.2 Konventionelle Rasterelektronenmikroskopie (REM)

1.1.2.1 Abbildung mit Sekundär- und Rückstreuelektronen

Der Elektronenstrahl tritt mit dem Untersuchungsobjekt in eine Wechselwirkung, die das Auftreten unterscheidbarer elektromagnetischer Signale zur Folge hat (Abb. 1.2). Auftreffende Elektronen werden bei „elastischer Streuung" ohne Energieverlust abgelenkt, sie werden „rückgestreut". Rückstreuelektronen können durch Ablenkung von der Präparatoberfläche wie auch durch vorübergehenden Eintritt ins Präparat mit nachfolgender Ablenkung und Austritt entstehen. Die übrigen Si-

---

Abb. 1.1. a–c Einfluß der Strahlenschädigung auf die Ultrastruktur von negativkontrastierten Aktinschichten. Abgebildet sind optische Beugungsdiagramme von elektronenmikroskopischen Aufnahmen, hergestellt mit unterschiedlichen Strahlenbelastungen. (**a** 50 e$^-$/Å^2; **b** 150 e$^-$/Å^2; **c** 250 e$^-$/Å^2). Die Beugungsreflexe höchster Ordnung (**a**), markiert durch *Pfeile*, nehmen mit zunehmender Bestrahlungsdosis ab (**b**) und verschwinden schließlich vollständig (**c**). Die kristalline Ordnung eines solchen Objekts wird durch die Bestrahlung z. T. zerstört.
d, e Strukturerhaltung bei EM mit geringer Strahlenbelastung, demonstriert am negativkontrastierten Bakteriophagen T4 (**d** 8.5 e$^-$/Å^2; **e** 7 e$^-$/Å^2). Die markierten feinen Strukturdetails (**d**) sind im konventionellen Abbildungsverfahren, d. h. mit wesentlich höherer Strahlenbelastung, nur schwer zu erkennen. **a–c** aus Wasserbäch, 1983 (Aufnahmen: W. E. Fowler und U. Aebi); **d** aus Wurtz, 1983 (Negativkontrastierung mit Uranylformiat); **e** Negativkontrastierung mit Uranylacetat. Vergrößerungsangaben in nm.
f, g Elektronenmikroskopische Dunkelfeldaufnahmen gespreiteter PM-2-DNA-Moleküle (doppelsträngige Bakteriophagen-DNA). Beide gezeigten Moleküle wurden mit der BAC-Technik (s. Text) gespreitet und auf sehr dünnen Kohlefolien aufgenommen, die mit Hilfe von Lochfolien (s. Text und Abb. 2.20) stabilisiert waren. **f** Positivkontrastierung mit 0.1 mM Uranylacetat in Aceton; **g** unkontrastiert, d. h. Eigenkontrast der DNA mit BAC. (Originalaufnahmen U. Hahn). Vergrößerungsangaben in μm

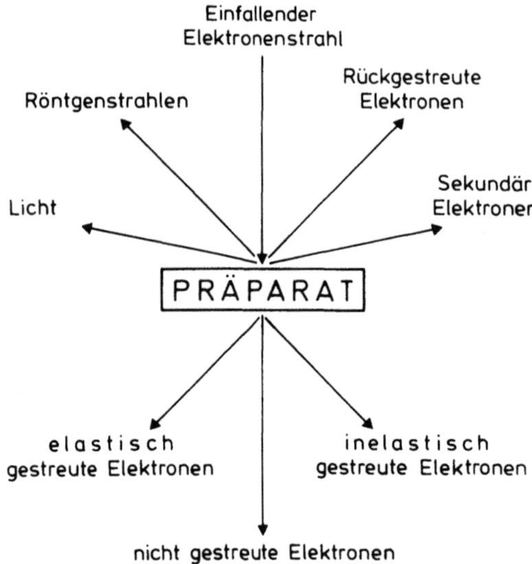

Abb. 1.2. Hauptsächliche Signale, welche bei Wechselwirkung zwischen Elektronenstrahl und Präparat entstehen. Der Abbildungsteil über dem Präparat repräsentiert Signale, welche für die REM bedeutsam sind, der untere Abbildungsteil diejenigen für die TEM. Einzelheiten s. Text

gnale resultieren ausschließlich aus Wechselwirkung mit dem Probeninneren. Durch „inelastische Streuung" verlieren Elektronen des Primärstrahls in der Probe Energie, es treten aus der Probe langsamere „Sekundärelektronen" aus. Für die Bildentstehung bei der REM sind sowohl Sekundär- als auch Rückstreuelektronen von Bedeutung. Noch langsamer als die Sekundärelektronen sind die ebenfalls erzeugten „Augerelektronen", die hier vernachlässigt werden. Die auftretende Röntgenstrahlung ist für die dispersive Röntgenanalyse von Bedeutung, das emittierte Licht für die Kathodolumineszenz (für beide vgl. 3.11).

Beim Eindringen der Primärelektronen werden aus einer dünnen Oberflächenschicht des Präparats die Sekundärelektronen emittiert. Die Schichtdicke wird durch die geringe Geschwindigkeit der Elektronen, die unabhängig von der Primärenergie ist, bestimmt. Sie beträgt bei biologischen Objekten bis zu 10 nm, bei Materialien höherer Ordnungszahl ist sie geringer (bis zu 1 nm). Dieses Phänomen begründet die hochauflösenden Eigenschaften des REM.

Die Anzahl emittierter Sekundärelektronen nimmt mit dem Neigungswinkel des Präparats zum Primärstrahl zu. Die schließlich vom Detektor aufgenommene Menge an Sekundärelektronen ist abhängig zum einen von der Saugspannung am Kollektor, zum anderen vom Neigungswinkel der Probe gegen den Detektor. Sie ist ferner abhängig von der Oberflächenmorphologie, vom Material und der elektrischen Ladung der Probe.

Die Saugspannung veranlaßt die Sekundärelektronen zu gekrümmten Bahnen. Es erreichen daher den Detektor auch Elektronen aus Probenarealen, die relativ zum Detektor von Strukturen verdeckt sind. Damit haben im Sekundärelektronenbild auch tiefliegende Objektdetails noch Binnenkontrast (Abb. 1.3), ein gerade für biologische Objekte gesuchter Vorteil. Reine Sekundärelektronenbilder wirken daher, dies ist ein Nachteil, sehr „flach".

Rückstreuelektronen breiten sich gradlinig aus, ihre Bahn wird durch die Saugspannung am Kollektor praktisch nicht beeinflußt. Ihre abbildungswirksame Aus-

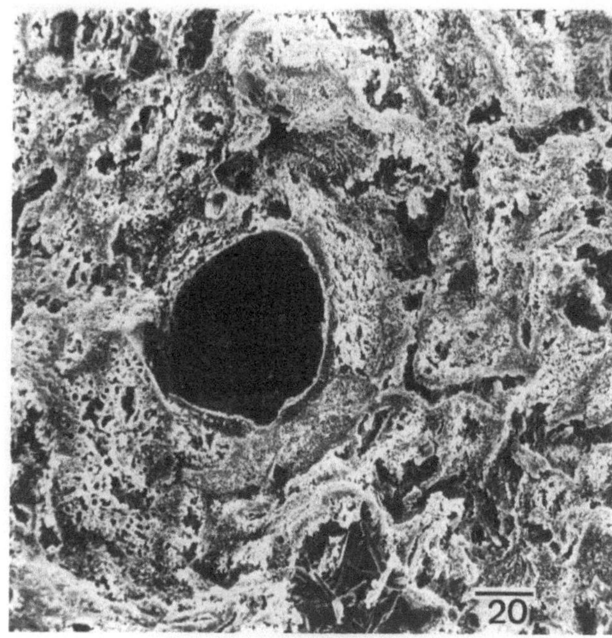

Abb. 1.3. Sekundärelektronenbild. Femurkompakta des Neanderthalers von Le Moustier *(Homo sapiens neanderthalensis)* mit Dekomposition und Remineralisierungen. Vergrößerungsangaben in μm

beute ist z. T. von den gleichen Faktoren abhängig wie bei den Sekundärelektronen. Unter normalen Arbeitsbedingungen tragen Rückstreuelektronen, welche den Detektor erreichen, zur Abbildung bei. Wegen ihrer geradlinigen Ausbreitung erhöhen sie den Abschattungskontrast des Bilds und damit den plastischen Gesamteindruck (Abb. 1.4).

Reine Rückstreuelektronenbilder, die z. B. durch Verminderung der Kollektorspannung erreicht werden können (Ausgrenzen der Sekundärelektronensignale), haben einen sehr hohen Abschattungskontrast, der bei Strukturaufklärung nützlich sein kann (Abb. 1.5). Rückstreuelektronenbilder zeigen zwar eine schlechtere Auflösung und ein störendes Rauschen, die sich jedoch erst vom mittleren Vergrößerungsbereich an (1000fach) bemerkbar machen.

Das verbreitete REM-Bild ist zumeist ein Mischbild mit überwiegendem Sekundärelektronenanteil (Abb. 1.4) und kann in der Regel für biologische Objekte als Abbildungsverfahren der Wahl gelten. Für morphologische Details geringerer Vergrößerungsstufen sollte hingegen immer die Abbildung mit Rückstreuelektronen bedacht werden. Über das Arbeiten mit Sekundär- und Rückstreuelektronen hinaus bestehen weitere Möglichkeiten der Bilderzeugung am REM. Diese sind, sofern sie nicht später erwähnt werden, für biologische Objekte in der Regel von untergeordneter Bedeutung. Zu den Grundlagen dieser speziellen Aufnahmetechniken s. angeführte Literatur.

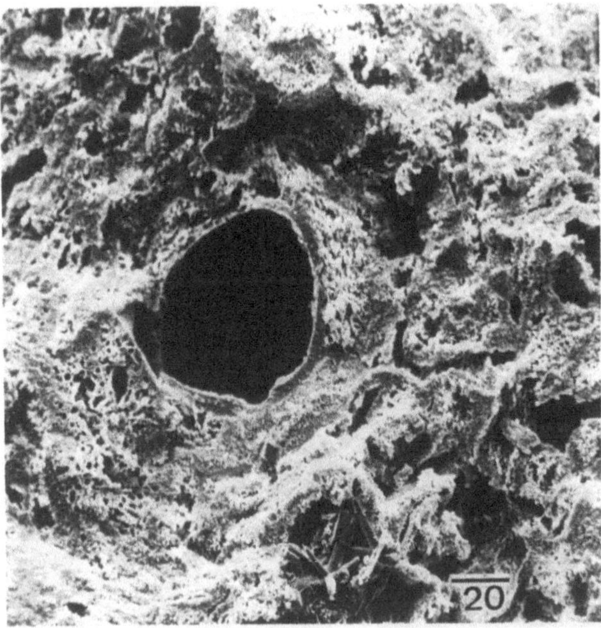

Abb. 1.4. Mischbild aus Sekundär- und Rückstreuelektronen. Präparat, Aufnahmeposition und Vergrößerung wie Abb. 1.3

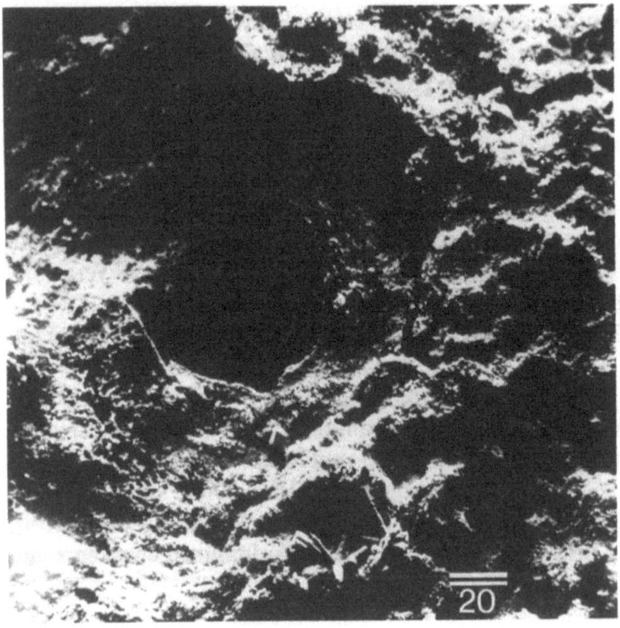

Abb. 1.5. Rückstreuelektronenbild. Präparat, Aufnahmeposition und Vergrößerung wie Abb. 1.3

Weiterführende Literatur

Goldskin JI, Newbury E, Echlin P, Joy C, Fiori C, Lifshin E (1981) Scanning electron microscopy and X-ray microanalysis. Plenum Press, New York London, pp 53-122, 172-182
Lange RH, Blödorn J (1981) Das Elektronenmikroskop. TEM und REM. Thieme, Stuttgart, S 54-63
Reimer L, Pfefferkorn G (1977) Raster-Elektronenmikroskopie. Springer, Berlin Heidelberg New York, S 34-55

1.1.2.2 Arbeiten unter geringer Strahlenbelastung

Bei Wechselwirkung zwischen Elektronenstrahl und Probe treten häufiger unerwünschte Phänomene auf, deren Ausmaß von der Beschleunigungsspannung des Elektronenstrahls abhängt: Aufladungen, Erwärmung sowie Zerstörung organischer Substanzen. Bei diffizilen Proben kann insbesondere durch das Aufbrechen von Kohlenwasserstoffen mit nachfolgender Gasbildung die Oberfläche nachhaltig geschädigt werden. Folge sind dann häufig quadratische Oberflächendefekte, welche den vom Strahl abgerasterten Bezirk umfassen.

Die genannten Artefakte lassen sich vermindern oder ausschließen, wenn die Beschleunigungsspannung reduziert wird. Naturgemäß nimmt damit gleichzeitig das Auflösungsvermögen ab. Zwangsläufig folgt daraus, daß umgekehrt mit niedrigeren Beschleunigungsspannungen gerade auch nichtleitende Proben bei geringeren Vergrößerungen untersucht werden können.

Biologische Objekte sind in der Regel nichtleitend. Für die REM-Untersuchung wird daher üblicherweise ihre Leitfähigkeit hergestellt (vgl. 3.7). Eine Beschichtung mit leitenden Materialien oder Imprägnierung kann jedoch durchaus unerwünscht sein, wenn beispielsweise Sammlungspräparate oder asservierte biologische Spuren zur Untersuchung kommen. Die Beobachtung solcher Objekte im Rasterelektronenmikroskop ist dennoch möglich, wenn die Beschleunigungsspannung hinreichend niedrig gewählt wird.

Die Untersuchung bei geringer Strahlenbelastung bietet sich auch an für Präparate, deren „Nativzustand" interessiert, z.B. Insekten oder frische Pflanzenteile. Präparate, denen eine Eigenfestigkeit fehlt, wie den meisten tierischen Geweben, bedürfen einer Vorbehandlung, um ihnen eine gewisse Volumenbeständigkeit zu verleihen. Am einfachsten geschieht dies in einem Exsikkator bei mildem Unterdruck über 1-2 Tage. Anschließend erfolgt ein langsamer Druckausgleich. (Aufwendige Verfahren vgl. 3.5).

Die Eigenfeuchte der Präparate ist bei dieser Aufnahmetechnik von Vorteil, sie reduziert die Neigung zu Aufladungen erheblich. Trockene Präparate (Sammlungsstücke) sollten daher zuvor ausreichend Luftfeuchtigkeit aufgenommen haben, gegebenenfalls sogar in einer feuchten Kammer.

Die Präparatmontage kann denkbar einfach erfolgen, auf doppelseitig klebendem Band, mit Kontaktkleber, mit Leit-C oder Kupfer bzw. Silber (vgl. 3.6). Für genadelte Insekten muß man sich einen Halter herstellen (z.B. Brücke aus Aluminiumfolie, durch welche die Nadel gestochen wird).

Zur Begrenzung der Verweildauer der Präparate im Vakuum empfiehlt sich eine Vororientierung im Binokular. Die Untersuchung im REM erfolgt dann bei Be-

Abb. 1.6. Gänseblümchen *(Bellis perennis)* frisch, unbehandelt. Aufnahme mit 1.5 kV Beschleunigungsspannung. Vergrößerungsangaben in μm

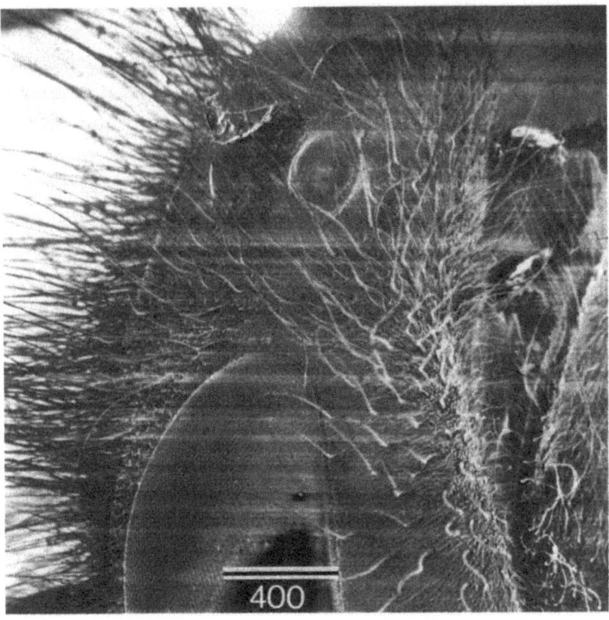

Abb. 1.7. Wespenkopf. Unbehandeltes Sammlungspräparat. Trotz verkleinerten Objektausschnittes und Aufnahme von Luftfeuchtigkeit läßt sich bei 2 kV Beschleunigungsspannung die Aufladung nicht vermeiden. Vergrößerungsangaben in μm

schleunigungsspannungen zwischen 1.5 und 2.0 kV. Die förderliche Vergrößerung liegt im Größenbereich von 500fach. Pflanzliche Präparate, auch sehr frische, haben zumeist hinreichende Standzeiten (Abb. 1.6). Allerdings kommt es unter der Beobachtung häufiger zu stärkeren Kontrastdifferenzen, die man durch entsprechende Verarbeitung des Videosignales kompensieren kann.

Trotz aller Bemühungen sind Aufladungen immer wieder möglich (Abb. 1.7). Ein Weg, diese wenigstens für die Aufnahme zu minimieren, besteht darin, nach dem vorbereitenden Fokussieren den Blendenschieber zwischen Probenkammer und Säule zu schließen. Wenn nach kurzer Wartezeit die Aufladung abgeklungen ist, wird der Schieber geöffnet und unmittelbar mit der Aufnahme begonnen.

Zwei Gesichtspunkte sind im Zusammenhang mit dem Arbeiten bei geringer Strahlenbelastung, das unbestreitbar noch den Vorteil eines schnellen, unkomplizierten Verfahrens besitzt, zu bedenken: Einmal ist das Untersuchungsverfahren an unfixierten, kaum unterdruckbeständigen, an flüchtigen Stoffen reichen Proben eine erhebliche Belastung für das Vakuumsystem des REM, begleitet von einer starken Verschmutzung der Säule. Zum anderen stehen heute im Lupenbereich bis 50facher Vergrößerung gute lichtoptische Binokulare mit Strahlengangblenden zur Verfügung, so daß der Einsatz des REM abzuwägen ist. Allerdings ist es auch bei diesen Vergrößerungsstufen wegen seiner Schärfentiefe nicht ersetzbar.

1.2 Präparationsverfahren für die TEM

1.2.1 Überblick

Elektronenmikroskopische Präparate müssen, außer bei Anwendung von bestimmten Kryotechniken, wasserfrei sein, da sie im EM einem Hochvakuum ausgesetzt werden. Für die Herstellung solcher Präparate von biologischen Objekten gibt es prinzipiell zwei Wege:

a) *Indirekter Weg.* Hierbei kommt nicht das Objekt selbst in den Strahlengang, sondern ein „Abbild", also ein von ihm hergestellter Oberflächenabdruck. Man unterscheidet zwischen Abdrücken von festen und mehr oder weniger trockenen *äußeren Oberflächen* und solchen von *inneren Oberflächen*. Beim ersten ist ein Fixierungs- bzw. Entwässerungsvorgang nicht erforderlich, beim zweiten muß das Objekt durch schnelles Einfrieren *physikalisch fixiert* werden (Gefrierätzapparatur, s. 2.6).

b) *Direkter Weg.* Hier kommt das Objekt selbst in den Strahlengang und muß aus diesem Grund vorher entwässert werden. Entsprechend der Objektgröße unterscheidet man *Suspensionspräparate* und *Schnittpräparate*. Bei den ersteren erfolgt der Wasserentzug ohne Ersatz; das bedeutet Eintrocknen an der Luft. Bei größeren Objekten (Zellen, Gewebe), die erst in elektronenmikroskopisch durchstrahlbare *Schnitte* zerlegt werden müssen, erfolgt der Wasserentzug mit gleichzeitigem Ersatz *(Einbettung)*.

Die Zusammenhänge zwischen den einzelnen Präparationsmethoden und die verschiedenen Kontrastierungsmöglichkeiten sind in Abb. 1.8 schematisch dargestellt.

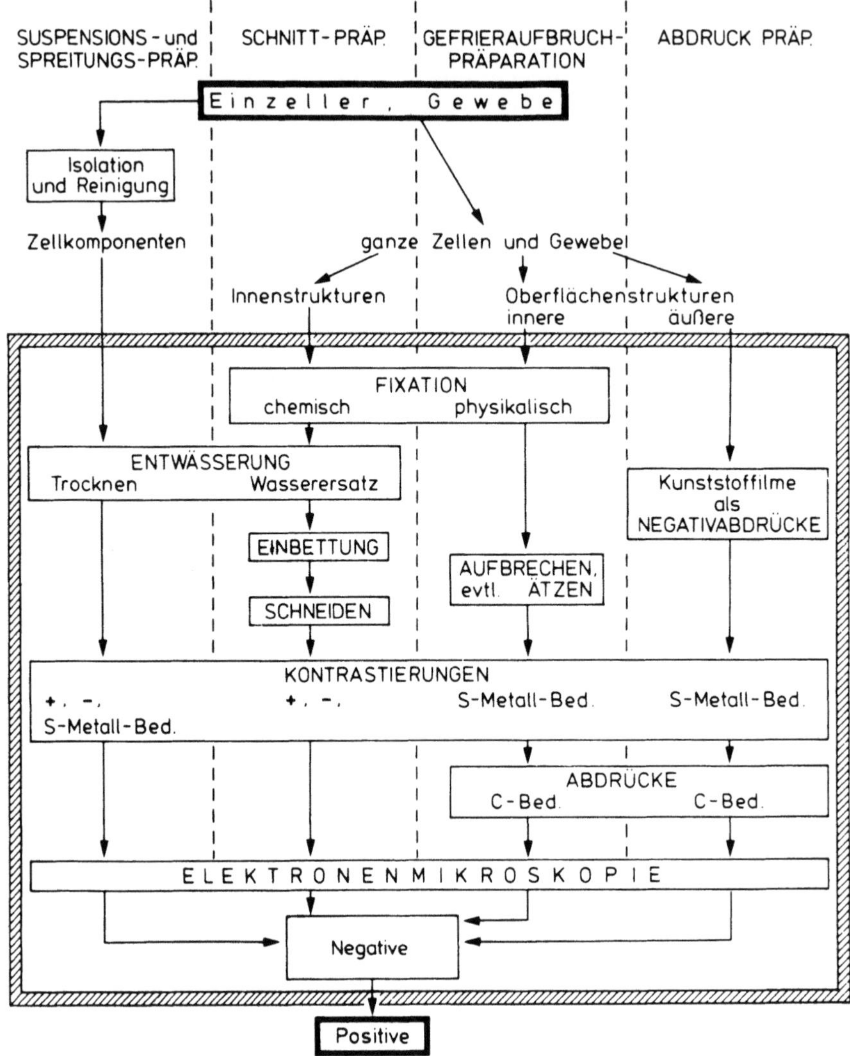

Abb. 1.8. Präparationsmethoden in der TEM: ein Überblick

1.2.2 Strukturerhaltung bei der Fixierung, Entwässerung und Einbettung biologischer Proben für die EM

Für die Anfertigung konventioneller Schnittpräparate von Zellen und Gewebe ist eine chemische Fixierung unbedingt notwendig, um die Strukturen der Objekte zu stabilisieren. Hierfür gibt es mehrere Gründe. Fixiert wird:

- um durch postmortale Zytolyse hervorgerufene Änderungen zu vermeiden;
- um den Verlust verschiedener Substanzen während des Entwässerungsvorgangs zu verhindern;

– um mögliche Änderungen in der Struktur aufgrund der Kontrastierung mit Schwermetallsalzen zu vermeiden.

Ziel einer idealen Fixierung ist es, die vorhandenen lebendigen Strukturen optimal zu erhalten. Ferner sollte die Fixation, insbesondere für ultrahistochemische Nachweise, so wenig wie möglich die chemische Reaktivität der verschiedenen (besonders natürlich der zu untersuchenden) zellulären Komponenten verändern. Theoretisch sollten alle Strukturen gleich gut fixiert werden. In der Praxis wirkt ein spezielles Fixationsmittel eher selektiv als generell. Ein vielbenutzter Ausweg aus diesem Dilemma ist die Kombination verschieden wirksamer Fixationen bei einer Präparation und der Vergleich der Ergebnisse nach verschiedenen Fixationen (einschließlich der Gefrierfixierung).

Von der Wirkung her muß man grundsätzlich zwei Typen von Fixationsmitteln unterscheiden:

a) *Koagulierende Fixationsmittel*, welche im Zytoplasma Entmischungen bewirken (vorwiegend durch Denaturierung von Proteinen), wobei infolge von Fällungsreaktionen dichte Aggregate granulärer oder fibrillärer Festkörper entstehen, die in einer Flüssigkeit schwimmen. Da diese Fixierungsart keine Bindungen zwischen den einzelnen Molekülen bewirkt, nennt man sie auch „nichtadditive Fixierung". Beispiele für solche Fixationsmittel sind: Ethanol, Methanol, Salzsäure, Chromsäure.

b) *Nichtkoagulierende Fixationsmittel.* Sie überführen das Zytoplasma vom Solzustand in ein elektronentransparentes Gel, indem sie anhand von Brückenbindungen zwischen den Molekülen Quervernetzungen schaffen; sie wirken also additiv. Beispiele hierfür sind: OsO_4, $KMnO_4$, Glutaraldehyd.

Nur die additiven Fixationsmittel sind für die EM geeignet, da nur sie die Moleküle den Anforderungen entsprechend gut in ihrer nativen Lage festhalten und damit die zu untersuchenden Strukturen stabilisieren können.

Die Qualität der Fixation wird durch mehrere Faktoren beeinflußt. Am wichtigsten sind die Konzentration und die Penetrationsrate des Fixationsmittels, die Temperatur und die Dauer der Fixation und schließlich die Größe der Objekte. Zwischen diesen Faktoren existieren Wechselbeziehungen, z.B. die Konzentration des Fixationsmittels beeinflußt die Dauer der Fixation; die Temperatur beeinflußt die Diffusionsrate des Fixationsmittels und damit wiederum die Dauer der Fixation; die Penetrationsrate des Fixationsmittels bestimmt auch die Größe des zu fixierenden Objekts. In der Regel werden, unabhängig von Temperatur und Dauer der Fixation, in der EM Objekte größer als $1\,mm^3$ nicht fixiert, weil die Homogenität der Fixation nicht mehr gewährleistet ist.

Weil die meisten Einbettungsmedien nicht wasserlöslich sind und weil elektronenmikroskopische Präparate kein Wasser enthalten dürfen, schließt sich der Fixation ein Entwässerungsvorgang an. Gewöhnlich geschieht die Entwässerung unter Substitution des Zellwassers. Bei der Wahl der Entwässerungsagenzien müssen folgende Forderungen erfüllt werden: gute Penetration, geringes Extraktionsvermögen für Zellkomponenten, geringe Reaktivität mit den Fixierungsmitteln, gute Mischbarkeit mit dem Einbettungsmaterial. Azeton erfüllt alle Anforderungen, Ethanol die letzte nicht. In diesem Fall muß eine geeignete wasserfreie „Übergangssubstanz", z.B. Propylenoxid (s. 2.1.2), eingesetzt werden.

Auch bei der Einbettung muß eine Reihe von Forderungen erfüllt werden. Das Einbettungsmedium sollte:

- quantitativ und möglichst rasch in das Objekt eindringen (je kleiner die Moleküle des monomeren Einbettungsmediums sind, um so weniger viskos ist die Flüssigkeit);
- in bezug auf die Zellkonstituenten chemisch inert sein;
- in abschätzbarer Zeit hart werden können (polymerisieren), und zwar bei Temperaturen unter 100 °C, ohne dabei das Volumen signifikant zu verändern; die Polymerisation muß so gleichmäßig erfolgen, daß ein homogener Block entsteht; der Gesamtvorgang muß kontrollierbar und reproduzierbar sein;
- zu ultradünnen Schnitten schneidbar sein;
- eine adäquate Kontrastierung der Objekteinzelheiten erlauben, darf also für die Kontrastierungslösungen nicht als Barriere wirken oder gar mit ihnen reagieren;
- unter Elektronenbeschuß thermostabil sein;
- elektronendurchstrahlbar sein;
- hochvakuumstabil sein, d.h. es darf keine flüchtigen Stoffe enthalten;
- nicht hygroskopisch sein;
- möglichst nicht giftig sein.

Die Forderungen sind im wesentlichen mit den Epoxyharzen erfüllt (s. 2.1.3).

1.3 Probleme bei der Abbildbarkeit

1.3.1 Zur Interpretation von TEM-Abbildungen

Aus den Bedingungen für die Bildentstehung im konventionellen Transmissionselektronenmikroskop folgt, daß hier jedes von einem biologischen Objekt erhaltene Bild gezwungenermaßen das eines Artefakts ist. Dies leuchtet sofort ein für die Fälle, in denen nicht das Objekt selbst in den Strahlengang gebracht wird, sondern ein Abbild (meist als Oberflächenabdruck). Es gilt aber auch dann, wenn die Objekte selbst mikroskopiert werden, denn sie müssen immer wasserfrei sein. In der Regel beobachtet man im konventionellen Transmissionsbild nur Verteilungsmuster von zusätzlich ins Objekt eingeführten Schwermetallatomen.

Die große Schwierigkeit bei der Interpretation von TEM-Aufnahmen liegt darin, daß zur Beantwortung der Frage nach ihrem Aussagewert („Ist das, was beobachtet wird, etwas, das dem Zustand im Leben entspricht; wie gut entspricht es ihm?") meist wiederum nur EM-Verfahren herangezogen werden können. Sicher bestehen – wenn auch nur in gewissen Grenzen – enge Korrelationen zwischen beobachtbarer und realer Ultrastruktur, aber Übereinstimmungen zwischen ihnen lassen sich prinzipiell nicht exakt beweisen, sie können nur durch die Sammlung von Informationen und ihre kritische Selektion wahrscheinlicher gemacht werden. Mit anderen Worten: Soweit wir in der Lage sind, das mikroskopische Objekt überhaupt zu erfassen, kommen wir der natürlichen Struktur nur dann am nächsten, wenn wir unsere Vorstellungen aus der Summe aller Abbildungsformen ableiten, die mit allen uns zur Verfügung stehenden Methoden gewonnen werden können.

Bei den verschiedenen Wegen vom Objekt bis zum fertigen Bild (s. Abb. 1.8) können auf allen Stufen mehr oder weniger ausgeprägte Strukturveränderungen und -schädigungen auftreten. Es soll hier nur auf die wichtigsten Möglichkeiten hingewiesen werden:

a) Bei der chemischen Fixation (s. 2.1.1)
- spielen sich an den Zellbestandteilen chemische Reaktionen ab, die sie zwangsläufig verändern müssen (Konformation, Reaktivität usw.);
- da jede Fixation mehr oder weniger selektiv erfolgt, können Auswaschungen und Extraktionen nichtfixierter Substanzen auftreten (auch weiterhin beim Entwässern und Einbetten!);
- da Penetration und Wirkung des Fixationsmittels eine gewisse Zeit in Anspruch nehmen, können sich an den Zellen postmortale Veränderungen durch „Zytolyse" (Auflösung der Zelle bzw. Zellbestandteile durch die eigenen Enzyme) abspielen;
- da die Fixationslösungen manchmal nicht isotonisch sind und durch die Fixation Permeabilitäten herabgesetzt werden können, können osmotisch bedingte Schrumpfungen bzw. Schwellungen auftreten.

b) Bei der physikalischen Fixation (s. 2.6.2)
- durch Gefrieren können Deformationen auftreten (Kristallbildung).

c) Bei der Entwässerung (s. 2.1.2)
- durch Trocknen von Suspensionspräparaten werden viele Partikel mehr oder weniger stark und meist unkontrollierbar deformiert (beim Durchgang der Phasengrenze Flüssigkeit-Luft unterliegen die Objekte in Abhängigkeit von der Oberflächenspannung z. T. erheblichen Druckbelastungen).

d) Bei der Einbettung (s. 2.1.3)
- können Deformationen durch Polymerisationsvorgänge im Kunststoff auftreten (z. B. Volumenänderungen).

e) Beim Schneiden (s. 2.2.3)
- wirken erhebliche Scherkräfte auf die Objekte ein, die Verschiebungen bewirken können;
- können durch Vibrationen, aber auch beim Aufnehmen auf den Objektträger, durch Scharten im Messer und unterschiedliche Einbettungsqualität Risse, „Chatter" usw. entstehen, die den Informationsgehalt der Schnitte herabsetzen;
- werden die Objekte durch die Reibung erwärmt.

f) Beim Aufbrechen und Ätzen (Gefrierätzpräparationen s. 2.6.3 und 2.6.4)
- können mechanische Deformationen auftreten (z. B. Verschiebungen, innere Brüche, Kollabieren, Messerspuren).

g) Bei der Herstellung von Negativabdrücken
- können Oberflächenstrukturdetails verlorengehen oder durch Strukturierung der Kunstoffilme hinzukommen.

h) Bei Positiv- und Negativkontrastierung (s. 2.2.5.2 und 2.3.1.2)
- können die vorhandene Strukturdetails durch Bindung bzw. Ausfällung der kontrastierenden Agenzien umlagert und überdeckt werden, wodurch sie verzerrt wiedergegeben werden können.

i) Bei Kontrastierungen durch Bedampfung (s. 2.3.1.3 und 2.6.5)
- wird die später sichtbare Größe von Partikeln mehr oder weniger unkontrollierbar vergrößert;
- können die Bedampfungspartikel zusätzliche Strukturen erzeugen (z. B. durch kristalline Aggregate).

j) Bei der Herstellung von Abdrücken durch C-Bedampfung
- ähnlich wei bei i).

k) Bei der Exposition im Elektronenstrahl
- können Aufladungen (Ionisierung) und thermische Veränderungen (Kontraktionen von Folien und Schnitten) auftreten;
- können die Objekte kontaminiert werden - darunter versteht man zweierlei:
    1. „Additionskontamination":
       Kohlenwasserstoffdämpfe (sie stammen aus dem Öl der Vakuumpumpen, aus Dichtungen oder von inneren Oberflächen der Säule) kondensieren auf dem Präparat und werden durch den Elektronenstrahl zu Gasen und Kohlenstoff reduziert, der sich auf dem Präparat ablagert und die „Körnigkeit" des Bilds erhöht.
    2. „Entzugskontamination":
       Wasserdampf kondensiert auf dem Präparat und reagiert mit bestimmten Verbindungen im Objekt. Hierbei werden CO und CO_2 freigesetzt, was allgemein zu einer „Bleichung" des Bilds führt.

Eine wesentliche Aufgabe des Elektronenmikroskopikers besteht darin, die eben aufgelisteten Präparationsartefakte so klein wie möglich zu halten bzw. sie überhaupt zu vermeiden, indem er seine Methoden modifiziert, verfeinert und neue anwendet.

Eine Kontrolle ist nur durch den Vergleich der Ergebnisse nach zahlreichen verschiedenen EM-Präparationsmethoden und unter Hinzuziehung von auf anderen Wegen gewonnenen Daten (Lichtmikroskopie; physikalische Methoden der Strukturaufklärung; Informationen aus Molekularbiologie, Biochemie und Physiologie) möglich - ein Verfahren, das nur den Ausschluß, nicht aber die exakte Sicherung erlaubt. Weil dieses Verfahren der dauernden Kritik und Revision an Methoden und Ergebnissen in der EM konsequent angewendet wurde und wird, ist sie heute in der Lage, uns ein sehr viel detaillierteres und wirklichkeitsnäheres Bild der zellulären Organisation zu vermitteln, als dies z. B. vergleichbare lichtmikroskopische Präparate erlauben.

Es ist wichtig, hier die Betonung auf „Organisation" der Zelle zu legen, denn über die Dynamik der lebenden Zelle lassen sich im Elektronenmikroskop direkte Aussagen nicht machen, da immer nur statische Bilder als „Momentaufnahmen" zur Verfügung stehen. So können Bewegungsabläufe, Entwicklungsvorgänge und Transportphänomene elektronenmikroskopisch nicht - oder allerhöchstens in günstigen Fällen nur indirekt (z. B. in der Autoradiographie s. 2.5) - erfaßt werden.

1.3.2 Zur Interpretation von REM-Abbildungen

Wie in 1.1.2.1 gezeigt, spielt bei der Bildinterpretation von REM-Aufnahmen die Signalauswahl eine entscheidende Rolle. Der Bildeindruck kann je nach Verwendung der Sekundär- oder Rückstreuelektronen variieren. Das Rückstreubild ist der Wirklichkeit näher, da das Sekundärelektronenbild Informationen enthält, die über die Morphologie hinausgehen. Die Sekundärelektronen treten aus einer Oberflächenschicht definierter Dicke aus. Das Bild wird daher auch aus Informationen aus der Objekttiefe erstellt. Schwere Elemente z. B. sind in der Abbildung heller als leichte, aber Erhebungen wirken ebenfalls heller als ebene Flächen. Darüber hinaus ist die Position des Objekts zum Primärstrahl und zum Detektor zu bedenken. Die Möglichkeiten, das Videosignal – und damit das Bild – zu manipulieren, entsprechen den dynamischen Entwicklungen auf diesem Gebiet.

Im Prinzip können bei der Präparatvorbereitung dieselben Probleme und Fehler oder ihre Äquivalente auftreten, die in 1.3.1 für die TEM beschrieben sind, sofern diese Schritte für die REM relevant sind (vgl. 3). Dies gilt auch für das Verhalten der Probe unter dem Elektronenstrahl. Die Objekterwärmung ist bei der REM von untergeordneter Bedeutung.

Daneben gibt es vor allem abbildungstechnische Randbedingungen, die für die REM zu beachten sind. Allen voran ist die Herstellung der Leitfähigkeit der Proben zu nennen, welche in der Regel die Voraussetzung für qualitativ zufriedenstellende Aufnahmen ist (s. 3). Für die Auflösungsverbesserung ist eine zunehmende Beschleunigungsspannung erforderlich, die wiederum die Aufladungsneigung vergrößert. Wird die Auflösungsverbesserung durch die Reduktion des Arbeitsabstandes angestrebt, so bedeutet dies stets ein Verlust an Schärfentiefe. Die höhere Beschleunigungsspannung ist ebenfalls für eine verbesserte räumliche Strukturauflösung erforderlich, da bei höherer Spannung die Objektschicht, aus der die Sekundärelektronen emittiert werden, zunimmt. Bei hinreichender Kleinheit der Strukturdetails kann eine „Durchstrahlung" der Details erreicht werden, die z. B. Rückschlüsse auf die räumliche Organisation der Struktur ermöglicht.

1.4 Trägerfolientechnologie

1.4.1 TEM-Trägernetzchen und ihre Vorbehandlung

Ein Blick in das Angebot käuflicher Trägernetzchen (Grids) zeigt eine große Vielfalt. Gemeinsam haben sie, daß sie einen standardisierten Durchmesser (ca. 3 oder 2.3 mm) haben, aus dünner Metallfolie bestehen (häufig Kupfer, aber auch Nickel oder andere Metalle) und systematisch angeordnete Löcher haben. Man kennzeichnet die Grids in diesem Zusammenhang durch die Angabe von Maschenweite und -form oder, im Fall von Grids mit nur einem Loch, durch Angabe von Form und Größe dieser Öffnung. Je nach Einsatzgebiet werden passende Grids ausgesucht: für Negativkontrastierung, Metallschrägbedampfung und Nukleinsäurepräparationen Typen mit geringer Maschenweite und quadratischen Löchern, für das Auffangen von Ultradünnschnitten solche mit größerer Maschenweite, rechteckiger Lochform oder, für Serienschnitte, mit einer einzigen großen rechteckigen Öffnung. Für

Gefrierätzpräparate können unterschiedliche Typen eingesetzt werden, je nachdem, ob Grids mit oder ohne Befilmung benützt werden. Schließlich sind Grids verfügbar, die durch Einätzen von Symbolen eine leichte Orientierung während der elektronenmikroskopischen Beobachtung ermöglichen, und komplexere Gridsysteme, die aus 2 Netzchen bestehen, die aufeinandergeklappt werden können. Damit ist die Aufzählung noch nicht vollständig. Routinemäßig eingesetzt werden in der Regel Kupfergrids. Sie sind so, wie sie der Verpackung entnommen werden, ausreichend sauber. Besteht trotzdem der Verdacht der Verschmutzung, so können sie mit Azeton gewaschen werden. Die Grids zeigen eine rauhe (matt erscheinende) und eine glatte (glänzende) Seite. Trägerfilme haften auf der rauhen Seite besser als auf der glatten.

Um den Kontakt zwischen Gridoberfläche und Film (speziell Kohleträgerfilm) zu verbessern, kann man die Stege der Grids mit einer klebenden Schicht versehen. Dazu bringt man die Grids in eine Lösung von Neopren (0.5%, w/v) oder der Gummierung von Klebeband in Toluol und trocknet sie sofort anschließend sorgfältig auf Filterpapier.

1.4.2 Formvarfolien

Formvar ist Polyvinylformaldehyd. Diese Verbindung kann aus dem gelösten Zustand heraus auf einer Oberfläche wie z. B. Glas als extrem dünnes Häutchen auftrocknen.

Herstellung eines Trägerfilms: Formvar wird in wasserfreiem Chloroform (oder Dioxan oder Dichlorethan) in einer Konzentration von 0.5% (w/v) gelöst. Dieser Ansatz wird in einen Tropftrichter gegossen. Ein sauberer Glasobjektträger wird über einer elektrischen Heizplatte getrocknet und noch warm in die Lösung im Tropftrichter gestellt. Inhomogenitäten in der Lösung, entstanden während des Abkühlens des Objektträgers, werden durch Umrühren beseitigt. Nach Öffnen des Hahns am Tropftrichter fließt die Formvarlösung ab (sie kann wiederverwendet werden). Auf dem Glasobjektträger verbleibt ein Film. Aus ihm entsteht beim Verdunsten des Lösungsmittels die Kunststoffolie. Drei Parameter bestimmen ihre Dicke. Sie wird um so dicker, je höher die Kunststoffkonzentration in der Lösung ist, je schneller die Ausflußgeschwindigkeit der Lösung ist, weil mehr Lösung am Glasobjektträger haften bleibt, und je kürzer die Verweilzeit im leeren Tropftrichter ist, da weniger von der am Objektträger verbliebenen Lösung abfließen kann. Der Glasobjektträger wird aus dem Tropftrichter herausgenommen, über der Heizplatte getrocknet und in einem Becherglas stehend staubfrei verwahrt.

Um den Film von der Oberfläche des Glasobjektträgers abzuflottieren, wird folgendermaßen vorgegangen: Mit einem gereinigten Messer oder einer Rasierklinge wird auf einer Seite des Objektträgers ein rechteckiges Folienstück (ca. 2 × 4 cm) ausgeschnitten. Nun wird der Glasobjektträger langsam schräg, mit der ausgeschnittenen Folie nach oben zeigend, in sauberes Wasser eingetaucht. Bekommt er Kontakt mit der Wasseroberfläche, so springt der Meniskus hoch und kriecht an der Schnittstelle zwischen das Glas und den Kunststoffilm (die Rückseite des Objektträgers wird nicht weiter berücksichtigt). Beim weiteren Eintauchen schwimmt die Folie schließlich auf der Wasseroberfläche ab. Folien, die grau und homogen erscheinen, sind brauchbar. Die flottierende Folie wird nun mit Trägernetzchen belegt (rauhe Seite auf den Film). Mit einem passend zugeschnittenen staubfreien rauhen Papier werden die Trägernetzchen zusammen mit dem ganzen Kunststoffilm von der Oberfläche des Wassers abgenommen, indem das Papier flächig auf den flottierenden Film mit den Trägernetzchen aufgelegt wird. Es saugt sich mit Wasser voll und kann mit einer Pinzette vom Wasser abgezogen werden. Zum Trocknen auf Filterpapier wird es umgekehrt (Folie also jetzt oben). Nach einigen Stunden Trocknungszeit können die befilmten Trägernetzchen, falls erforderlich, mit einer aufgedampften dünnen Kohleschicht verstärkt werden. Man geht vor wie unter 1.4.6 beschrieben.

1.4.3 Kollodiumfolien

Kollodium ist Nitrozellulose und löslich z. B. in Isoamylazetat, das wasserfrei sein muß. Der Kollodiumfilm kann mit der Ablaufmethode (s. 1.4.2) oder nach der Auftropfmethode erzeugt werden.

Auftropfmethode: 1 Tropfen einer 3.5%igen (w/v) Lösung von Kollodium in Isoamylacetat wird auf eine saubere Wasseroberfläche gegeben. Die Lösung breitet sich aus. Nach dem Verdunsten des Lösungsmittels bleibt ein dünner Kollodiumfilm zurück, der zur Befilmung von Trägernetzchen dienen kann. Um sicherzustellen, daß der Film nicht verschmutzt ist, kann unmittelbar vor der eigentlichen Erzeugung des Films im gleichen Verfahren ein gleicher Film erzeugt werden. Dieser wird jedoch nach 30 s mit einer Pinzette von der so gereinigten Wasseroberfläche abgezogen und verworfen.

Belegung mit Trägernetzchen und weiteres Vorgehen: s. 1.4.2.

Alternativ kann die Befilmung von Trägernetzchen auch dadurch erfolgen, daß die Trägernetzchen, auf einem mit Filterpapier bedeckten, ebenen, feinen Metallgitter liegend, am Grund der Schalt angeordnet werden. Der Wasserspiegel mit dem darauf flottierenden Kollodiumfilm wird durch Absaugen so weit gesenkt, daß der Film die Trägernetzchen bedeckt. Diese können nun, immer noch auf dem Filterpapier liegend, entnommen und getrocknet werden. Falls erforderlich, können sie dann zur Stabilisierung mit einer aufgedampften dünnen Kohleschicht verstärkt werden (s. 1.4.2 und 1.4.6).

Weiterführende Literatur

Spiess E, Mayer F (1976) Herstellung einer Kunststoffträgerfolie (Film C 1189) Wissenschaftlicher Lehrfilm des IWF Göttingen (Institut für den wissenschaftlichen Film, Nonnenstieg, D-3400 Göttingen) aus der Reihe „Elektronenmikroskopische Präparationsmethoden"

1.4.4 Hydrophilisierung von Trägerfolien

Wenn gewünscht wird, daß Trägerfolien hydrophil werden (sie sind häufig mehr oder weniger hydrophob), kann folgendermaßen verfahren werden: Eine Ethidiumbromidlösung (5 mg ml^{-1} in Aq. bidest.) wird zur Entfernung störender Partikel für 12 h bei 160000 g zentrifugiert (Airfuge, A-100-Rotor, Beckman). Der Überstand wird vorsichtig abgenommen und mit Aq. bidest. auf eine Konzentration von ca. 50 µg Ethidiumbromid pro ml eingestellt. Aus dieser Lösung werden 40-µl-Tröpfchen auf die saubere Seite von Parafilm gesetzt, die befilmten Kollodiumträgernetzchen mit der Folienseite nach unten auf die Tropfenoberflächen gelegt und 10 min bei Raumtemperatur abgedunkelt stehengelassen. Danach werden sie 3mal je 5 s in Aq. bidest. gewaschen und auf Filterpapier getrocknet. Sie behalten ihre Hydrophilie für einige Stunden.

Eine andere Methode zur Hydrophilisierung von Trägerfolien besteht darin, daß die Folie durch Beglimmen modifiziert wird. In einer entsprechend eingerichteten Bedampfungsanlage wird durch Luftzufuhr (durch Nadelventil regelbar) eine Glimmentladung erzeugt. Die Trägerfolien sollten vor dem Beglimmen auf Kupfernetzchen aufgebracht worden sein und umgehend verwendet werden.

1.4.5 Lochfolien

Sollen extrem dünne Trägerfolien, speziell solche aus Kohle mit einer Dicke unter 3 nm, eingesetzt werden, dann ist die Maschenweite aller käuflichen Objektträgernetzchen zu groß, um ausreichende Stabilität der Trägerfolie zu gewährleisten. Abhilfe schafft die Anwendung einer „Lochfolie", d. h. einer mit Löchern versehenen kohleverstärkten Kollodiumträgerfolie, die über das Objektträgernetzchen gezogen wird und nun ihrerseits die Unterlage für die eigentliche Trägerfolie bildet.

Herstellung von Lochfolien: Zu 50 ml Lösung von Kollodium (0.2%, w/v) in Ethylacetat werden 0.33 ml einer Glyzerin-Wasser (Aq. bidest.)-Mischung (86% Glyzerin, v/v) und 0.1 ml Lenor (Procter & Gamble) gegeben. Durch starkes Schütteln wird eine feine Suspension erzeugt. In diese Suspension wird ein gereinigter Glasobjektträger eingetaucht. Nach dem Herausnehmen bildet sich auf seiner Oberfläche durch Trocknen auf konventionelle Weise (s. 1.4.2) ein abflottierbarer Trägerfilm aus. Mit einem solchen Film versehene Trägernetzchen werden relativ dick mit Kohle bedampft (s. 1.4.6). Anschließend werden die Netzchen für 10 min auf 180°C erhitzt, um Trägerfilm und Kohle „zusammenzubacken". Die erzielbaren Lochdurchmesser liegen in der Regel unter 5 µm und variieren nicht sehr stark (Abb. 1.9).

1.4.6 Kohleträgerfilme

Kohleträgerfilme werden durch Kohlewiderstandsverdampfung im Hochvakuum hergestellt. Zwei hochreine runde Kohlestäbe werden konisch zugespitzt. Die Spitzen werden plan zugeschliffen, so daß sie einen Durchmesser von 1 mm haben. In der Verdampfereinrichtung werden sie exakt mit den Spitzen gegeneinander justiert. Vor und während der Bedampfung, die durch elektrisches Aufheizen erfolgt, werden sie durch Federkraft gegeneinander gepreßt. Die sublimierende Kohle bildet auf einer geeigneten Unterlage einen Film gewünschter Dicke aus, je nach Dauer der Bedampfung. Als Unterlage dient die Oberfläche eines frisch gespaltenen Glimmerplättchens, von dem der Kohlefilm zur elektronenmikroskopischen Präparation abflottiert werden kann. Wird ein besonders homogener Kohlefilm benötigt,

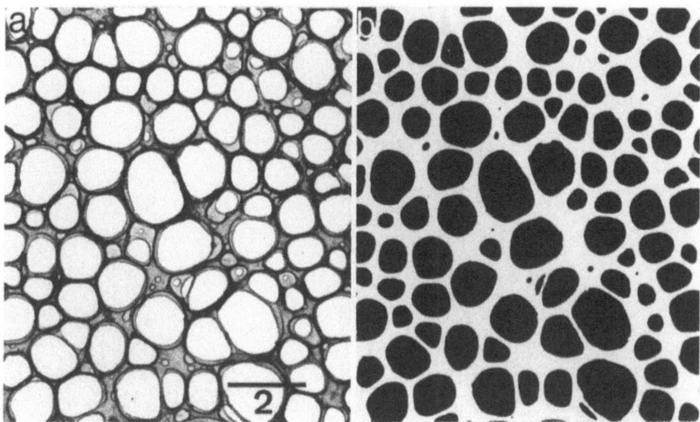

Abb. 1.9 a, b. Elektronenmikroskopische Aufnahmen einer Lochfolie. **a** Hellfeldaufnahme, **b** Dunkelfeldaufnahme. Vergrößerungsangaben in μm

dann kann eine indirekte Kohlebedampfung durchgeführt werden. Die dazu benützte Vorrichtung ist in Abb. 1.10 gezeigt. Der Kohledampfstrahl trifft dabei nicht direkt auf die zur Kohlequelle hin abgedeckte Glimmeroberfläche, sondern auf einen schräggestellten Glasobjektträger. Von diesem werden die Kohlepartikel reflektiert, wobei die entsprechend angeordnete Glimmeroberfläche von Kohlepartikeln ähnlicher Masse getroffen wird („indirekte Bedampfung"). Das Vakuum zu Beginn der Kohlebedampfung sollte im Bereich von 10^{-4} bis 10^{-5} torr sein. Die angestrebten Schichtdicken für Kohle sollen, je nach Zweck, zwischen 2 und 10 nm liegen. Ohne Meßgerät kann ihre Dicke nur geschätzt werden. 2 nm dicke Kohlefolie ist beim Abflottieren auf Wasser kaum erkennbar, während 10 nm dicke Folie klar sichtbar ist. Um zu erreichen, daß eine einmal gefundene Kohlefilmschichtdicke reproduziert werden kann, wird bei der Bedampfung ein Stück weißes Papier mitbedampft. Seine Schwärzung kann bei nachfolgenden Bedampfungen als Referenz dienen. Sollen Formvar- oder Kollodiumträgerfilme mit Kohle verstärkt werden, so werden die befilmten Objektträgernetzchen entweder mit einem geeigneten käuflichen Halter oder mit doppelseitig klebender Folie im rechten Winkel zum Dampfstrahl an der Stelle in der Verdampfungseinrichtung eingebracht, wo sonst das Glimmerplättchen liegt. Zur Stabilisierung der obengenannten Filme reichen sehr dünne Kohleschichten aus. Auch hier kann, wie oben beschrieben, eine indirekte Kohlebedampfung angewandt werden. Dadurch, daß die zu bedampfenden befilmten Objektträgernetzchen im geometrischen Schatten des Dampfstrahls liegen, erfolgt die Bedampfung wärmestrahlungsfrei. So werden Beschädigungen der Trägerfolien weitestgehend vermieden.

Weiterführende Literatur

Kölbel HK (1976) Kohleträgerfilme für die hochauflösende Elektronenmikroskopie. Verbesserung von Eigenschaften und Herstellungstechnik. Mikroskopie 32: 1–16
Spiess E, Mayer F (1976) Herstellung einer Kohleträgerfolie (Film C 1190) Wissenschaftlicher Lehrfilm des IWF Göttingen (Institut für den wissenschaftlichen Film, Nonnenstieg, D-3400 Göttingen). Aus der Reihe „Elektronenmikroskopische Präparationsmethoden"

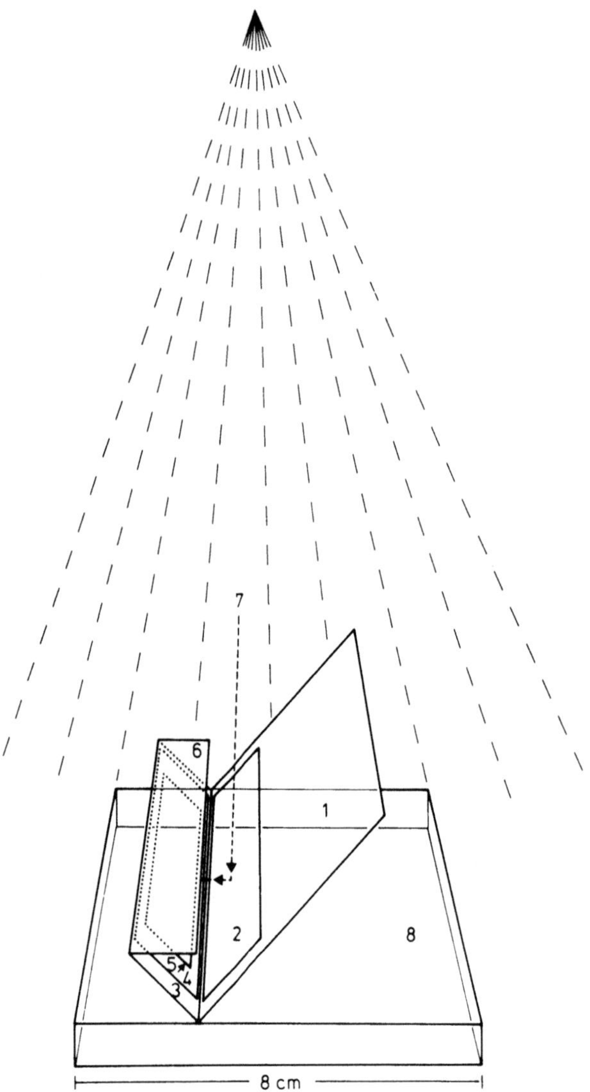

Abb. 1.10. Vorrichtung zur Durchführung einer indirekten Kohlebedampfung. Der Kohledampf-strahl *(7)* trifft auf einen Glasobjektträger *(2)* auf, der auf einer schiefen Ebene *(1)* liegt. Sie ist im Winkel von 45° zur Richtung des Dampfstrahls angeordnet. Von dort wird der Dampfstrahl reflektiert *(Pfeile)* und trifft auf ein Glimmerstück *(5)*, welches auf einen zweiten Glasobjektträger *(4)* aufgelegt ist. Dieser zweite Glasobjektträger liegt auf einer schiefen Ebene *(3)*, die zur Ebene *(1)* ungefähr rechtwinklig angeordnet ist. Die Abdeckung *(6)* schützt den Glimmer vor direkter Kohlebedampfung. Die Vorrichtung ist auf einer Grundplatte *(8)* befestigt

2 Methoden für die TEM

2.1 Fixierung, Entwässerung und Einbettung

2.1.1 Chemische Fixierung

2.1.1.1 Allgemeines

Die chemische Fixierung ist der am häufigsten benutzte Präparationsvorgang in der biologischen EM. Nur in besonderen Fällen (s. 2.1.1.4 und 2.1.1.6) sind spezielle Geräte hierfür erforderlich; ansonsten lassen sich alle Manipulationen mit gewöhnlichen Glasgeräten und einer Tischzentrifuge bewältigen. Die Fixationsmittel sind z. T. giftig und flüchtig, deshalb muß sorgfältig und vorsichtig mit ihnen umgegangen werden. Falls nicht unter einem Abzug gearbeitet werden kann, muß streng darauf geachtet werden, daß alle Gefäße (für Stammlösungen, für Abfälle und für die Fixierung) nur kurze Zeit offen bleiben. Ferner sollten Pipetten sofort nach Gebrauch gespült werden. Zusätzliche Sicherheitsmaßnahmen sind die Verwendung von Peleusbällen zum Pipettieren und das Tragen von Einmalhandschuhen bzw. Schutzbrillen. Wie überall in der EM müssen sämtliche Geräte, Chemikalien und Lösungen sehr sauber sein. Destilliertes H_2O sollte zum Spülen von Glassachen benutzt werden, und wäßrige Lösungen sind mit Aq. bidest. anzusetzen. Grundsätzlich sollten alle Lösungen für die Fixierung in einem speziell für diesen Zweck reservierten Kühlschrank aufbewahrt werden.

Das Fixieren biologischer Proben ist in zahlreichen Büchern oder Originalartikeln beschrieben worden. Das ist gelegentlich sehr ausführlich erfolgt, wogegen in anderen Fällen nur eine Auflistung von „Kochrezepten" gegeben wird. Einige brauchbare Vertreter beider Extreme sind unten genannt.

Weiterführende Literatur

Glauert AM (1975) Fixation, dehydration and embedding of biological specimens. In: Glauert AM (ed) Practical methods in electron microscopy, vol III, part 1. Elsevier/North Holland, Amsterdam, pp 1–207

Hayat M (1970) Principles and techniques of electron microscopy, vol I. Biological applications. Van Nostrand-Reinhold, New York, pp 1–412

Millonig G (1976) Laboratory manual of biological electron microscopy. Mario Saviolo, Vercelli, pp 1–67

2.1.1.2 Fixationsmittel: Eigenschaften und Vorbereitung

2.1.1.2.1 Osmiumtetroxid (OsO$_4$). OsO$_4$ ist das am meisten verwendete Fixationsmittel. Es wird selten allein verwendet, sondern üblicherweise nach einer vorhergehenden Aldehydfixierung. Nach der Reduzierung wirkt OsO$_4$ auch als Kontrastierungsmittel. Es wird allgemein angenommen, daß OsO$_4$ hauptsächlich mit Lipiden reagiert. Vor allem aus konjugierten Doppelbildungen werden stabile Glycolosmate gebildet und damit Quervernetzungen zwischen benachbarten Kohlenwasserstoffketten hergestellt. Das typische schwarz-weiß-schwarze trilaminare Bild einer Biomembran erklärt sich allerdings nicht auf diese Weise. Hier wird vermutlich aufgrund der extrem hydrophoben Umgebung des primären Reaktionsorts reduziertes Osmium in Richtung des polaren hydrophilen Teils der Membran verdrängt.

OsO$_4$ kommt als wäßrige Lösung oder kristallin in verschlossenen Glasampullen in den Handel. Im allgemeinen ist die feste Form wegen der längeren Haltbarkeit vorzuziehen. Die Ampulle wird aus der Schutzfolie entnommen, mit einer Glassäge kräftig angeritzt und das Etikett und Klebereste (falls vorhanden) werden mit Ethanol entfernt (danach nicht mehr mit den Fingern berühren!). Schließlich wird sie in saubere Aluminiumfolie gewickelt. Unter dem Abzug wird die Ampulle in der Folie aufgebrochen und der Inhalt mit dem Glas quantitativ in eine saubere Schliffstopfenflasche überführt. Je nach gewünschter Konzentration (meist 2%ig oder 4%ig; w/v) wird der Inhalt im entsprechenden Volumen H$_2$O gelöst. Da der Lösungsvorgang lange dauert (max. Löslichkeit liegt bei ca. 7% bei 25 °C; w/v), sollte die Lösung bereits am Vortag oder früher angesetzt werden. Sie ist im Dunkeln bei 0° – 4 °C lange haltbar (bei bräunlicher Verfärbung infolge Reduktion zu metallischem Osmium wird sie unbrauchbar). Wäßrige OsO$_4$-Lösungen haben einen pH-Wert von 7, und im Vergleich zu den Aldehydfixativen weisen sie eine minimale Osmolarität auf. Andererseits verlieren Zellen nach einer OsO$_4$-Fixierung ihre Permeabilitätseigenschaften; ihre Membranen sind daher keine osmotischen Barrieren mehr.

2.1.1.2.2 Aldehyde. Verschiedene Aldehydverbindungen werden als Primärfixative in der EM eingesetzt. Der wichtigste Vertreter ist Glutar-(di-)aldehyd (C$_5$H$_8$O$_2$). Die kleineren Moleküle Acrolein (C$_3$H$_5$O) und Paraformaldehyd (CH$_2$O) finden wegen ihres schnelleren Eindringens gelegentlichen Gebrauch. Alle reagieren mit Proteinen und verursachen in verschiedener Weise deren Quervernetzung. Im Falle des Glutaraldehyds können sowohl intra- als auch intermolekulare Brücken gebildet werden. Durch Aldolkondensation können mehrere Glutaraldehydmoleküle zwischen den Aminogruppen benachbarter Peptidketten liegen. Aldehyde reagieren nicht mit Lipiden, sodaß eine nachfolgende Fixation mit OsO$_4$ notwendig ist, um Verluste durch die Entwässerung zu vermeiden.

Glutaraldehyd ist entweder als eine 25%ige oder eine 50%ige Lösung lieferbar. Gelegentlich sind diese Lösungen mit kleinen Mengen von polymeren Verbindungen verunreinigt. Durch eine Behandlung mit Aktivkohle (15 min schütteln mit etwa 1 g/5 ml Lösung, anschließend filtrieren) sind diese Substanzen leicht zu entfernen (photometrisch zu überprüfen durch Verschwinden des 235-nm-Absorptionspeaks, welche durch die Verunreinigungen verursacht werden; dagegen absorbiert monomeres Glutaraldehyd nur bei 280 nm). Niedrig konzentrierte Stammlösungen (z. B. 6%ig oder 4%ig; v/v) können durch Verdünnen mit Wasser oder Puffer hergestellt werden. Bei der Zusammenstellung der Fixationslösung sind solche Lösungen einfacher zu verwenden als konzentrierte Lösungen. Im Gegensatz zu mehrmonatig stabilen konzentrierten Lösungen sind verdünnte Stammlösungen bei 4 °C nur einige Tage haltbar. Brauchbare Glutaraldehydstammlösungen in Wasser haben einen pH-Wert von 4–5. Sollte der pH-Wert unter 3.5 fallen, ist die Lösung zu verwerfen.

Glutaraldehyd ist osmotisch wirksam (eine 3%ige (v/v) Lösung hat eine Osmolarität von 300 mOsm) und verursacht oft eine Schrumpfung. Die zellulären Membranen behalten jedoch nach einer Glutaraldehydfixierung weitgehend ihre Permeabilitätseigenschaften. Dabei bleibt die Aktivität vieler Enzyme erhalten. Die Verwendung von Glutaraldehyd als Primärfixativ ist stets zu empfehlen, wenn auf die Erhaltung cytoplasmatischer (d.h. cortikaler- oder Spindelapparat-) Mikrotubuli Wert gelegt wird.

Acrolein wird als 100%ige (v/v) Lösung vertrieben und ist bei 4 °C mehrere Monate haltbar. Es wird selten als einziges Fixativ verwendet, sondern zusammen mit anderen Aldehyden eingesetzt. Wegen der tränengasähnlichen Eigenschaften des Acroleins soll der Einsatz dieses Fixativs nur erwogen werden, wenn Ergebnisse mit anderen Aldehyden sehr unbefriedigend sind und eine schnellere Penetration der Fixative notwendig erscheint.

Handelsübliches Formaldehyd enthält Ameisensäure und Methanol und ist daher für die EM ungeeignet. Stattdessen empfiehlt sich die Herstellung von Formaldehydlösung aus Paraformaldehyd. Letzteres kommt in Pulverform in den Handel; eine wäßrige Stammlösung (z.B. 40%ig; w/v) wird durch Erwärmung für 1 h auf 65°C hergestellt (konstant rühren!). Trübungen werden durch Zugabe einiger Tropfen einer 40%igen (w/v) NaOH-Lösung behoben. Formaldehydlösungen dieser Art sind nur einige Wochen bei 4 °C (im Dunkeln) haltbar. Dieses Fixativ dringt schneller als Glutaraldehyd in Gewebe bzw. Zellen ein, fixiert aber langsamer. Ferner ist die Wirkung von Formaldehyd durch Auswaschen reversibel. Formaldehyd und Glutaraldehyd können auch zusammen als Primärfixativ verwendet werden. Die Konzentration von Formaldehyd liegt in diesem Fall meist unterhalb der des Glutaraldehyds.

2.1.1.2.3 Permanganat. Kaliumpermanganat ($KMnO_4$) wurde von Luft (1956) als Fixativ in die EM eingeführt. Vor allem von den Botanikern wurde es in den Jahren bis zur Etablierung der Aldehydfixierungen häufig eingesetzt. Es wird heute nur selten benutzt, da nach seinem Gebrauch nur Membranen erhalten bleiben (Abb. 2.1 a–c). Viele membranöse Organellen, insbesondere Mitochondrien und Plastiden, schwellen als Resultat einer Permanganatfixation. In Abbildungen von permanganatfixierten Zellen sind Ribosomen gar nicht und Chromatin nur schlecht erkennbar, weil die Komponenten RNA- und DNA-haltiger Strukturen während des nachfolgenden Entwässerungsvorgangs z.T. extrahiert werden. Enzymhistochemie an permanganatfixiertem Material ist aufgrund von Proteinverlusten und wegen der starken Proteindenaturierung ausgeschlossen. $KMnO_4$ ist ein starkes Oxidationsmittel, es wird durch Reduktion zu Mangandioxid-(MnO_2-)präzipitaten umgewandelt. Dieser elektronendichte Stoff lagert sich v.a. in Membranen ein, möglicherweise über eine Wechselwirkung mit verschiedenen hydrophilen Gruppen. Der entstandene Objektkontrast ist manchmal so stark, daß auf eine Nachkontrastierung verzichtet werden kann.

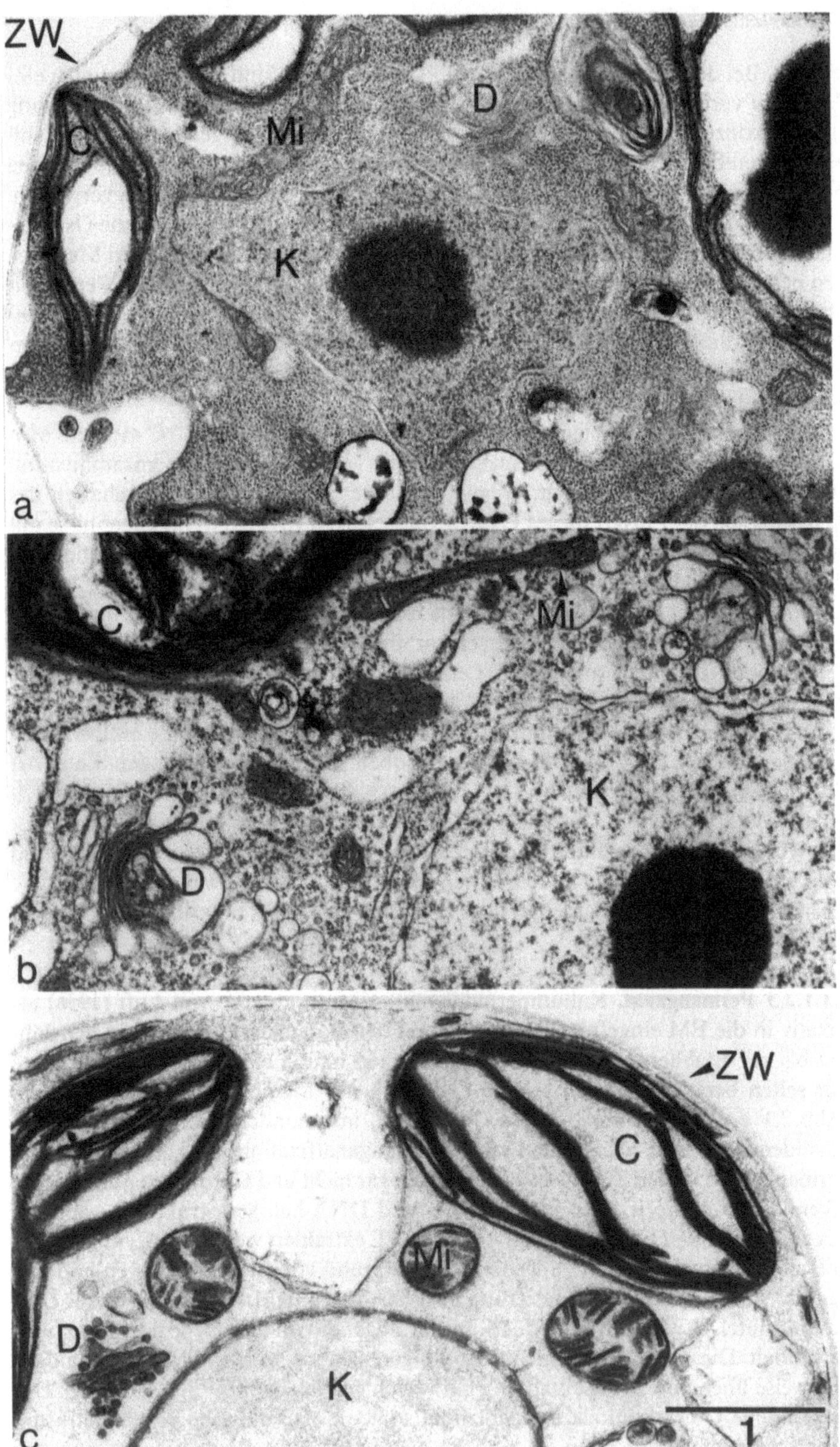

Abb. 2.1 a–c

KMnO$_4$ löst sich langsam in Wasser; einige Stunden sind für die Herstellung einer 4%igen (w/v) Stammlösung nötig. Solche Lösungen sind selbst bei 4 °C nicht lange stabil und sind für jede Fixation frisch anzusetzen.

Weiterführende Literatur

Bradbury S, Meek GA (1960) A study of potassium permanganate „fixation" for electron microscopy. Q J Microsc Soc 101: 241-250
Luft JH (1956) Permanganate - a new fixative for electron microscopy. J Biophys Biochem Cytol 2: 799-802
Palade GE (1952) A study of fixation for electron microscopy. J Exp Med 95: 285
Richards FM, Knowles JR (1968) Glutaraldehyde as a protein crosslinking reagent. J Mol Biol 37: 231-233
Riemersma JC (1968) Osmium tetroxide fixation of lipids for electron microscopy: a possible reaction mechanism. Biochim Biophys Acta 152: 718-727
Sabatini DD, Bensch K, Barnett RJ (1963) Cytochemistry and electron microscopy. The preservation of cellular structure and enzymatic activity by aldehyde fixation. J Cell Biol 17: 19-58

2.1.1.3 Zusammensetzung der Fixationslösung

Fixationsmittel sind in gepufferten Lösungen anzuwenden, mit Ausnahme von KMnO$_4$, das in wäßriger Lösung als Fixationsmittel benutzt werden kann. Bei der Wahl des geeigneten „Fixationsvehikels" sind drei wichtige Faktoren zu berücksichtigen: die Pufferungseigenschaften, die Ionenzusammensetzung und die Tonizität der Fixationslösung. Hinzu kommt die Anwesenheit spezieller Substanzen, welche die Wirkung des Fixativs beeinflussen können.

2.1.1.3.1 Puffereigenschaften. In der elektronenmikroskopischen Fixierung sind verschiedene Puffersubstanzen in Gebrauch. Hauptsächlich werden Phosphat (Na- oder Na/K), Cacodylat sowie verschiedene Sulfonsäurederivate, z. B. PIPES oder MES, benutzt. Für das Ansetzen der Pufferlösungen wird der Leser auf Appendix 1 bzw. die zahlreichen Tabellen in der Literatur verwiesen. Bei der Wahl des geeigneten Puffers sind zwei Parameter von Bedeutung: pH-Wert und die Pufferkapazität.

Für die große Mehrheit der zu fixierenden Organismen ist ein pH-Wert der Fixationslösung zwischen 6.5 und 8.0, gewöhnlich um 7.0, anzustreben. Da die Temperatur einen signifikanten Effekt auf den pKa-Wert vieler Puffersubstanzen hat, ist das Einstellen des pH-Werts entsprechend der Fixationstemperatur zu empfehlen.

Die Effektivität eines Puffers bei der Aufrechterhaltung eines bestimmten pH-Werts hängt im wesentlichen von seinem pKa-Wert und seiner Konzentration ab. Je

◄───

Abb. 2.1 a–c. Vergleich dreier Fixierungsarten, dargestellt an *Chlamydomonas reinhardii.* **a** „Doppelfixierung". Zunächst Glutaraldehyd (2% w/v; 0.1 M Phosphatpuffer; 1 h) allein, gefolgt von OsO$_4$ (2% w/v; 0.1 M Phosphatpuffer; 1 h). **b** „Simultanfixierung". Glutaraldehyd (1% w/v; 0.1 M Phosphatpuffer) und OsO$_4$ (1% w/v; 0.1 M Phosphatpuffer) gleichzeitig bei Eisbadtemperatur (1 h), danach OsO$_4$ (2% w/v; 0.1 M Phosphatpuffer) allein (3 h). **c** Permanganatfixierung (1% in H$_2$O w/v; 2 h; Eisbadtemperatur). Schnitte **a** und **b** wurden mit Uranylacetat und Bleicitrat nachkontrastiert. Schnitt **c** nur mit Bleicitrat. *C* Chloroplast; *D* Dictyosom; *K* Kern; *Mi* Mitochondrium; *ZW* Zellwand. Vergrößerungsangaben in μm

mehr der einzuhaltende pH-Wert vom pKa-Wert abweicht, desto größer muß die Pufferkonzentration sein. Phosphat (pKa = 7.2) puffert beispielsweise schlecht unterhalb von 7.5, und Tris (pKa = 8.3) puffert schlecht unterhalb von 7.5. Ungepufferte Aldehydlösungen verursachen eine minimale Änderung im intrazellulären pH, ungepufferte OsO_4-Lösungen bewirken dagegen eine Erniedrigung des pH-Werts um 2–3 Einheiten. Aus diesem Grund braucht die Pufferungskapazität einer aldehydischen Fixationslösung nicht so stark zu sein wie beim OsO_4.

2.1.1.3.2 Ionenzusammensetzung. Besonders bei einer OsO_4-Fixierung kann die Präsenz bestimmter Ionen eine wichtige Rolle spielen. Vor allem Ca^{2+}- oder Mg^{2+}-Ionen (1–3 mM) sollten gegen fixationsbedingte Schwellung helfen. Zusätzlich verhindern diese divalenten Kationen z. T. die Extraktion verschiedener Proteine sowie Membranlipide.

2.1.1.3.3 Tonizität. Entsprechend der osmotischen Wirksamkeit der Fixationslösung können Zellen während der Fixation schrumpfen oder schwellen. Um das Auftreten solcher Artefakte zu verhindern, muß auf die Konzentration und Zusammensetzung der Fixationslösung besonders geachtet werden. Theoretisch versucht man also isotonische Bedingungen während der Fixation zu erreichen. In der Praxis, v. a. bei tierischen Organismen, wird meistens leicht hypertonisch fixiert. Außerordentlich wichtig ist die Anpassung der primären Fixationslösung (gewöhnlich Aldehydlösung). Hierbei wird der Beitrag des Fixationsmittels zur Osmolarität meist

Tabelle 2.1. Osmolarität von einigen Puffer- und Fixierlösungen

Lösung		Osmolarität (mOsmol l^{-1})
2.5 %[a]	Glutaraldehyd in H_2O	270
2 %	Formaldehyd in H_2O	215
0.05 %	Phosphatpuffer pH 7.4	145
0.1 M	Phosphatpuffer pH 7.4	240
0.2 M	Phosphatpuffer pH 7.4	420
0.05 M	Na-Cacodylatpuffer pH 7.4	110
0.1 M	Na-Cacodylatpuffer pH 7.4	195
0.2 M	Na-Cacodylatpuffer pH 7.4	390
0.05 M	PIPES-Puffer pH 7.4	120
0.1 M	PIPES-Puffer pH 7.4	236
0.2 M	PIPES-Puffer pH 7.4	325
2.5 %	Glutaraldehyd in 0.1 M Phosphatpuffer pH 7.4	480
2.5 %	Glutaraldehyd plus 2% Formaldehyd in 0.05 M Na-Cacodylatpuffer pH 7.4	550
2.5 %	Glutaraldehyd plus 2% Formaldehyd in 0.1 M Na-Cacodylatpuffer pH 7.4	900
2.5 %	Glutaraldehyd in 0.1 M PIPES-Puffer pH 7.4	345
2.5 %	Glutaraldehyd plus 4%[b] NaCl in 0.1 M Phosphatpuffer pH 7.4	1600
2.5 %	Glutaraldehyd plus 10%[b] Saccharose in 0.1 M Phosphatpuffer pH 7.4	800

[a] %-Angaben in v/v
[b] %-Angaben in w/v

vernachlässigt und die Osmolarität der Fixationslösung über das Fixationsvehikel eingestellt. Die Osmolarität (gemessen in Osmol l^{-1}) oder Osmolalität (gemessen in Osmol kg^{-1}) von Fixationslösungen lassen sich mittels Gefrierpunkterniedrigung mit Osmometern schnell bestimmen.

Tabelle 2.1 gibt die Osmolarität von einigen Standardpuffern und Standardfixationsmitteln an. Durch Zusatz mono- oder divalenter Kationen (Na^+, K^+, Mg^{2+}, Ca^{2+}) oder durch Zucker (Glukose, Saccharose) läßt sich eine Feineinstellung erreichen. Gewöhnlich benutzt man NaCl, da divalente Kationen unerwünscht Wirkungen auf die Strukturerhaltung haben können (s. oben). Obwohl über Extraktionswirkung durch Zuckerzugabe berichtet wird, zeigen viele Publikationen volle „elektronendichte" Strukturerhaltung. Außerdem beeinflußt die Zuckerzugabe nicht den pH-Wert der Fixationslösung. Die Puffer für die Waschlösungen und für die sekundäre Fixation sollten der ersten Fixationslösung angeglichen werden.

2.1.1.3.4 Andere Substanzen. Es gibt eine Reihe von Fixationsmethoden, bei denen die Fixationslösungen mit Substanzen versetzt werden, die eine erhöhte Kontrastierbarkeit bestimmter Organellen bewirken. Drei der bekanntesten Vertreter dieser Gruppe sind Kaliumdichromat, Kaliumferricyanid und Tanninsäure.

Kaliumdichromat (zusammen mit KOH) wurde von Dalton (1955) als ein starker Puffer für OsO_4-Fixierungen eingeführt. Obwohl sich andere Puffersysteme inzwischen als besser erwiesen haben, ist die Anwesenheit von Kaliumdichromat (0.5–1%ig; w/v) in der OsO_4-Lösung v. a. bei der Fixation von Bakterien gelegentlich noch in Gebrauch. Dadurch entsteht eine bessere Kontrastierbarkeit im Cytoplasma.

Kaliumferricyanid (0.5–1.0%ig; w/v) in OsO_4-Lösungen (1–2%ig; w/v) führt zu einer sehr starken Membrankontrastierung. Weil diese Reaktion durch die Präsenz von Ca^{2+}-Ionen begünstigt wird, ist das Vorhandensein von 1–10mM Ca^{2+} in den primären Fixations- und Waschlösungen notwendig. In vielen, jedoch nicht allen Fällen ist das ER selektiv kontrastiert (Abb. 2.2). Es ist möglich, daß die Ferricyanidreduktion von Osmium mit der Anwesenheit eines mikrosomalen Elektronentransportsystems in Zusammenhang steht.

Tanninsäure wird häufig eingesetzt, um die Feinstruktur fibrillärer Elemente (Mikrotubuli, vgl. Abb. 2.3a, b; Mikrofilamente) bzw. Details der Plasmamembran (z. B. Darstellung des Clathringerüsts im „Coated Pit") hervorzuheben. Der genaue Wirkungsmechanismus von Tanninsäure ist nicht bekannt; sie dient als Beizmittel, wobei osmifizierte Strukturen durch bleihaltige Nachkontrastierungsmittel besser angefärbt werden. Tanninsäurebehandlungen werden entweder vor oder nach der OsO_4-Fixierung durchgeführt. Am häufigsten enthält das primäre Fixativ zwischen 1 und 8% (w/v) Endkonzentration an Tanninsäure. Um das schnellere Eindringen der Tanninsäure zu bewerkstelligen, kann die Zugabe von 0.05% (w/v) Saponin in die Aldehydlösung von Nutzen sein. Eine Tanninsäurebehandlung im Anschluß an den letzten Waschvorgang nach der OsO_4-Fixierung ist ebenfalls mit gutem Erfolg durchgeführt worden. Hier wird die Tanninsäure einfach in Puffer bei Raumtemperatur angeboten und danach das Objekt kurz (5 min) in einer 1%igen Na_2SO_4-Lösung gespült.

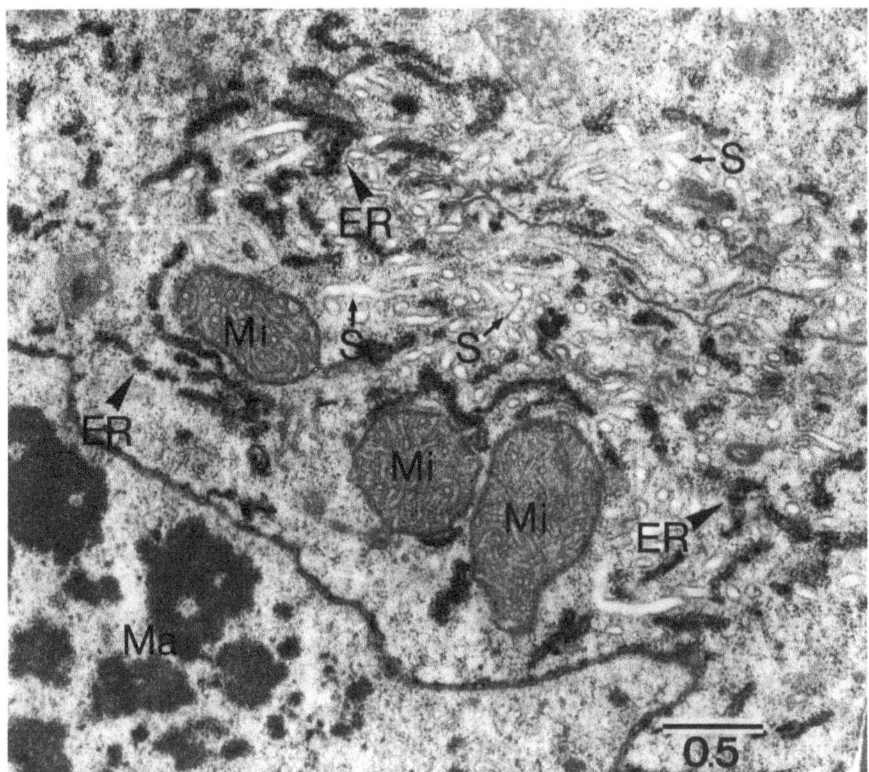

Abb. 2.2. Selektive Kontrastierung des endoplasmatischen Reticulums (ER) in den Ziliaten *Pseudomicrothorax dubius* nach einer OsFeCN-Fixierung. *Ma* Makronukleus; *Mi* Mitochondrium; *S* Spongium der kontraktilen Vakuole. (Originalaufnahme K. Hausmann). Vergrößerungsangaben in μm

Weiterführende Literatur

Bone Q, Ryan KP (1972) Osmolarity of osmium tetroxide and glutaraldehyde fixatives. Histochem J 4: 331–347
Dalton AJ (1955) A chrome-osmium fixative for elctron microscopy. Anat Rec 121: 28
Gomori G (1955) Preparation of buffers for use in enzyme studies. In: Clowich HSP, Kaplan NO (eds) Methods in enzymology, vol I. Academic Press, London New York, pp 138–146
Good NE, Winget GD, Winter W, Conolly TN, Zawa SI, Singh RMM (1966) Hydrogen ion buffers for biological research. Biochemistry 5: 467–477
Maser MD, Powell TE, Philpott CW (1967) Relationships among pH, osmolality and concentration of fixative solutions. Stain Technol 42: 175–182
Maupin P, Pollard TD (1983) Improved preservation and staining of HeLa cell actin filaments, clathrin-coated membranes, and other cytoplasmic structures by tannic acid-glutaraldehyde-saponin fixation. J Cell Biol 96: 51–62
Simionescu N, Simionescu M (1976) Galloylglucoses of low molecular weight as mordant in electron microscopy. I. Procedure, and evidence for mordanting effect. J Cell Biol 70: 608–621
White DL, Mazurkiewiez JE, Barnett RJ (1979) A chemical mechanism for tissue staining by osmium tetroxide-ferrocyanide mixtures. J Histochem Cytochem 27: 1084–1091

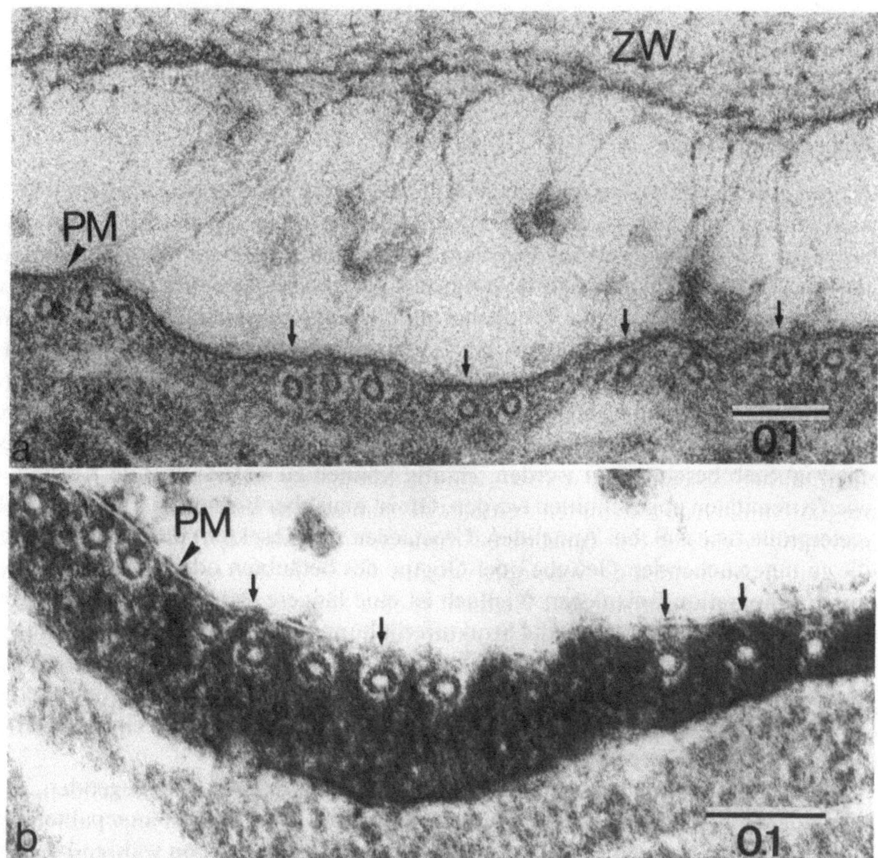

Abb. 2.3 a, b. Verbesserte Darstellung kortikaler Mikrotubuli *(Pfeile)* in dem Samenhaar von *Cobaea scandens* durch Tanninsäure. **a** Konventionelle „Doppelfixierung". **b** Fixierung mit Tanninsäure im Primärfixativ. *PM* Plasmamembran; *ZW* Zellwand. (Originalaufnahmen E. Schnepf). Vergrößerungsangaben in μm

2.1.1.4 Fixierung tierischer Organismen

Für die Fixierung tierischer Zellen und Gewebe gibt es kein Patentrezept. Besonders wesentlich für eine zufriedenstellende Fixation sind die Art der Fixationsprozedur und die Wahl des geeigneten Fixativs.

2.1.1.4.1 Fixierungsverfahren. Zwei Faktoren bei der Durchführung der Fixation beeinflussen das Resultat der Strukturerhaltung häufig wesentlich:

1. Anoxie und Absterben von Organismusteilen vor der Fixation,
2. mechanische Einwirkung vor und nach der Fixation.

So ist bekannt, daß z. B. höhere Wirbeltiere besonders gegen Sauerstoffentzug empfindlich sind. Der Zelltod zieht Autolysevorgänge nach sich, die schon wenige Minuten postmortal auftreten können. Strukturveränderungen und Veränderung von

Enzymaktivitäten sind die Folge. Für die schnelle Fixierung mit Lösungen werden vier verschiedene Verfahren benutzt: Immersionsfixierung, Perfusionsfixierung, Oberflächenfixierung durch Auftropfen und Injektionsfixierung.

Immersionsfixierung

Hierbei werden Ganztiere oder freigelegte Teile in die Fixationslösung gebracht. Fixiert wird gewöhnlich zunächst in Aldehydlösungen (ca. 2 h bei 4 °C), danach in OsO_4 (ca. 2 h bei 4 °C). Dieses Verfahren ist für viele Kleintiere (Evertebraten), deren Gewebe vom Fixationsmittel aufgrund geringer Diffusionsstrecken rasch erreicht werden können, ohne Probleme routinemäßig anzuwenden. Voraussetzung für eine gute Strukturerhaltung ist bei Ganztieren die Penetrierbarkeit der Außenhülle (Integument) und der inneren Zellen- und Gewebslagen. Diese kann durch Anschneiden oder Punktieren gewährleistet werden. Die Durchdringung mit Fixationslösung kann durch milden Unterdruck (Wasserstrahlpumpe) oder Untertauchen im Sieb beschleunigt werden. Häufig können zu untersuchende Körperteile wie Extremitäten abgeschnitten werden. Oft ist man aber bereits bei Tieren ab Millimetergröße (wie z. B. bei Anneliden, Crustaceen und Insekten) darauf angewiesen, die zu untersuchenden Gewebe oder Organe des betäubten oder abgetöteten Tiers durch Präparation freizulegen. Vielfach ist eine längere Präparation (über 30 min) durchaus möglich, ohne daß die Strukturerhaltung beeinträchtigt wird. Die Präparation kann bei Zimmertemperatur durchgeführt werden. Vereinzelt präpariert man günstigerweise im Kühlraum (4° -10 °C) oder über einer Kühlvorrichtung (Peltierelement). Hierbei wird außerdem bei vielen wechselwarmen Tieren eine weitgehende Immobilisierung erreicht.

Bei der Präparation ist weiterhin darauf zu achten, daß die freizulegenden, zu fixierenden Teile immer feucht gehalten werden. Dies kann mit gut angepaßten physiologischen Lösungen geschehen, oder aber es wird besser schon während der Präparation mit Aldehyden anfixiert (Auftropfen). Bei Aldehydfixation während der Präparation ist unbedingt ein Abzug zu benutzen.

In jedem Fall hängt das Resultat der Fixierung von einer guten Präparation ab, die meistens nur durch Übung zu erreichen ist. Bei der Präparation kommt es ganz wesentlich darauf an, mechanische Beschädigungen bzw. Deformationen des Gewebes zu vermeiden. Deshalb müssen Berührungen von zu untersuchenden Objekten gering gehalten oder völlig umgangen werden. Bei empfindlichen Objekten (z. B. embryonale Gewebe, Nervensystem, Sinnesorgane) sind allerdings irreversible mechanische Verformungen häufig kaum völlig auszuschließen, wenn durch Immersion oder durch Auftropfen fixiert wird.

Freigelegte Objekte werden günstigerweise „in situ" anfixiert und erst dann gelöst, wenn eine vorsichtige Entnahme ohne Deformation möglich ist (Richtwert 5-10 min). Danach gelangt das zu untersuchende Objekt in eine gleichartige Fixationslösung, die das 15-20fache Volumen des Objekts aufweist.

Perfusionsfixierung

Bei der Perfusionsfixierung wird das Fixativ über das Gefäßsystem oder allgemein über Körperhohlräume an die zu fixierenden Orte herangeführt. Die Perfusion über Gefäßsysteme sorgt für eine schnelle und gleichmäßige Fixation der Organe und Gewebe. Sie ist für alle großen, kompakten bzw. schlecht durch Präparation freizulegenden Organe die Methode der Wahl. Bei kleinen Evertebraten mit geschlossenem oder offenem Gefäßsystem kann das Fixativ mit feinen Injektionskanülen (kommerziell vertriebene Stahlkanülen oder selbst ausgezogene Glaspipetten, die dem Objekt anzupassen sind) mittels Spritzen appliziert werden. Hierdurch können selbst kleine Tiere (z. B. *Drosophila*, Regenwurm, Krebse u. a.) zufriedenstellend in situ fixiert werden. Bei Insekten gelingt eine vorsichtige Applikation in die Leibeshöhle über intersegmentale Häute mittels einer Spritze. Vorher ist der Körper an einer entfernten Stelle (z. B. am Kopf) zu öffnen, damit Hämolymphe und überschüssige Fixationslösung ablaufen können. Das Einspritzen kann bei Erfahrung ohne Druckkontrolle erfolgen. In jedem Fall muß gleichmäßig eingespritzt werden, so daß verdrängte Flüssigkeit tropfenweise hervortritt. Ein Mißlingen durch zu hohe Drücke bei Verformung und Verdriftung von Geweben kann außerordentlich leicht eintreten. Bei der weiteren Freipräparation nach dem Anfixieren ist äußerst schonend zu verfahren, weil gehärtetes Gewebe leicht reißt oder bei Berührung mit Scheren oder Pinzetten irreversibel verformt wird. In den allermeisten Fällen erübrigt sich für Evertebraten eine Perfusion, wenn nur einige Teile des Organismus entnommen werden sollen.

Bei größeren Wirbeltieren läßt sich eine zufriedenstellende Fixation vieler, nur langwierig freizulegender Teile (z. B. Zentralnervensystem) oder ganzer Körper nur mittels intravaskulärer Perfusion erreichen. Für die Gefäßperfusion von Wirbeltieren sind Vorbereitung und Durchführung nicht einheitlich zu treffen. So ist der technische Aufwand für große Tiere und Warmblüter allgemein höher als für viele kleine Tiere und Kaltblüter. Bei Säugern empfiehlt sich zumeist eine künstliche Beatmung über die Trachea. Bei Kleinsäugern, kleineren Vögeln und Fröschen ist dagegen eine Perfusionsfixation ohne künstliche Beatmung zufriedenstellend durchzuführen, wenn der Experimentator geschickt und schnell arbeiten kann. Die Wahl des Infusionsorts hängt vom zu fixierenden Gewebe, von der Tiergröße und von den experimentellen Möglichkeiten des Elektronenmikroskopikers ab. Üblicherweise wird über das Herz oder die Aorta perfundiert.

Folgende Ausführungen beziehen sich auf Herzperfusionen bei kleinen Wirbeltieren und speziell beim Frosch. Eine gute Übersicht über Perfusionsverfahren bei Wirbeltieren liefert das Handbuch von Hayat (1981).

Vorbereitung einer Perfusionsfixierung

Instrumente

Für die Präparation werden benötigt: 1 Plastikwanne (Fotoschale) und 1 hineinpassende Kork- oder Wachsplatte, auf der das Versuchstier ausgespannt werden kann, größere Stecknadeln mit Kopf sowie Präparationsbesteck (Abb. 2.4). Hierzu eignen sich 2 gerade, spitze Uhrmacherpinzetten, 2 stumpfe Pinzetten, 1 feine gerade Schere, 1 feine Schere mit abgewinkelten Scherenblättern, 1 Augenschere für Feinpräparationen, Einmalskalpelle, 1 mittlere Schere und Arterienklemmen (Scherenform). Für viele Präparationen (z. B. Freipräparation des Gehirns nach der Perfusion) sind Knochenzangen unentbehrlich.

Perfusionseinrichtung

Die Perfusionsgeschwindigkeit läßt sich durch Druck kontrollieren. Der Perfusionsdruck sollte hoch genug sein, das Blut auszutreiben, aber nicht viel höher als

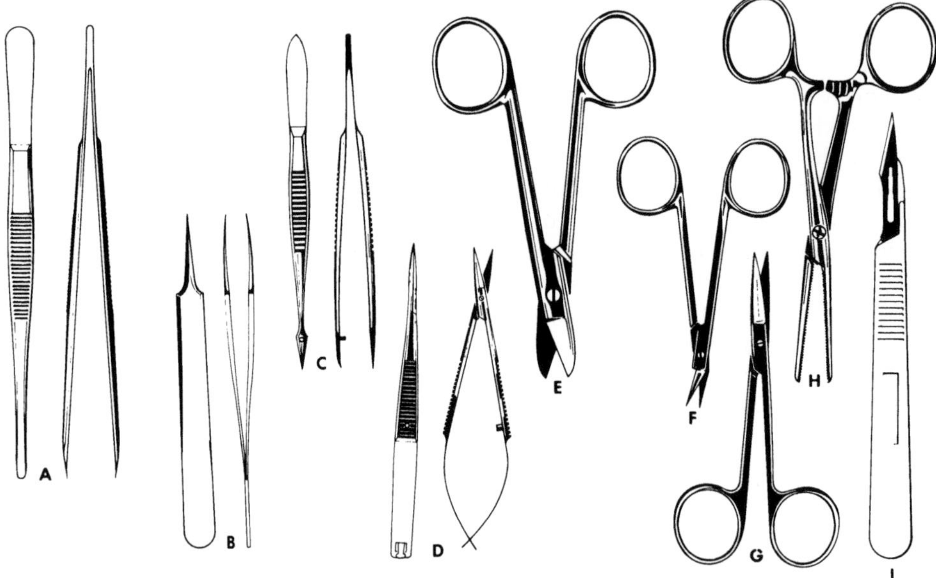

Abb. 2.4. Ausgewählte Präparierwerkzeuge: **A** große stumpfe Pinzette; **B** gerade Uhrmacherpinzette; **C** kleine Pinzette; **D** Augenschere; **E** grobe Schere; **F** feine Schere mit abgewinkelten Blättern; **G** feine gerade Schere; **H** Arterienklemme (Scherenform); **I** Skalpell

der arterielle Druck des lebenden Tieres. Man kann zur Druckerzeugung kommerzielle Pumpen verwenden oder aber die Schwerkraft ausnutzen. Hierzu hängt man im einfachsten Falle Infusionsflaschen (mit Fixierungs- bzw. Spüllösungen nach Bedarf) über das Tier (Richtwert ca. 50–150 cm). Die Behälter sind über einen Plastikschlauch mit der Infusionskanüle zu verbinden. Der Zufluß wird über Hähne oder Schlauchklemmen reguliert. Fixations- und Spülmittel können Zimmertemperatur haben, oder sie werden über Kühlgefäße reguliert. Will man nacheinander mit verschiedenen Lösungen (verschiedene Temperatur oder Fixativkonzentration) perfundieren, so sind die Flaschen über Zwei- oder Dreiwegehähne mit dem kanülentragenden Endstück zu verbinden (Abb. 2.5). In jedem Fall ist bei der Perfusion unbedingt das Eindringen von Luftblasen in das Gefäßsystem zu vermeiden.

Vielfach gelingt es, Perfusionsflüssigkeiten mit Hilfe großer Plastikspritzen einzuführen. Diese Spritzen sind je nach Bedarf und nach Flüssigkeitsvolumen mehrfach zu wechseln. Es hat sich bewährt, die Spritzenanschlüsse festzuklemmen, um zu verhindern, daß durch ungeschicktes Manipulieren der Sitz der Perfusionskanüle im Herzen bzw. in der Aorta verändert wird. Das Volumen ist der Tiergröße anzupassen (z. B. 250 ml Fixativ für eine Ratte, 100 ml für einen Frosch).

Spül- und Fixationslösung

Die Perfusionsfixation gelingt nach den meisten Beschreibungen nur, wenn das Blut vor der Fixation mit einer Spülung aus dem Gefäßsystem ausgetrieben wird. Das Blut kann durch Verklumpung das Gefäßsystem allzu leicht verstopfen. Man

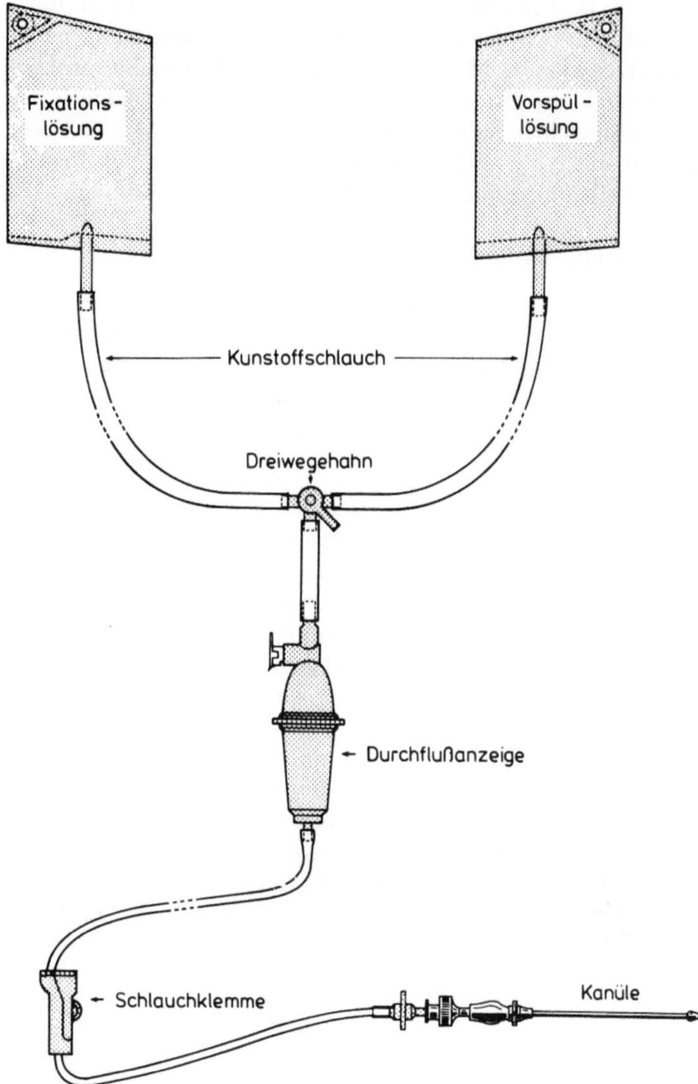

Abb. 2.5. Einfache Vorrichtung zur Perfusion. Vorspül- und Fixationslösung befinden sich in Plastikflaschen, die an einem Stativ aufgehängt werden

führt daher zunächst Pufferlösungen oder vollständige Blutersatzlösungen ein, die auch kommerziell erhältlich sind. Diesen Spüllösungen können gefäßerweiternde Mittel (z. B. Procain 0.5%; w/v), Antikoagulantien (Heparin 0.25%; w/v) und Substanzen, die den kolloidosmotischen Druck heraufsetzen (Dextran, Polyvinylpyrrolidon 2.5%; w/v), zugesetzt werden. Die Erhöhung des kolloidosmotischen Drucks in den Blutgefäßen verhindert die Vergrößerung extravaskulärer Räume.

Für Frosch- und Rattenfixierungen benutzt man 0.1 M Phosphatpuffer nach Sörensen (pH 7.4, Zimmertemperatur) oder Cacodylatpuffer (pH 7.4) (s. 2.1.1.3 und

Appendix I). Perfusionsfixierungen werden gewöhnlich mit Aldehydlösungen durchgeführt. Diesen folgt eine Osmiumtetroxidfixierung nach. Man kann 2.5% Glutaraldehyd in 0.1 M Phosphatpuffer oder Gemische von 1% Formaldehyd und 2% Glutaraldehyd in 0.1 M Phosphat- oder Cacodylatpuffer (pH 7.4) benutzen. Diese Lösungen enthalten jeweils 1 mM $CaCl_2$ (s. 2.1.1.3). Formaldehyd wird mit Paraformaldehyd jeweils frisch zubereitet (Ansetzen von Fixativen s. 2.1.1.2). Die Perfusionsfixation erfolgt mit auf 4 °C abgekühlter Lösung.

Durchführung der Perfusion

Vor Beginn der Thorakotomie muß das Tier tief betäubt werden. Hierzu ist bei kleinen Tieren (z. B. Fröschen) Ether geeignet. Vielfach empfiehlt sich eine Narkose mit Nembutal oder mit Ethylcarbamat (Urethan), die subcutan, intraperitoneal oder intravenös (über die Dosierung s. Adam u. Czihak 1964) appliziert werden.

Die intracardiale Perfusion soll am Beispiel des Krallenfroschs *(Xenopus)* geschildert werden:

1. Das mit Ethylcarbamat (10%; w/v; 0.8 ml) intraperitoneal narkotisierte Tier wird auf einem Korkbrett an den Extremitäten festgesteckt oder festgebunden (Dorsallage).
2. Die Haut wird in der Gegend des caudalen Schwertfortsatzes angehoben und von hier bis zum Kiefer aufgeschnitten. Nun wird mit der Pinzette der Schwertfortsatz (Processus xiphoideus) angehoben und mit Scherenschnitten freigelegt. Der knöcherne Teil des Sternums wird über dem Herzen mit einem weiteren, quergelagerten Schnitt getrennt, so daß durch ein Fenster der Brusthöhle das Herz sichtbar wird. Mit einer stumpfen Pinzette ist der weißliche Herzbeutel (Perikard) anzuheben und mit einer feinen spitzen Schere zu zerschneiden, so daß das Herz freiliegt. Links erblickt man nun den Herzbulbus (Bulbus cordis), der in den Arterienstamm (Truncus arteriosus) überleitet (Abb. 2.6). Vor der Gabelung in den unteren rechten und linken Truncus arteriosus wird ein feiner Faden mit Hilfe einer spitzen Pinzette unter den Truncus gelegt und eine lockere Schlinge

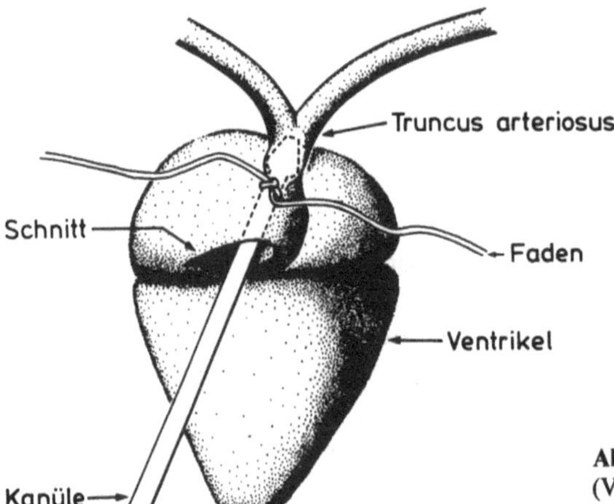

Abb. 2.6. Schema eines Froschherzens (Ventralansicht) mit eingeführter Perfusionskanüle

vorbereitet. Der Bulbus wird nun an seinem unteren (rechten) Ende geöffnet, damit die Kanüle bis zum unpaaren Truncus vorgeschoben und abgebunden werden kann. Zum Abfluß des Bluts wird der Sinus venosus auf der Dorsalseite des Herzens angeschnitten. Dieser ist bei ventraler Präparation durch das Anheben der Herzkammer freizulegen. Die Kanüle ist unbedingt so zu führen, daß die Gefäße an der Gabelung des Truncus nicht abgeklemmt werden.

3. Man läßt jetzt Pufferlösung durchlaufen, bis das Blut ausgetreten ist (ca. 1 min; Hellfärbung der austretenden Flüssigkeit).

4. Nun erfolgt das Umschalten auf die Fixationslösung für ca. 5 min. Am Exituszittern (z. B. Extremitäten) läßt sich ablesen, ob die Fixierung Erfolg verspricht. Es kommt zu einer Versteifung von Körperteilen und zum Hartwerden von Organen. Beim Eröffnen zeigen Hellfärbung und Härtung der Leber oder von Muskulatur ein mögliches Gelingen der Perfusion an. Nach der Perfusion erfolgt eine Immersions- und Nachfixation des gesamten, eröffneten anfixierten Tieres über längere Zeiten (2 h oder länger, 4 °C). Die Objekte werden nun vorsichtig herauspräpariert.

Selbst bei längerer Erfahrung kann nicht damit gerechnet werden, daß jede Perfusion erfolgreich ist, sondern man wird immer wieder feststellen müssen, daß Teilbereiche eines Organs oder eines Gewebes unzureichende Strukturerhaltung aufweisen.

Fixation durch Auftropfen

Hierbei kommt es darauf an, exponierte innere und äußere Oberflächen durch Auftropfen von Fixativ zu stabilisieren. Praktisch ist dies ein Vorgang, der auch vor oder als Teil der Immersionsfixierung durchgeführt werden kann.

Fixation durch Injektion

Hierbei wird mit einer Spritze direkt in das freigelegte Organ oder Gewebe Fixationsflüssigkeit injiziert. Diese grobe Methode führt zu brauchbarer Strukturerhaltung in Teilen des zu untersuchenden Objekts. Nach der Fixierung ist das Objekt so zu zerkleinern, daß es für die weitere Verarbeitung zugänglich ist. Bei kompakten Geweben (z. B. Leber, Ganglien) sind Gewebsblöckchen von maximal 1 mm Kantenlänge herzustellen. Die Zerkleinerung kann nur in Ausnahmefällen vor der Fixation geschehen (z. B. bei harten Arthropodenextremitäten). Zumeist erfolgt die Zerkleinerung nach der Aldehydfixation, die das Gewebe gehärtet hat. In jedem Fall müssen die Blöckchen so klein sein, daß eine Durchtränkung mit OsO_4 gewährleistet ist. Für die gezielte Aufarbeitung oder Probennahme ist es meist wünschenswert, häufig aber unerläßlich, orientiert zu zerkleinern, d. h. die Lage der zerschnittenen Teile im Raum bzw. zu den Körperachsen des Tieres zu protollieren und zu markieren. Zur Zerkleinerung nimmt man eine neue Rasierklinge, die ziehend durch das Gewebe bewegt wird (Andrücken ist unbedingt zu vermeiden). Die Schenkel einer geraden Uhrmacherpinzette werden dabei als Führung benutzt. Das Schneiden geschieht in Flüssigkeit unter einem Binokular. Gezieltes, schonendes Schneiden läßt sich am genauesten in Schneidekammern durchführen. Das ausgerichtete Objekt wird hierbei mit einer Agaroselösung (3% w/v; 45 °C) in einer

Kammer festgelegt und hierin in Schnitte gewünschter Dicke zerlegt (s. Andres und
v. Düring 1981). Nach kurzem Waschen mit Pufferlösung (gleiche Substanzen, gleicher pH-Wert, gleiche Molarität, gleiche Temperatur, Dauer: 5 min) wird mit gleich-
gepuffertem OsO_4 für 2 h nachfixiert.

2.1.1.4.2 Wahl der Fixationslösung. Am weitaus häufigsten findet man auch bei tierischen Organismen die Doppelfixierung mit Aldehyden gefolgt von Osmiumtetroxid (Aldehyd-Fixierung für ca. 2 h; OsO_4-Fixierung für ca. 2 h; Temperatur 4 °C).
Seltener wird allein mit Osmiumtetroxid oder einem Gemisch von Aldehyden und
Osmiumtetroxid gearbeitet. Vereinzelt wird eine Dreifachfixation angewendet: Aldehyde werden gefolgt von Osmiumtetroxid und Uranylacetat. Dreifachfixierun-
gen sind empfehlenswert, wenn Spezialisierungen der Zellmembran untersucht
werden sollen (Herstellung s. 2.1.1.2).

Die Konzentration von Formaldehyd beträgt 1-4% (w/v), von Glutaraldehyd
1-6% (v/v). 1-2.5%ige Aldehydkonzentrationen sind meist völlig ausreichend.
Empfindliche, labile Gewebe (viele Meerestiere, Embryonen, stark wasserhaltiges
Gewebe) werden häufig vorteilhaft mit geringen Aldehydkonzentrationen fixiert
(über pH-Wert, Pufferlösungen, ionale Zusammensetzung, Osmolarität s. 2.1.1.3).

Der osmotische Druck einer Fixationslösung kann die Strukturerhaltung wesentliche beeinflussen. Körperflüssigkeiten, Gewebe und Zellen haben im Tierreich, bei
Vertretern einer Tierart in verschiedenen physiologischen Zuständen und innerhalb
eines Tieres außerordentlich verschiedene osmotische Werte.

Wenngleich die Osmolarität einer Fixationslösung für ein Gesamttier oder Gewebe nicht optimal anzupassen ist, so empfiehlt sich, die Osmolarität der Körperflüssigkeiten zu beachten, damit der Zeitaufwand bei der Suche nach einer geeigneten
Fixationslösung reduziert wird. Die Wirkung der Tonizität bzw. Osmolarität kann
häufig schon bei der Immersionsfixation von freigelegtem Gewebe beobachtet werden. Hier sind starke Schrumpfungen oder übermäßige Deformationen zu beobachten, wenn die Fixationslösung zu stark hypertonisch ist, oder es treten Schwellungen bei hypotonischen Fixierflüssigkeiten auf. Im allgemeinen hat es sich bewährt, mit Lösungen zu arbeiten, die zu Blut oder zu Körperflüssigkeiten iso- oder
leicht hypertonisch sind. Angabe über Osmolaritäten bei ausgewählten Vertretern
verschiedener Stämme des Tierreichs finden sich in Handbüchern.

Die Fixation von Meerestieren, besonders wenn sie sehr zart gebaut sind, bereitet
vielfach Schwierigkeiten. Hier gibt es ebensowenig generelle Lösungen für eine geeignete Fixationslösung wie bei anderen Objekten. Allgemein ist die Osmolarität
(besonders für Evertebraten) höher anzusetzen als bei Land- oder Süßwassertieren.
Man erreicht dies durch Zusatz von Meerwasser (Prinzip „Versuch und Irrtum")
oder durch NaCl (z. B. 4% w/v) und durch Zuckerzusatz. Saccharose sollte nur bis
zu einer Endkonzentration von 10% (w/v) zugesetzt werden. Für viele Wirbellose
hat sich eine primäre Fixation von 2.5% Glutaraldehyd + 0.14 M NaCl in 0.2 M
Phosphatpuffer (pH 7.4) bewährt. Die Fixation erfolgt für 1 h bei Zimmertemperatur. Die Fixierungslösung muß nach der ersten Immersion des Objekts mehrfach
rasch gewechselt werden, da zunächst Kalzium des miteingebrachten Seewassers
mit dem Phosphat des Puffers ausfällt. Dieser Schritt darf auf keinen Fall ausgelas-
sen werden. Danach wird kurz mit 0.2 M Phosphatpuffer (pH 7.4) mit 0.3 M NaCl
gewaschen. Die Nachfixierung (1 h bei Zimmertemperatur) erfolgt in 2% Osmium-

tetroxid (w/v) und 1.25% Natriumhydrogencarbonat (w/v), eingestellt mit HCl auf pH 7.4.

Kleinere Objekte (z. B. Embryonen von Wirbellosen) lassen sich mit Glutaraldehyd-Osmiumtetroxid-Gemischen bei 4 °C gut fixieren. Zur Herstellung gibt man gleiche Volumina von Stammlösungen (A: 5% Glutaraldehyd in 3% NaCl in Aqua dest.) zusammen, so daß eine Lösung von Natriumcacodylatpuffer (pH 7.4) entsteht (Osmolarität 1060 mOsmol). Die Konzentration von NaCl kann zur Einstellung der Osmolarität verändert werden. Nach 1–2 h Fixierung werden die Objekte für 3 × 10 min mit 0.1 M Natriumcacodylatpuffer gespült. Sie können dann orientiert in 2%ige Agarose eingebettet und der Entwässerung und Einbettung zugeführt werden.

Weiterführende Literatur

Adam H, Czihak G (1964) Arbeitsmethoden der makroskopischen und mikroskopischen Anatomie. Fischer, Stuttgart, S 1–583

Andres KH, Düring M von (1981) General methods for characterization of brain regions. In: Heym Ch, Forssmann WG (eds) Techniques in neuroanatomical research. Springer, Berlin Heidelberg New York, pp 100–108

Cloney A, Florey L (1968) Ultrastructure of cephalopod chromatophore organs. Z Zellforsch 89: 250–280

Dorresteijn AWC, Bilinski SM, Biggelaar JAM van den, Bluemink JG (1982) The presence of gap junctions during early Patella embryogenesis: an electron microscopical study. Dev Biol 91: 397–401

Glauert AM (1975) Fixation, dehydration and embedding of biological specimens. In: Glauert AM (ed) Practical methods in electron microscopy, vol III, part 1. Elsevier/North Holland, Amsterdam, pp 1–207

Hayat MA (1981) Fixation for electron microscopy. Academic Press, London New York, pp 1–501

Potts WTW, Parry G (1964) Osmotic and ionic regulation in animals. Pergamon Press, Oxford, pp 1–423

2.1.1.5 *Fixierung von Pflanzen und Mikroorganismen*

2.1.1.5.1 Pflanzliches Gewebe. Im Vergleich zu mehrzelligen tierischen Organismen ist hier das Problem der Zugänglichkeit der Fixationslösung verhältnismäßig gering. Grundsätzlich wird nach dem Immersionsverfahren fixiert, auch wenn im voraus Segmente herausseziert werden müssen. Gelegentlich geschieht das Sezieren in Gegenwart der Fixationslösung. Wegen der luftgefüllten Interzellularräume im pflanzlichen Gewebe ist es ratsam, die primäre Fixierung zunächst in vacuo durchzuführen (10–15 min im Exsikkator mit Membran- oder Wasserstrahlpumpe).

Am häufigsten besteht die primäre Fixationslösung (1–2 ml für Objekte von 1 mm^3) aus 2–6% (v/v) Glutaraldehyd in 0.02–0.1 M Puffer. Die Fixationsdauer liegt meistens zwischen 1 und 3 h; die Fixation findet bei Raumtemperatur statt. Für holziges Gewebe ist diese Zeit zu verlängern (bis zu 24 h). Um autolytische Vorgänge während dieser Zeit zu bremsen, werden solche Objekte nach 1 oder 2 h in der Kälte weiterfixiert. Gewöhnlich schließt eine einstündige Waschperiode mit demselben Puffer (pro Objekt 2–3 ml; 4mal wechseln) an die Primärfixation an. Auch die Sekundärfixation (mit 1–2%igem (w/v) OsO_4) wird mit diesem Puffer durchgeführt. Die Fixationsdauer und -temperaur sind der Primärfixation ähnlich (1–2 h; Raumtemperatur oder in der Kälte).

2.1.1.5.2 Protoplasten. Protoplasten werden aus höheren Pflanzenzellen mit Hilfe von Polysaccharidaseenzymgemischen hergestellt. Die Verdauung der Wand findet unter plasmolysierenden Bedingungen (Anwesenheit von 0.4–0.8 M Mannit oder Sorbit) statt. Für die EM muß normalerweise das Plasmolytikum auch in der Primärfixationslösung vorhanden sein. Wie bei normalen Pflanzenzellen werden Protoplasten mit gepuffertem 1–2%igem (v/v) Glutaraldehyd für 1–2 h bei Raumtemperatur fixiert. Nach einem 1stündigen Waschvorgang (wie in 2.1.1.5.1) in gepuffertem Plasmolytikum werden die Protoplasten in eine 1–2%ige (w/v) OsO_4-Lösung (0.05 M Puffer ohne Plasmolytikum) überführt. Hierin wird wahlweise bei Raumtemperatur oder in der Kälte für ein bis mehrere Stunden fixiert. Da Protoplasten

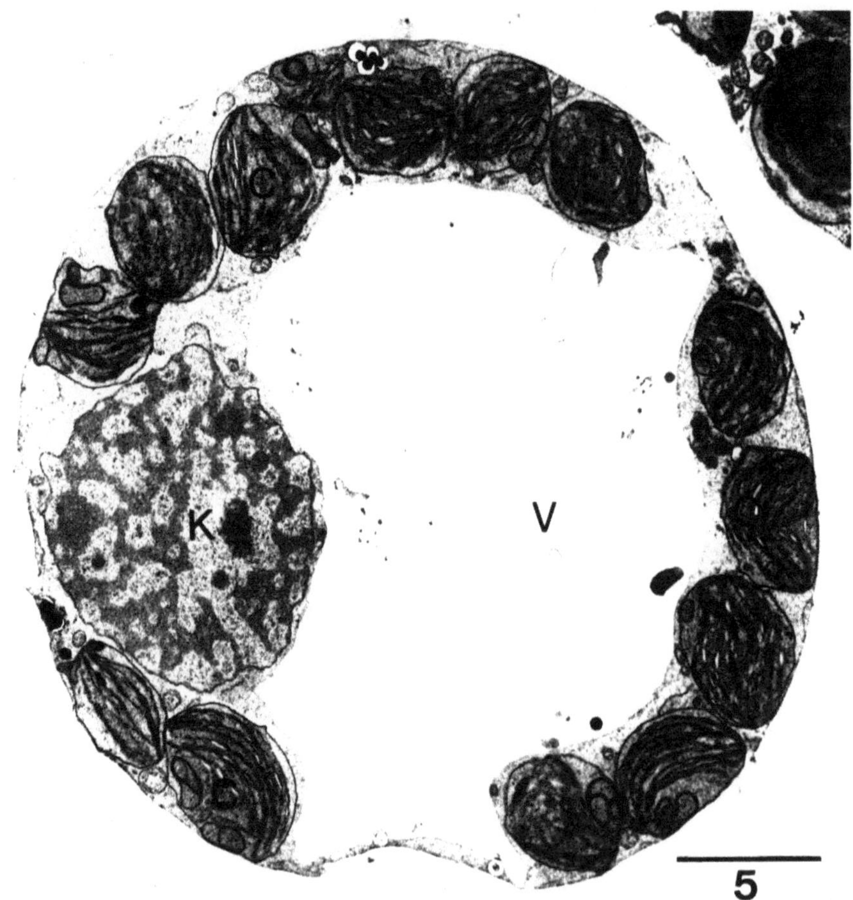

Abb. 2.7. Mesophyllprotoplast aus *Vicia-faba*-Blättern. Fixierung mit 0.1 M phosphatgepuffertem OsO_4 (2% w/v; 2 h; Eisbadtemperatur). *C* Chloroplast; *K* Kern; *V* Vakuole. Vergrößerungsangaben in μm

sehr empfindlich sind, sind unnötige Zentrifugationen während der Fixationen möglichst zu unterlassen. Aufgrund ihrer Größe sedimentieren die Protoplasten gewöhnlich von alleine.

Wenn das Interesse vorwiegend auf die Membranen anstatt auf Mikrotubuli oder Mikrofilamente gerichtet ist, kann eine alleinige Fixation mit 0.1 M phosphatgepuffertem 1–2%igem (w/v) OsO$_4$ durchaus zufriedenstellende Ergebnisse liefern (Abb. 2.7). Diese Fixation ist in der Kälte durchzuführen und dauert 2 h.

2.1.1.5.3 Einzellige Organismen. Die Fixierung von Bakterien oder einzelligen Algen und Protozoa erfolgt durch Resuspendierung eines Zellpellets in der entsprechenden Fixationslösung. Für die meisten Algen reicht eine 1- bis 2minütige Zentrifugation bei 1500 upm, um die Zellen nach jedem Schritt zu pelletieren. Da solche Zentrifugationen in der Regel bei Bakterien nicht ausreichen, wird oft ein Agareinbettungsschritt in den Fixationsvorgang aufgenommen. Hierzu dient folgende Vorschrift:

0.1 g Agar in 10 ml Fixationspuffer aufkochen und zusammen mit einer 1-ml-Pipette in ein Wasserbad bei 45 °C stellen. Das Zentrifugenröhrchen mit dem gut abgetropften Zellpellet kurz erwärmen. Das Pellet ca. 1:1 mit flüssigem Agar versetzen, schnellstens auf einem Rüttler mischen und sofort auf einen Glasobjektträger ausgießen (bei sehr geringen Zellmengen mit einer Pasteur Pipette aufsaugen und nach dem Erstarren, nach kurzem Erwärmen, ausblasen). Nach dem Erstarren mit einer Rasierklinge in kleine Segmente schneiden; diese werden weiter wie Gewebestücke behandelt. Normalerweise wird das Einbetten in Agar *nach* der Primärfixation und *vor* der Osmiumfixation durchgeführt.

Die meisten Einzeller sind wie die höheren Organismen gleich mit einer Doppelfixierung (Glutaraldehyd-OsO$_4$), wie bereits oben beschrieben wurde, zu fixieren. Für autotrophe Algen kann statt des Puffers die Nährlösung als Fixationsvesikel für die Primärfixation dienen. Für viele Flagellaten hat sich eine simultane Glutaraldehyd-OsO$_4$-Fixierung gut bewährt (s. Abb. 2.1b, vgl. 2.1.1.4.2). Demnach sind jeweils 2%ige (w/v) Lösungen von Glutaraldehyd und OsO$_4$ in 0.1 M Cacodylat- oder Phosphatpuffer bei pH 7 anzusetzen. Die Lösungen werden 1:1 (v/v) unmittelbar vor Gebrauch im Eisbad gemischt. Die Fixation (1 h) wird in der Kälte durchgeführt. Nach einer 1stündigen Waschperiode (4mal Puffer wechseln, 4 °C) erfolgt eine Nachfixierung in bei pH 7 gepufferten 2%igen (w/v) OsO$_4$ bei 4 °C für 2–3 h. An dieser Stelle soll bemerkt werden, daß diese Fixation für höhere Pflanzenzellen wegen der resultierenden Zerstückelung der Plasmamembran i. allg. unbrauchbar ist.

Weiterführende Literatur

Fowke LC (1975) Electron microscopy of protoplasts. In: Gamborg O L, Wetter L R (eds) Plant tissue culture methods. Nate Res Counc Can, Ottawa, pp 55–62
Franke WW, Krien S, Brown RM (1969) Simultaneous glutaraldehyde-osmium tetroxide fixation with postosmication. Histochemistry 19: 162–164
Joachim S, Robinson DG (1984) Endocytosis of cationic ferritin of bean leaf protoplasts. Eur J Cell Biol 34: 212–216
Ryter A, Kellerberger E (1958) Etude an microscope électronique de plasmas contenant de l'acide désoxyribonucléique. Z Naturforsch 13b: 597–605

2.1.1.6 Fixierung isolierter Organellen

Bei der Fixierung isolierter Organellen entfallen weitgehend lange Diffusionswege, die bei der Fixierung von Zellen bzw. Geweben ein Problem darstellen können. Die Fixationsdauer ist entsprechend kurz. Weil die meisten Organellen über Dichtegradienten getrennt werden, kann die Primärfixation direkt an den in Gradientenmedium suspendierten Strukturen vorgenommen werden. Da die Isolierungs- bzw. Gradientenmedien bereits gepuffert sind, genügt es, entsprechende Volumina 25%igen (w/v) Glutaraldehyds hinzuzufügen, um eine Endkonzentration des Aldehyds von 2% (w/v) zu erreichen. Nach der Primärfixation werden die Organellsuspensionen verdünnt und bei 100.000 g für 30–60 min zentrifugiert. Das daraus resultierende Pellet wird 3mal für 30 min mit Puffer gewaschen (Vorsicht! Das Pellet darf nicht resuspendiert werden!). Auf das Pellet werden dann ca. 0.5 ml einer 1–2%igen (w/v) OsO$_4$-Lösung (in 0.1 M Cacodylat- oder Phosphatpuffer pH 7) gegossen. Nach 30 min soll das Pellet mit einer sauberen Stahlnadel auseinandergebrochen werden, und die entstandenen ca. 1 mm^3 großen Stücke werden für 1–2 h weiterfixiert.

Mit der gerade beschriebenen Methode werden mögliche Heterogenitäten in der gewonnen Zellfraktion vernachlässigt. Zur Prüfung auf Homogenität sollten die fixierten Partikel durch Zentrifugation auf einen Milliporefilter aufgetragen werden (Porengröße: 0.025–0.4 μm entsprechend der Partikelgröße). Diese Schicht ist natürlich sehr empfindlich, und es ist angebracht, die Manipulationen auf ein Minimum zu begrenzen. Dabei ist es möglich, mit Hilfe eines Stufengradienten (Abb. 2.8) alle Fixationen in einem Arbeitsgang zu erledigen. Der Filterdisk einschließlich daraufliegender fixierter Organellen wird vorsichtig mit einer Pinzette in die Vertiefung einer Tüpfelplatte übertragen, die Waschpuffer enthält. Weiteres Wechseln von Wasch- und Entwässerungsflüssigkeiten kann in der Tüpfelschale vorgenommen werden. Spätestens in der letzten Acetonstufe löst sich das Filter auf. Es empfiehlt sich eine Flacheinbettung (s. 2.1.3.2).

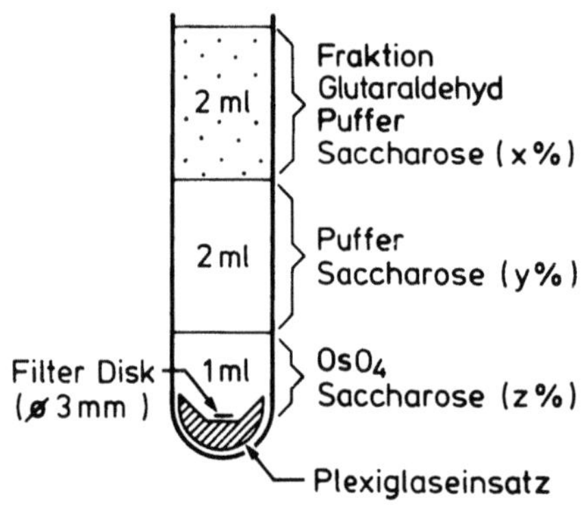

Abb. 2.8. Zentrifugationsansatz zur Fixierung isolierter Organellen. Der Stufengradient wird aus drei steigenden Saccharosekonzentrationen zusammengesetzt (Z > Y > X). Zentrifugiert wird normalerweise für 1 h bei 100 000 g in einem Ausschwingrotor

Weiterführende Literatur

Baudhuin P (1974) Morphometry of subcellular fractions. In: Fleischer S, Packer L (eds) Methods in enzymology, vol XXXII. Biomembranes, part B. Academic Press, London New York, pp 1–20
Deter RL (1973) Electron microscopic evaluation of subcellular fractions obtained by ultracentrifugation. In: Hayat M A (ed) Principles and techniques of electron microscopy, vol III. Van Nostrand-Reinhold, New York, pp 201–235

2.1.2 Entwässerung

Nach der Fixation werden die Objekte in die Einbettungsmedien überführt (s. 2.1.3). Da diese meist nicht wasserlöslich sind, entwässert man zunächst mit Alkohol oder Aceton. Alkohol ist mit den Kunststoffeinbettungsmedien wenig mischbar. Deshalb ersetzt man ihn durch Propylenoxid (Epoxypropan) (giftig), das sich mit den flüssigen Kunststoffkomponenten mischen kann. Die Entwässerung erfolgt stufenweise in einer Reihe mit aufsteigenden Konzentrationen der Entwässerungsmedien Alkohol bzw. Aceton. Das Volumen der Entwässerungslösung soll viel größer als das des Objekts sein (mindestens 10fach so groß). Für Standardobjekte (Richtgröße 1 mm Kantenlänge) empfiehlt sich das folgende Schema:

	Zeit [min]
Pufferwaschlösung	15
(Puffer wie bei der Fixation,	
Vorgang zumeist entbehrlich)	
30 Ethanol bzw. Aceton, Vol-%	10
50 Ethanol	10
70 Ethanol	10
90 Ethanol	10
96 Ethanol	10
100 Ethanol	10
100 Ethanol	15
100 Propylenoxid	15
100 Propylenoxid	15

Bei Acetonentwässerung kann die Propylenoxidstufe unterbleiben. Die Dauer der Entwässerung kann bei kleinen Objekten verkürzt werden. Je kürzer die Entwässerung durchgeführt wird, desto geringer sind die Lipid- und Proteienextraktionen aus dem fixierten Objekt. Die zu entwässernden Objekte verbleiben in kleinen Gefäßen (Schnappdeckelglas oder Zentrifugenglas mit aufgesetzter Glaskugel als Verschluß); Flüssigkeiten werden mit Pasteur-Pipetten abgesogen (wenn erforderlich nach Zentrifugation) und durch neue ersetzt. Hierbei ist darauf zu achten, daß das Objekt nicht austrocknet.

2.1.3 Einbettung

Die Objekte werden nach der Entwässerung in flüssige, meist monomere Einbettungsmedien überführt, die dann in der Wärme zu einem harten, schneidefähigen

Block polymerisieren. Als Einbettungsmedien stehen Substanzen aus verschiedenen Stoffklassen zur Verfügung: Epoxidharze, Methacrylate und Polyester.

2.1.3.1 Kunstharzkomponenten, Durchtränkung und Polymerisation

Sehr gebräuchliche Einbettungsmedien sind Epoxidharze. Hier sollen nur Standardeinbettungsschemata für das Einbettungsmedium nach Spurr, für Araldit und Durcupan R (wasserlöslich) gegeben werden. Außerdem wird speziell auf das Lowicrylverfahren (Acrylat- und Methacrylatharze) eingegangen.

Alle Komponenten sind im Kühlschrank in verschlossenen Vorratsgefäßen aufzubewahren. Vor Gebrauch müssen sie auf Zimmertemperatur gebracht werden, damit eine Versetzung mit Kondenswasser ausgeschlossen wird. Das Ansetzen muß mit großer Vorsicht geschehen, da die meisten Substanzen allergen, toxisch und sogar karzinogen sind. Ein Abzug und Kunststoffhandschuhe müssen zur Verfügung stehen.

Das Ansetzen der Gemische erfolgt entweder in Glasgefäßen oder in Einmalkunststoffbechern. Die abgewogenen oder volumetrisch abgemessenen, viskosen Komponenten werden manuell mit einem Glasstäbchen für mindestens 10 min oder länger mit einem Magnetrührer kräftig gemischt. Hierbei entstehen Luftblasen, die aber aufsteigen und bei Erwärmen verschwinden. In der fertigen Mischung dürfen keine Schlieren und Farbunterschiede mehr erkennbar sein.

Alle Kunststoffabfälle sowie Aceton und Propylenoxid müssen gesondert gesammelt und entsorgt werden. Das Waschen von Gefäßen mit Aceton ist häufig teurer als die Verwendung von Einweggefäßen.

2.1.3.1.1 Einbettung mit Spurrs-Medium. Für viele Zwecke ist ein Epoxidgemisch geringer Viskosität mit guter Eindringungsfähigkeit nach Spurr (1969) empfehlenswert. Es besteht aus den folgenden Komponenten:

1. ERL 4206:   Vinylcyclohexendioxid, Epoxidmonomer.
2. DER 736:   Diglycidether von Polypropylenglykol, Weichmacher.
3. NSA: Nonenylbernsteinsäureanhydrid, Härter.
4. DMAE (S1): Dimethylaminoethanol, Katalysator – Beschleuniger.

Die Härte des Polymerisats läßt sich regulieren, in dem man die Menge an Weichmacher variiert (Tabelle 2.2). Die Haltbarkeit („pot life") bei 4 °C beträgt 3–4 Tage; bei -20 °C einige Wochen.

Tabelle 2.2. Zusammensetzung von Spurr-Einbettungsmedium (in g)

Komponenten	Standard	Hart	Weich
ERL 4206	10.0	10.0	10.0
DER 736	6.0	4.0	8.0
NSA	26.0	26.0	26.0
DMAE (S1)	0.4	0.4	0.4
Gesamtgewicht	42.4	40.4	44.4

Die Überführung der Objekte aus Propylenoxid in das Polymerisationsgemisch erfolgt nach dem folgenden Schema:

	Zeit [h]
Propylen Spurr-Gemisch 3:1 (v/v)	1
Propylen-Spurr-Gemisch 1:1 (v/v)	1
Propylen-Spurr-Gemisch 1:3 (v/v)	1
Spurr-Gemisch	1
Spurr-Gemisch	12
Polymerisation bei 70 °C	12

2.1.3.1.2 Einbettung mit Araldit. Ein Einbettungsmedium mit nur drei Komponenten und höherer Viskosität liefern die folgenden Komponenten (Tabelle 2.3):

Araldit CY 212 (früher Araldit M)	Epoxidmonomer,
DDSA	Dodecenylbernsteinsäureanhydrid, Härter,
DMP 30 (DY 064)	2,4,6-Tri-(dimethylaminomethyl-)phenol,
	Beschleuniger.

Tabelle 2.3. Zusammensetzung von Aralditeinbettungsmedium (in g)

Komponenten	Mengen
Araldit	29.0
DDSA	24.0
DMP 30	0.5
Gesamtgewicht	53.5

Die Durchdringung des einzubettenden Materials mit dem Epoxidgemisch läßt sich für dichte Objekte mit Hilfe von Schüttelapparaturen (Rotationsschüttler, Magnetrührer mit Schüttelaufsatz) beschleunigen.

Die Aufbewahrung von Aralditgemisch ist bei -20 °C in gut verschlossenen luftfreien Gefäßen (z. B. Plastikspritzen) über Monate möglich. Die Haltbarkeit beträgt bei Zimmertemperatur 2–3 Tage. Die Überführung der Objekte aus Propylenoxid kann nach dem folgenden Schema durchgeführt werden:

Propylen-Araldit-Gemisch	6:1 (v/v)	10 min
(bei empfindlichen Objekten notwendig,		
kann zumeist weggelassen werden)		
Propylen-Araldit-Gemisch	3:1 (v/v)	30 min
Propylen-Araldit-Gemisch	1:2 (v/v)	1 h
Propylen-Araldit-Gemisch	1:1 (v/v)	12 h
Reines Aralditgemisch	bei 45 °C	5 h
Polymerisation in Trockenofen	bei 65 °C	48 h

In Spurrs-Medium oder Araldit eingebettete Objekte läßt man nach der Polymerisation bei Zimmertemperatur erkalten. Das Gelingen der Einbettung läßt sich mit der Nagelprobe abschätzen: Das erkaltete Polymerisat läßt sich mit dem Fingernagel soeben eindrücken, aber nicht einritzen.

2.1.3.1.3 Einbettung mit Durcupan. Will man die Entwässerungsmedien Ethanol, Aceton und Propylenoxid umgehen und eine zusätzliche Denaturierung verhindern, nimmt man wasserlösliche, entwässernde Einbettungsmedien, die die Extraktion bestimmer Substanzen verhindern. Außerdem ergibt sich gegenüber der konventionellen Entwässerung eine Verminderung der Schrumpfungsartefakte, die für morphometrische Arbeiten von Interesse sein kann.

Hierzu empfiehlt sich die Epoxidkomponente Durcupan R wasserlöslich (Fa. Fluka). Das Gemisch in der Modifikation von Kushida (1964) enthält die folgenden Komponenten:

Durcupan R aliphatisches Polyepoxid,
DDSA   Dodecenylbernsteinsäureanhydrid, Härter,
MNA   Methylnorbonen-2-3-dicarbonsäureanhydrid, Härter,
DMP 30   2,4,6-Tri-(dimethylaminomethyl-)phenol, Beschleuniger.

Die Härte läßt sich durch das MNA-DDSA-Mischungsverhältnis variieren (Tabelle 2.4).

Tabelle 2.4. Zusammensetzung von Durcupan-R-Einbettungsmedium (in ml)

Komponenten	Mengen
Durcupan R	5.0
DDSA	1.7
MNA	1.0–1.2
DMP 30	0.2–0.4
Gesamtvolumen	7.9–8.3

Folgendes Entwässerungs- und Einbettungsschema empfiehlt sich:

50% Durcupan R in Aq. dest.	15–30 min
70% Durcupan R in Aq. dest.	15–30 min
90% Durcupan R in Aq. dest.	15–30 min
Durcupan R	30–60 min
Durcupan R	30–60 min
Durcupan R / Durcupan R + Härter + Beschleuniger (3:1) (v/v)	1 h
Durcupan R / Durcupan R + Härter + Beschleuniger (1:1) (v/v)	1 h
Durcupan R / Durcupan R + Härter + Beschleuniger (1:3)	1 h
Durcupan R + Härter + Beschleuniger	1–2 h
Durcupan R + Härter + Beschleuniger	1–2 h
Polymerisation bei 50 °C	50 h
Gesamtzeit des Vorgangs	55–62 h

Man entwässert und infiltriert günstigerweise mit Hilfe einer Schüttelapparatur bei Raumtemperatur.

Da Durcupanpolymerisate häufig Schneideschwierigkeiten verursachen können, kann die Durcupankomponente nach der Durchtränkung, aber vor Einsetzen des Durcupangemisches durch Einbettungsgemische mit anderen, wasserunlöslichen Epoxidmonomeren (Araldit, Epon) ersetzt werden. Dies erfolgt in einer Mischungsreihe des Durcupans mit wasserunlöslichen Epoxidmischungen nach der Entwässerung für mehrere Stunden (z. B. Verhältnis Durcupan zu Epoxidmischungen wie 3:1, 1:1, 1:3; v/v). Das wasserlösliche Durcupan muß vollständig entfernt werden, damit kein zu weiches Polymerisat entstehen kann.

2.1.3.1.4 Einbettung mit Lowicrylharzen. Lowicrylharze gewährleisten gute Strukturerhaltung und sind insbesondere bei immunzytochemischen Verfahren einsetzbar. Die Antigenität der Proben wird, verglichen mit konventionellen Techniken, wesentlich besser erhalten, und die unspezifische Markierung des Hintergrunds ist minimal.

Lowicrylharze (K4M und HM 20) sind Einbettungsmittel mit geringer Viskosität auch bei tiefen Temperaturen. K4M kann bis $-35\,°C$ eingesetzt werden, HM 20 bis $-70\,°C$. Beide Harze können jedoch auch bei Zimmertemperatur verarbeitet werden. Die Polymerisation kann in der Kälte durch UV-Bestrahlung oder aber, ohne UV, durch Erwärmung auf 60 °C erfolgen. K4M ist polar (hydrophil), HM 20 ist unpolar (hydrophob). Die hydrophilen Eigenschaften von K4M bringen, verglichen mit konventionellen Einbettungsmitteln, einige wesentliche Vorteile mit sich. Während der Infiltration können die Proben noch Wasser enthalten; das Harz kann noch bei Vorhandensein von 5% (w/w) H_2O im Block mit UV polymerisiert werden. Ein Schnellverfahren mit Lowicryl K4M wurde von Altman et al. (1984) beschrieben. Dabei wird bei Zimmertemperatur fixiert und eingebettet und bei 4 °C mit UV polymerisiert.

Lowicrylharze sind stark quervernetzte Acrylat- und Methacrylatharze. Die Herstellung gebrauchsfertiger Mischungen mit dem Ziel der Anfertigung von Ultradünnschnitten geschieht nach Tabelle 2.5.

Die Härte kann durch unterschiedlichen Anteil Crosslinker variiert werden. Mehr Crosslinker ergibt größere Härte. Die Komponente C wird für Polymerisation bei Temperaturen unter 0 °C benötigt. Über 0 °C wird sie ersetzt durch die gleiche Menge Benzoin-Ethylether.

Das Rühren soll sorgfältig, aber nicht zu intensiv erfolgen, da sonst die optimale Polymerisation gefährdet ist. Die Arbeiten müssen unter dem Abzug durchgeführt werden. Die Einbettungen setzen eine Modifikation des Präparationsgangs voraus.

Tabelle 2.5. Zusammensetzung von Lowicryleinbettungsmedium

Mengenangaben in g (für UV-Polymerisation)			
K4M		HM 20	
Crosslinker A	2.70	Crosslinker D	2.98
Monomer B	17.30	Monomer E	17.02
Initiator C	0.10	Initiator C	0.10

Fixation

Jede der üblichen Standardfixationen (Perfusion, Immersion oder Kombinationen) kann angewandt werden. Fixiermittel mit deutlicher Eigenfärbung (z. B. OsO_4) werden nicht empfohlen, da sie die Polymerisation mit UV stören. Natürlich vorkommende Pigmentierungen der Proben stören üblicherweise nicht. Allerdings sollten die Proben nicht größer als 0.5 mm³ sein.

Entwässerung bei tiefen Temperaturen

Als Routinemethode wird ein Verfahren eingesetzt, das gleichlaufend Temperaturerniedrigung und Erhöhung der Konzentration des Entwässerungsmittels beinhalten. Für beide Harze kann folgendes Schema angewandt werden:

Ethanol [Vol-%]	*Temperatur [°C]*	*Zeit [min]*
30	0	30
50	−20	60
70	−35 (−50)*	60
95	−35 (−50 bis −70)*	60
100	−35 (−50 bis −70)*	60
100	−35 (−50 bis −70)*	60

* nur HM 20

Die tiefen Temperaturen können erzielt werden mit einem speziell entwickelten Gerät (Fa. Balzers), mit einem Haushaltsgefrierschrank oder mit entsprechenden Kältemischungen, z. B. für −20 °C: Eis zu NaCl = 3:1, w/w; für −30° bis −70 °C: o- und m-Xylen in Kombination mit Trockeneis.

Infiltration der Proben

Folgendes Schema kann angewandt werden:

Harz: Ethanol [v/v]	*Temperatur [° C]*	*Zeit [min]*
1:1	−35	60
2:1	−35	60
Reines Harz	−35	60
Reines Harz	−35	Über Nacht oder 4–16 h

Für HM 20 sind tiefere Temperaturen möglich, beide Harze können bei höheren Temperaturen eingesetzt werden.

Polymerisation

Für die Polymerisation können sowohl Kunststoff- als auch Gelatinekapseln benützt werden. Wichtig ist, daß das UV-Licht die Probe gleichmäßig von allen Seiten erreicht. Die Wellenlänge ist 360 nm. Üblicherweise werden 15-Watt-Fluoreszenzröhren angewandt, ähnlich denen für Dünnschichtchromatographie. Die Polymerisation wird in einer handelsüblichen Anlage (Fa. Balzers) oder in Eigenbaugeräten durchgeführt, die eine Variation des Abstands Probe-Lampe und ausreichende Luftzirkulation sowie die Einstellung tiefer Temperaturen ermöglichen.

Es kann nach folgendem Schema vorgegangen werden:
- Kapsel mit frischem vorgekühltem Harz füllen (bis zum Rand),
- Probe mit Pasteur-Pipette in Kapsel einbringen und Temperaturausgleich abwarten (10–15 min).

Diese beiden Schritte sollten mit vorgekühlten Gerätschaften in der Kälte durchgeführt werden, um Störungen durch Kondenswasser zu verhindern.
- Polymerisation für mindestens 24 h bei $-30°$ bis $-40°C$ mit UV,
- anschließend 2–3 Tage bei Zimmertemperatur aufbewahren, bevor geschnitten wird.

Eine Polymerisation bei 60 °C (ohne UV) ist ebenfalls möglich. Dafür werden Gelatinekapseln empfohlen. Dabei entsteht durch die chemische Reaktion zusätzliche Hitze, die abgeleitet werden muß, z. B. mit einem Aluminiumblock mit Löchern, in welche die Kapseln genau passen.

Ultradünnschneiden

Trimmen und Schneiden können nach Routinetechniken erfolgen. Glas- und Diamantmesser können eingesetzt werden. K4M ist hydrophil (s. oben). Deshalb ist hier besonders darauf zu achten, daß die Anschnittfläche beim Justieren und Schneiden nicht „Wasser zieht". Schneidegeschwindigkeiten zwischen 2 und 5 mm s^{-1} werden für beide Harze empfohlen.

Die Nachkontrastierung der Lowicrylharzschnitte ist unter 2.2.5.3 abgehandelt.

2.1.3.2 Formgießen und Probenorientierung

Die Einbettung erfolgt in kommerziell vertriebenen Gelatine- oder Polyethylenkapseln (BEEM- oder TAAB-Kapseln), in Polyethylenwägeschiffchen, in Silikon-Kautschuk-Formen oder in selbstgefertigten Aluminiumfolieformen. Die Aluminiumhohlformen erhält man durch Umwickeln entsprechender Körper (Metall, Holz).

Die Übertragung der durchtränkten Objekte in die mit Einbettungsmedium ausgegossenen Formen erfolgt mit einer Pipette, mit feinen Pinzetten oder mit einem Pinsel. Die Formen müssen unbedingt wasserfrei sein. Nötigenfalls trocknet man sie bei 60 °C im Wärmeschrank. Alle eingebetteten Präparate sind dauerhaft für die Protokollierung zu markieren. Es empfiehlt sich hierbei eine Kennzeichnung durch die Miteinbettung eines mit Bleistift oder Schreibmaschine beschrifteten Papierstückchens (Experiments, Nummer, Datum), damit Verwechslungen ausgeschlossen werden.

Sind die eingebetteten Objekte für Gelatine- oder Polyethylenkapseln zu groß (langgestreckte Objekte, Zell-Monolayer) oder ist eine spezielle Orientierung zur Anfertigung bestimmter Schnittebenen erforderlich, so ist eine gezielte Flacheinbettung vorteilhaft. Diese geschieht mit Hilfe eines Binokulars. Die Orientierung wird durch Markierungsschnitte, die die Körperachsen bzw. Körperseiten erkennen lassen, erheblich erleichtert. Unerläßlich ist eine genaue Protokollführung zusätzlich zu der Einbettungsnumerierung. Die Ausrichtung des Präparats im flüssigen Einbettungsgemisch ist meist erheblich weniger zeitaufwendig als die Orientierung eines bereits polymerisierten Objekts. Eingebettete Objekte können auch nach der Polymerisation für das Schneiden orientiert werden, indem man sie aus dem Kunstharz mit einer Laubsäge aussägt und auf Trägerblöcke gleichen Polymerisats anpolymerisiert oder aufklebt (Klebemittel: Kunstharzschnellkleber).

2.1.3.3 Einbettung von Monolayer-Zellkulturen

Bei der kontrollierten Einbettung von Monolayer-Zellkulturen für die TEM sind einige Besonderheiten zu beachten.

Die Techniken der Aufbereitung von Zellkulturen hängen in erster Linie davon ab, auf welcher Unterlage die Zellen gezüchtet werden. Am einfachsten lassen sich auf Kunstoffplättchen gewachsene Zellen verarbeiten, gefolgt von in Petrischalen kultivierten Zellen. Nicht ganz so problemlos ist die Handhabung von in Plastikflaschen gewachsenen Zellkulturen. Schon bei der Auswahl des für die Kultivation von Zellen erforderlichen Plastikmaterials sollte man beachten, in welchen Kunststoff die Zellen später eingebettet werden sollen. Da das zu verwendende Plastikmaterial keine Verbindung mit dem Einbettungsmedium bzw. mit dessen Lösungsmittel eingehen darf, benötigt man z. B. bei der Einbettung von Zellen in Mikropal-(Vestopal-) Plastikmaterial, das gegenüber Styrol resistent ist, während man bei Einbettung in Araldit oder Epon Material braucht, das durch Propylenoxid nicht angegriffen wird.

Wie erwähnt, lassen sich Monolayer-Kulturen besonders einfach für die EM aufarbeiten, wenn sie auf Kunststoffplättchen kultiviert worden sind. Sehr geeignet hierfür sind Thermanoxplättchen (Fa. Flow Laboratories GmbH). Zum einen wachsen z. B. die meisten der für in-vitro-Versuche benötigten epithelialen und mesenchymalen Zellinien gut auf Thermanox, zum anderen wird dieser Kunststoff durch die allgemein in der EM verwendeten Lösungsmittel (Alkohol, Aceton, Styrol, Propylenoxid) nicht angegriffen. Die Thermanoxplättchen, auf denen die Zellen gewachsen sind, können wie ganz normale Gewebe fixiert, entwässert und eingebettet werden. Dabei können die Plättchen so zurechtgeschnitten werden, daß sie in jedes Reagenzglas und in jede Einbettungsform hineinpassen. Thermanoxplättchen werden am besten vor der Kultivation, spätestens vor der Fixation mit einer Einschnittkerbe markiert, damit die mit Zell-Monolayern bewachsene Seite bei den Einbettungs- und Trimmprozeduren bekannt bleibt.

Während die Thermanoxplättchen mit dem Einbettungsmaterial keine Verbindung eingehen, werden die auf dem Thermanox sitzenden Zellen fest eingebettet. Trennt man jetzt beim Ansägen und Trimmen des Materials das Thermanox von dem Einbettungskunststoff, erhält man eine glatte Kunststoffoberfläche, in der die kultivierten Zellen sitzen. Üblicherweise wird diese Kunststoffoberfläche so eben, daß man schon bei den ersten Anschnitten einwandfreie elektronenmikroskopische Präparate erhält. Sind andere Schnittebenen erforderlich, so ist eingebettetes Material auszuschneiden und umzukleben.

Die Einbettung von in Petrischalen oder Flaschen aus Plastik kultivierten Zellen geht im Prinzip in ähnlicher Weise vor sich wie die Thermanoxeinbettung. Voraussetzung auch dieser Einbettungstechniken ist, daß das Plastikmaterial sich nicht mit dem Einbettungsmaterial verbindet, während die kultivierten Zellen im Einbettungsmedium festgehalten werden. Zur Einbettung der in den Petrischalen oder Flaschen gewachsenen Zellen tauscht man lediglich das Kultivationsmedium gegen die entsprechenden Fixations- und Entwässerungsflüssigkeiten aus.

Die Praxis hat gezeigt, daß man bei der Einbettung von Monolayer Schichten auf Verdünnungsstufen von Araldit oder Epon mit Propylenoxid verzichten kann. So kann man z. B. nach der Propylenoxidstufe direkt das endgültige Araldit- oder

Epongemisch, in dem die Zellen eingebettet werden sollen, in die Petrischale oder Kultivationsflaschen einfüllen. Dazu muß man die Präparate über Nacht bei Raumtemperatur stehen lassen, bevor man sie am nächsten Tag polymerisiert. Da die Zellschichten sehr dünn sind, ist normalerweise auch bei diesem Verfahren eine einwandfreie Penetration des Einbettungsmediums gewährleistet.

Zur weiteren Verarbeitung müssen die Petrischalen bzw. Kultivationsflaschen, in denen sich die eingebetteten Zellen befinden, so angesägt und getrimmt werden, daß man als spätere Schnittfläche für die Anfertigung der elektronenmikroskopischen Präparate wiederum die Grenzfläche zwischen Einbettungsmedium und Plastikmaterial erhält, in der die Zellen liegen. Wie bei der Thermanoxeinbettung springt auch das Material, aus dem die Petrischalen oder Kultivationsflaschen bestehen, meist schon beim Ansägen der Präparate ab, so daß die glatte Oberfläche mit den zu schneidenden Zellen freiliegt.

Weiterführende Literatur

Altman LG, Schneider BG, Papermaster DS (1984) Rapid embedding of tissues in Lowicryl K4M for immunoelectron microscopy. J Histochem Cytochem 32: 1217–1223

Armbruster BL, Carlemalm E, Chiovetti R, Garavito RM, Hobot JA, Kellenberger E, Villinger W (1982) Specimen preparation for electron microscopy using low temperature embedding resins. J Microsc 126: 77–85

Carlemalm E, Garavito RM, Villinger W (1982) Resin development for electron microscopy and an analysis of embedding at low temperature. J Microsc 126: 123–143

Flickinger CJ (1966) Methods for handling small numbers of cells for electron microscopy. In: Prescott DM (ed) Methods in cell physiology, vol II. Academic Press, London New York, pp 311–321

Glauert AM (1975) Fixation, dehydration and embedding of biological specimens. In: Glauert AM (ed) Practical methods in elektron microscopy, vol III, part 1. Elsevier/North Holland, Amsterdam, pp 1–207

Kruse PF, Patterson MK (1973) Tissue culture: methods and application. Academic Press, London New York, pp 1–868

Kushida H (1964) Improved methods for embedding with Durcupan. J Electron Microsc 13: 139–144

Plattner H (1981) Die Entwässerung und Einbettung biologischer Objekte für die Elektronenmikroskopie. Kap 2.3.1. Fn: Schimmel G, Vogell W (Hrsg) Wiss Verlagsges, Stuttgart, S 1–51

Roth J, Bendayan M, Carlemalm E, Villinger W, Garavito RM (1981) Enhancement of structural preservation and immunocytochemical staining in low temperature embedded pancreatic tissue. J Histochem Cytochem 29: 663–671

Spurr AR (1969) A low-viscosity epoxy resin embedding medium for electron microscopy. J Ultrastruct Res 26: 31–43

2.2 Ultramikrotomie

2.2.1 „Trimmen" der Blöcke

2.2.1.1 Allgemeines

Im Präparatbereich der Kunststoffblöcke werden per Hand mit einer einschneidigen, vorher entfetteten Rasierklinge flache Pyramiden geschnitten (Abb. 2.9). Zum selben Zweck stehen jedoch auch Geräte mit unterschiedlichen Wirkungsprinzipien

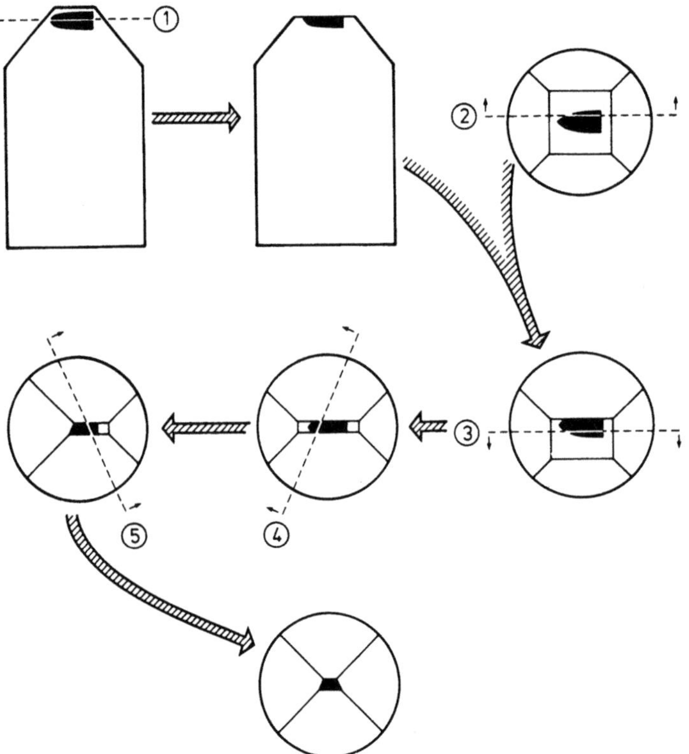

Abb. 2.9. Schematische Darstellung eines Trimmvorgangs. Das Objekt (hier eine Wurzelspitze)
kann mit fünf aufeinander folgenden Sektionsschnitten so getrimmt werden, daß eine trapezförmige Schnittfläche entsteht. Schnitt *1* wird parallel zur oberen quadratischen Fläche der Kapseln
durchgeführt. Schnitte *2–5* werden dagegen schräg zu dieser Fläche angesetzt

zur Verfügung. Es gibt beispielsweise das Semidünnschnittmikrotom (Pyramitom
der Fa. LKB; ausgestattet mit Dreieckglasklingen – s. 2.2.2 – die durch entsprechende Einstellung des zunächst nicht zentrierten Objekts bzw. Messerhalters das
Abschneiden von etwa 5 µm dicken Schnitten im Winkel zur Längsachse der Blök-
ke ermöglichen) und Mikrofräsvorrichtungen (Mikrofräse TM 60 der Fa. Reichert;
ausgestattet entweder mit einer Stahlfräse, die rauhe Oberflächen liefert, oder mit
einer Diamantfräse, die durchsichtige Oberflächen hervorbringt). In der Regel ist
der Trimmvorgang mit der Mikrofräse wesentlich kürzer als mit dem Pyramitom.
Beide sind jedoch langsamer als das geübte manuelle Trimmen.

Die Pyramidenflächen müssen eben und ohne Krümel sein. Entscheidend ist die
Form der Ausschnittfläche der Pyramiden. Für die Herstellung von Schnittbändern
ist eine trapezförmige Ausschnittfläche ideal, aber auch rechteckige Flächen sind
geeignet.

Weiterführende Literatur

Girbhardt M (1965) Eine Zielschnittmethode für Pilzzellen. Mikroskopie 20: 254–264
Guglielmotti V (1976) Device for manual trimming of tissue blocks for ultramicrotomy. Stain Technol 51: 135–138

2.2.1.2 Gezieltes Trimmen: Herstellung und Färbung von Semidünnschnitten

Für das Zutrimmen zur gezielten elektronenmikroskopischen Bearbeitung von tierischen und pflanzlichen Geweben und Organteilen ist in vielen Fällen die vorangegangene lichtmikroskopische Kontrolle (Phasenkontrastmikroskopie oder Mikroskopie angefärbter Schnitte) und Auswahl von Semidünnschnitten (Dikke 0,5–2 µm) unumgänglich. Hierzu bringt man Semidünnschnitte mit Hilfe eines feinen Pinsels oder Kunststoffstäbchens auf Tropfen von Aq. dest. auf einem Objektträger. Durch Erwärmen auf 60°–80 °C (Wärmeplatte) werden die Schnitte gestreckt und angetrocknet, indem das Wasser verdunstet. Bei zu hoher Temperatur können leicht Falten und Blasen am angetrockneten Schnitt bestehen bleiben. Die Färbung der angetrockneten Schnitte erfolgt mit Toluidinblau oder Methylenblau-Azur.

Ansetzen der Toluidinblaulösung

0,5–3% (w/v) Toluidinblau in 0,1 mol Phosphatpuffer (pH 7,4) 15 min bis 90 °C erwärmen. Die Lösung wird über einen Faltenfilter abfiltriert.

Färbevorgang

Man überschichtet die angetrockneten Semidünnschnitte auf dem Objektträger reichlich mit Farblösung und läßt ca. 5 min bei 50 °C einwirken. Ein Verdunsten der Lösung ist zu vermeiden, damit keine unspezifischen Toluidinblauniederschläge auf dem Schnitt entstehen. Überschüssige Färbelösung wird mit Aq. dest. abgespült. Die Farbtiefe kann über die Schnittdicke, die Färbedauer und Farbstoffkonzentration variiert werden. Toluidinblau läßt sich mit 70%igem Ethanol extrahieren.

Ansetzen der Azur-II-Methylenblau-Lösungen

1. 1% (w/v) Perjodsäure in Aqua dest. (100 ml);
2. 1% (w/v) Borax (Natriumtetraborat) in 50 ml Aq. dest. lösen, dazu 1% (w/v) Methylenblau;
3. 1% (w/v) Azur-II in 50 ml Aq. dest. lösen.

Lösungen 2. und 3. werden im Verhältnis 1:1 (v:v) zur Färbelösung vereint. Der Färbelösung können 50 g Saccharose auf 100 ml zugesetzt werden, wodurch Faltenbildung beim Anfärben verringert wird.

Färbevorgang

- Einige Tropfen Perjodsäure auf die Schnitte tropfen und bei Zimmertemperatur 5 min wirken lassen;
- mit Wasser abspülen und die Objektträgerränder abtrocknen;
- einige Tropfen Färbelösung auf die Schnitte auftropfen, und die Lösung 5–15 min auf der erhitzten Streckplatte (60°–80 °C) wirken lassen. Eintrocknen vermeiden;
- Färbelösung *rasch*, aber gründlich abspülen und Schnitte auf warmer Streckplatte trocknen lassen;
- die Schnitte können bei Bedarf in Caedax oder Paraffinöl eingedeckt werden.

Oft bleichen derartig angefärbte Schnitte schnell aus; daher sollten die Präparate erst unmittelbar vor der Verwendung eingefärbt werden.

Weiterführende Literatur

Lewis PR, Knight DP (1977) Staining methods for sectioned material. In: Glauert AM (ed) Practical methods in electron microscopy, vol V, part 1. Elsevier, North Holland, Amsterdam, pp 1–311
Richardson KC, Jarret L, Finke FH (1960) Embedding in epoxy resings for ultrathin sectioning in electron microscopy. Stain Technol 35: 313–323

2.2.2 Herstellung von Glasmessern

Die von Latta und Hartmann (1950) eingeführten Glasmesser stellten einen wesentlichen Fortschritt für die Produktion von Ultradünnschnitten dar. Um solche Messer herzustellen, bricht man dabei zunächst Quadrate von einem Glasstreifen ab, die nach einer Diagonalritzung in die eigentlichen Messer („Dreiecksklinge") halbiert werden (Abb. 2.10). Bei der Diagonalritzung wird zwischen dem Ritzwinkel δ (45°) und dem Messerspitzenwinkel α (> 45°) unterschieden. Die Ritzspur soll so ausgerichtet werden, daß die Differenz zwischen beiden Winkeln im Bereich von 5° bis 15° liegt.

Ursprünglich wurden für die Herstellung von Glasmessern eine Glasbrechzange und ein Glasschneider verwendet. Inzwischen gehört ein Messerbrechgerät zur allgemeinen Ausrüstung eines cytologischen Labors. Häufig ist der „Knife-maker 7800 (B)" der Fa. LKB anzutreffen, und aus diesem Grund geben wir hier eine stichwortartige Beschreibung zum Umgang mit diesem Gerät.

2.2.2.1 Vorbereitung der Glasstreifen

Die Messer werden aus Streifen von Tafelglas (von der Fa. LKB in den Breiten 25 oder 38 mm und 40 cm lang) hergestellt.

Vor dem Brechen werden die Glasstreifen folgendermaßen gereinigt:
- Wattebausch mit Pril;
- fließendes Wasser;
- abspritzen mit Aq. bidest.;
- abreiben mit Ethanolwattebausch;
- abtrocknen mit einem sehr sauberen (!) Handtuch.

Die Seitenflächen sollten dann nicht mehr mit den Händen berührt werden.

Abb. 2.10. Herstellung von Glasmessern. *Oben:* das Brechen der Glasquadrate in Dreiecksklingen; *unten:* geometrische Parameter bei der Entstehung der Schneidekante

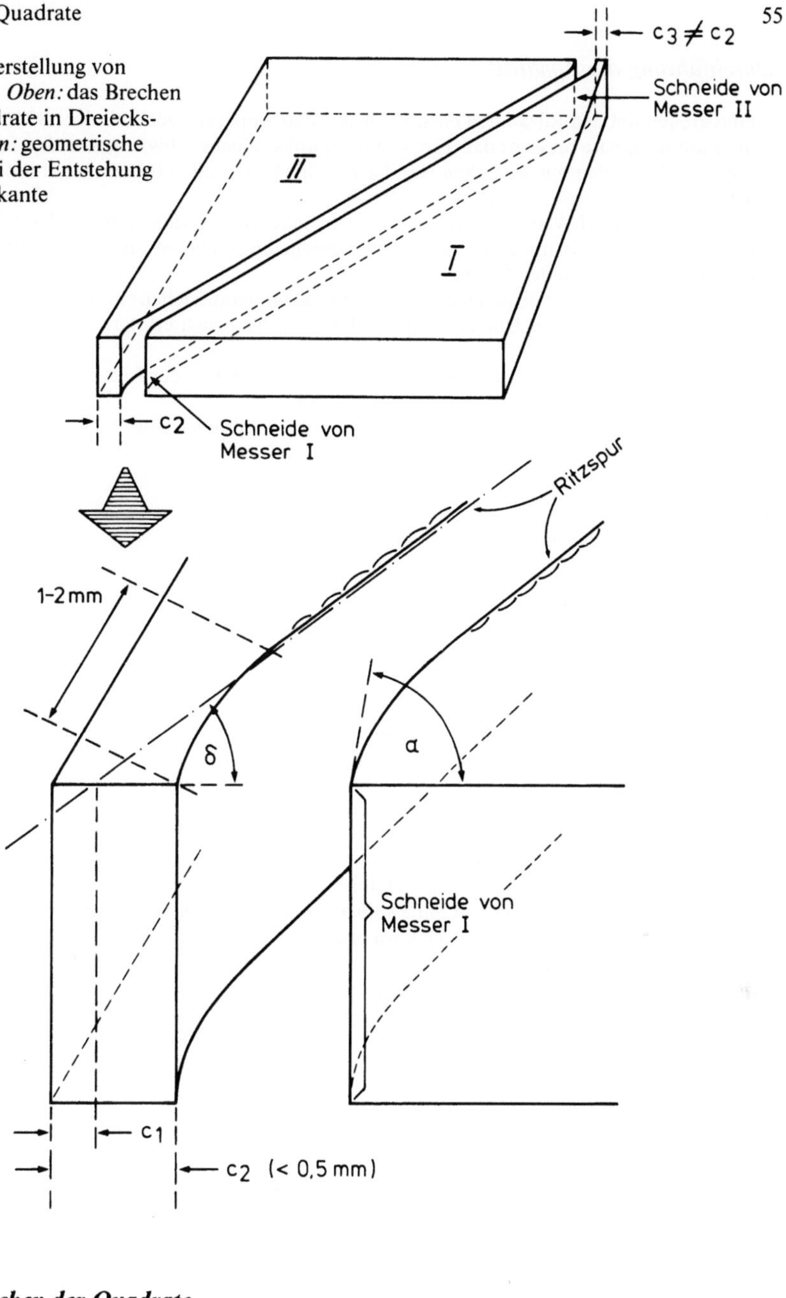

2.2.2.2 Brechen der Quadrate

Vorbereitung am Apparat

1. Verriegelung nach hinten legen;
2. Ritzwähler in Stellung bringen;
3. Ritzstange einschieben;
4. Brechknopf bis zum Anschlag nach links drehen.

Durchführung am Apparat

- Glasstreifen mit den Ritzkanten nach unten auf den Apparat legen, mit der rechten Hand gegen die Führungsplatte pressen; dabei so weit nach links schieben, bis er gegen den Sperrstift stößt;
- vorderen Glashalter mit der linken Hand gegen den Glasstreifen führen, bis er ihn berührt, dann arretieren;
- Klemmknopf durch Verriegelungshebel mit der linken Hand senken, bis er den Glasstreifen berührt; dann den Glasstreifen freigeben und Verriegelungshebel fest nach unten drücken;
- Gabel von links unter den Glasstreifen führen;
- ritzen: Ritzstange mit gleichmäßiger Geschwindigkeit herausziehen; in dieser Stellung belassen;
- brechen: Brechknopf im Uhrzeigersinn drehen, bis der Bruch erfolgt; dann Knopf zurückdrehen;
- Klemmknopf mit dem Verriegelungsheben anheben; dabei an der Ritzstange unterstützen;
- Ritzstange zurückschieben;
- Quadrat mit der Gabel entfernen und auf sauberes Handtuch legen.

2.2.2.3 Brechen der Messer

Vorbereitung am Apparat

- Dämpfungskissen zurückziehen;
- vorderen Glashalter auf „9" stellen,
  hinteren Glashalter auf „6" stellen,
  seitliche Verschiebung vorn auf „5" stellen,
  seitliche Verschiebung hinten auf „1" stellen;
- seitliche Glashalterverschiebung auf die schwarzen Punkte einstellen;
- ein Quadrat auf die Brechnocken legen (mit der Gabel), so daß die A-Ecke (vgl. Abb. 2.10) vorn liegt;
- hinteren Glashalter mit dem Freigabeknopf nach vorn bringen, nach der Berührung mit dem Quadrat wieder zurückfahren, Freigabeknopf arretieren;
- der hintere Glashalter wird dann um 2 Teilstriche nach vorn gebracht und festgeschraubt; dann mit dem Freigabeknopf wieder nach vorn bringen;
- am Ritzwähler „25" einstellen ◇;
- Klemmknopf absenken und festdrücken;
- ritzen (Proberitzung!);
- Quadrat mit der Gabel herausnehmen und das Ergebnis der Ritzung mit „Idealfall" vergleichen (vgl. Abb. 2.10).

Messerherstellung

- Dämpfungskissen in „0"-Position bringen;
- Quadrat in den Apparat einlegen (wie oben); Gabel darunter;
- hinteren Glashalter mit dem Freigabeknopf nach vorn bringen – Ritzwahlschalter in Position „25";
- Klemmknopf mit dem Hebel senken und festpressen;
- ritzen;
- Dämpfungskissen soweit nach innen schieben, bis es das Quadrat eben berührt (die Markierungen sind nur Anhaltswerte!);
- Brechen durch Drehen des Brechknopfes im Uhrzeigersinn; dann Knopf wieder zurückdrehen. Erfahrungsgemäß wird die Qualität des Messers durch die „Brechgeschwindigkeit" beeinflußt. Mit einem langsamen Bruch werden die besten Messer hergestellt;
- Dämpfungskissen in Ausgangsstellung bringen; Klemmknopf anheben; Ritzstange einschieben; hinteren Glashalter zurückführen und arretieren;

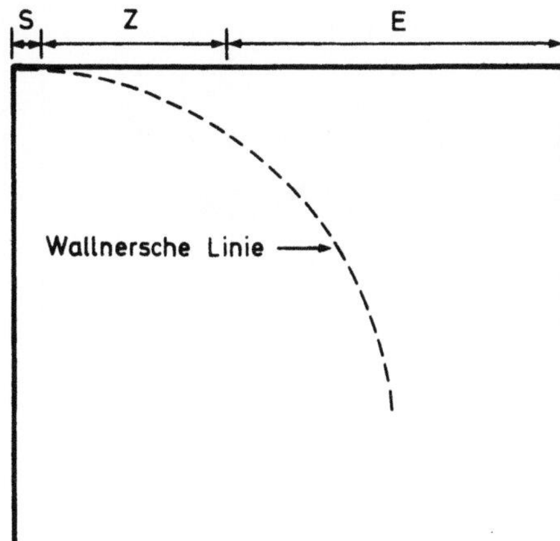

Abb. 2.11. Schneidefläche eines Glasmessers.
S Schneideecke. Für das Schneiden nicht
zu gebrauchen. *Z* In diesem Bereich wird
geschnitten. *E* In diesem Bereich kann,
abhängig von der Messerqualität, nur
gelegentlich geschnitten werden

- Glasmesser mit der Gabel vorsichtig herausnehmen – die Kanten dürfen nicht aneinander reiben!
- Messer mit Schneide nach oben in Aufbewahrungskasten setzen.

2.2.2.4 Beurteilung der Messerqualität

Eine deutlich sichtbare Wallner-Linie ist ein Indiz für eine gute Messerqualität (Abb. 2.11). Die gebrochenen Messer werden in den Halter eines Ultramikrotoms eingespannt. Die Beleuchtung wird so eingestellt, daß an der Messerkante ein einheitlich weißer Reflex entsteht. Dieser Reflex ist bei guten Messern durchgehend und von gleicher Breite. Bei starker Vergrößerung dürfen die Kanten keine Scharten zeigen! Kleinste Unebenheiten an der Messerkante machen sich bei den Schnitten im EM sehr deutlich als Steifen bemerkbar, daher wirklich nur ausgezeichnete Messer verwenden!

2.2.2.5 Anbringen der Tröge

Die Tröge am Messer haben den Zweck, das Wasser aufzunehmen, auf welches die Schnitte aufflottieren. Es ist zweckmäßig, zur Herstellung der Tröge ein gut reflektierendes Klebeband zu verwenden (z. B. Gold-Silber-Scotchband), da die Schnittdicke anhand der Interferenzfarbe des Schnitts beurteilt wird; diese Interferenzfarbe wird um so deutlicher sichtbar, je besser die Trogwand reflektiert. Ein Trog dieser Art wird folgendermaßen hergestellt:

- 3–4 cm Scotchband abschneiden;
- Band mit der Klebeseite nach oben entlang der Ritzspur auf eine Schablone legen (die Ritzspur weicht um etwa 4°–8° von der Waagerechten ab);
- Messer so auf das Scotchband legen, daß die Schneide mit der Oberkante des Bands bündig abschließt und die vordere Messerfläche mit ihrer Kante genau auf der senkrechten Ritzspur der Schablone liegt; Messer dann fest auf das Band drücken;

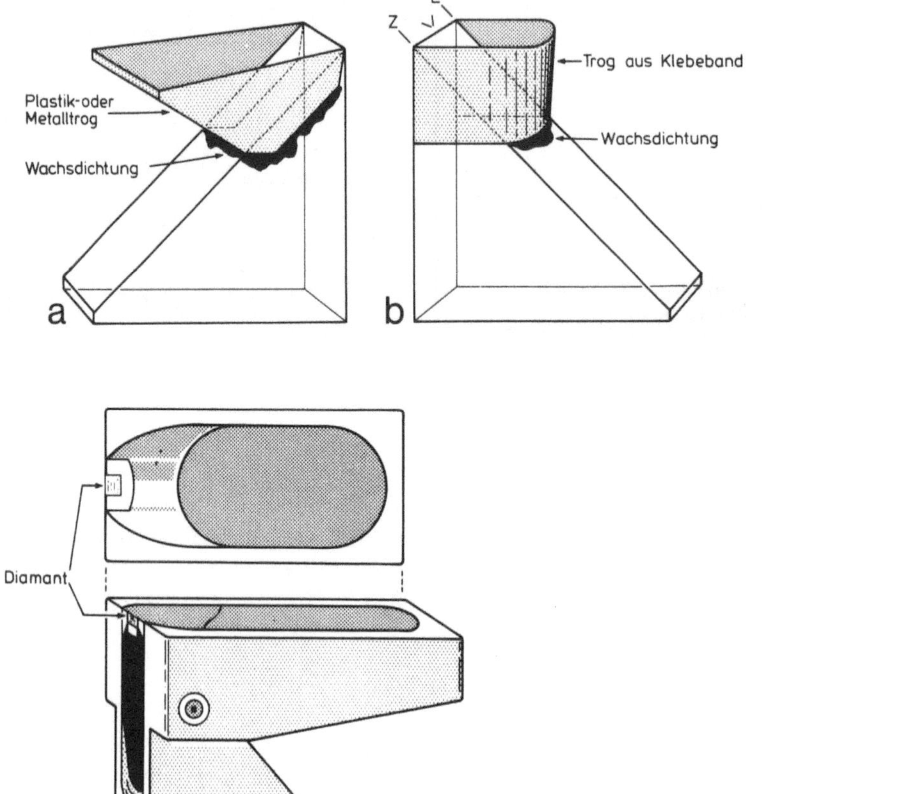

Abb. 2.12 a–c. Fertige Glasmesser; **a** mit Plastik- oder Metalltrog, **b** mit Klebebandtrog, **c** Zeichnung eines Diamantmessers der Fa. „Diatome" (mit Erlaubnis der Firma)

- Messer mit Band aufnehmen, Band um die hintere Messerfläche herumführen, so daß eine gleichmäßige Rundung entsteht, und dann das Band fest andrücken. Überstehende Reste mit einer Rasierklinge von unten nach oben abschneiden, ohne dabei die Schneide zu beschädigen;
- Trog mit flüssigem Dentalwachs von außen abdichten.

Als Alternative zum Klebeband gibt es fertige Tröge aus Plastik oder Metall zu kaufen (Abb. 2.12 a, b). Sie sind auch mit Wachs abzudichten.

2.2.2.6 Aufbewahrung von Glasmessern

Glasmesser sollten in der Regel binnen Tagen nach ihrer Herstellung verwendet werden. Während dieser Zeit müssen sie sorgfältig vor Staub geschützt werden. Eventuelle Staubpartikel werden vor Gebrauch des Messers durch zweimaliges Ausspritzen des Trogs mit Aq. bidest. entfernt. Nur selten kann man ein Glasmesser mehrfach benutzen. In solchen Fällen soll darauf geachtet werden, daß jedesmal mit einem neuen Teil der Schneidekante möglichst aus dem Bereich Z (s. Abb. 2.11) geschnitten wird.

Weiterführende Literatur

Latta H, Hartmann JF (1950) Use of glass edge in thin sectioning for electron microscopy. Proc Soc Exp Biol Med 74: 436–439
Sheldon H (1957) A method for evaluating glass knives. J Biophys Biochem Cytol 3: 621–624
Weiner S (1959) A new method of glass knife preparation for thin section microtomy. J Biophys Biochem Cytol 5: 175–177

2.2.3 Diamantmesser und ihre Pflege

Vor allem für das Schneiden von harten Objekten (z. B. verkalktes oder verholztes Gewebe) sind die von Fernandez-Moran (1953) eingeführten Diamantmesser zu empfehlen. Ferner sind Diamantmesser aufgrund ihrer extremen Schärfe, erhöhten Stabilität und der Langlebigkeit der Schneidekante auch bei normalen Objekten vorzuziehen. Nachteilig sind jedoch die hohen Anschaffungs- und Nachschleifkosten.

Der Diamant selber wird in eine Metallhalterung eingesintert, die ihrerseits in einer Fassung mit integriertem Trog befestigt ist (s. Abb. 2.12 c). Diamantmesser sind inzwischen von mehreren Firmen zu beziehen (z. B. DuPont, Diatome, Balzers). Beim Arbeiten mit solchen Messern ist der vom Hersteller angegebene Freiwinkel (s. 2.2.4.1) stets einzuhalten. In der Regel sollte niemand mit einem Diamantmesser das Schneiden lernen bzw. ein nicht bekanntes Ultramikrotom ausprobieren; stattdessen sollten lieber Glasmesser verwendet werden. Große Unterschiede im Umgang mit Diamant- gegenüber Glasmessern sind nicht zu verzeichnen. Allerdings muß beim Strecken der Schnitte (s. 2.2.4.4) drauf geachtet werden, daß das hierfür verwendete chloroformdurchtränkte Wattestäbchen nicht mit dem Diamantmesser in Kontakt kommt, sonst besteht die Gefahr, daß sich der Diamant aus der Sinterung löst.

Während des oder nach dem Schneiden bleiben am Messer häufig geringe Mengen Einbettungsmaterial haften, die vor der Aufbewahrung des Messers entfernt werden müssen. Hierzu benutzt man einen Stab aus Holundermark, der in Meissel- oder Keilform gespitzt wird. Man taucht die Stabspitze kurz in Ethanol und steckt sie vorsichtig auf die Messerkante. Durch gefühlvolles Ziehen in Richtung parallel zur Meserkante kann der Diamant gereinigt werden.

Weiterführende Literatur

Fernandez-Moran H (1953) A diamond knife for ultrathin sectioning. Exp Cell Res 5: 255–256

2.2.4 Schneiden

2.2.4.1 Trogflüssigkeiten

Trogflüssigkeiten müssen hauptsächlich drei Voraussetzungen erfüllen:

a) sie sollen das Schnitt- bzw. Trogmaterial nicht angreifen;
b) sie sollen eine hohe Oberflächenspannung besitzen, um das Flottieren der
    Schnitte zu gewährleisten und um sicher zu stellen, daß sich die Flüssigkeit an
    der Messerschneide ohne Gefahr des Überlaufens hochziehen kann;
c) sie sollen nicht flüchtig sein.
Wasser ist daher für diesen Zweck gut geeignet.

Während des Schneidevorgangs ist es besonders wichtig, den Wasserspiegel im
Trog zu kontrollieren. Die Bildung eines konvexen Meniskus an der Messerschneide kann zur Verschmutzung sowohl der Schneidefläche des Objekts als auch des
hinteren Teils des Messers führen. Es entstehen dann keine Schnittbänder. Umgekehrt kann die Bildung eines konkaven Meniskus durch zu wenig Wasser zum Auf-
stauen und Zerknittern der Schnitte führen. Man versucht also einen flachen Meniskus durch Zugabe oder Entnahme von Wasser aus dem Trog zu erreichen. Bei
den meisten Ultramikrotomen ist eine Einrichtung zum Justieren des Flüssigkeits-
spiegels vorhanden.

2.2.4.2 Umgang mit dem Ultramikrotom

Die Manipulationen am Ultramikrotom werden gemäß den Bedienungsanleitun-
gen der Herstellerfirmen ausgeführt. Man unterscheidet zwischen zwei Arten von
Ultramikrotomen: solche, bei denen der Probenhalter durch thermische Expansion
zur Messerschneide vorgerückt wird (thermischer Vorschub), und andere, bei denen
diese Feinregulierung mechanisch betätigt wird. Manche Ultramikrotome
(MT 5000 der Fa. DuPont-Sorvall; Ultracut der Fa. Reichert) sind ausschließlich
mit mechanischen Vorschubeinrichtungen ausgestattet.

Im allgemeinen sind folgende Arbeitsschritte zu beachten:

- Gerät einschalten;
- Licht einschalten und justieren;
- Messer einspannen; richtigen Freiwinkel einstellen (Abb. 2.13 d);
- Präparat einspannen; die Schnittfläche mit der Messerschneide parallel orientieren (Abb.
  2.13 a–c);
- Trog mit Wasser auffüllen;
- Motor einschalten. Zunächst die Schneidegeschwindigkeit bei kleinstem Vorschub einstellen.
  Bewegung kontrollieren, damit die Schneidefläche der Messerschneide in der zweiten Hälfte des
  abfallenden Teils der Schneidebewegung berührt wird;
- Wasser auffüllen, bis der Wasserspiegel plan wird;
- Geschwindigkeit erhöhen, Vorschub vergrößern, bis der erste vollständige Schnitt produziert
  wird;
- Regulierung der Schnittdicke und -geschwindigkeit;
- Beenden des Schneidevorgangs: Abschalten der Präparatbewegung.

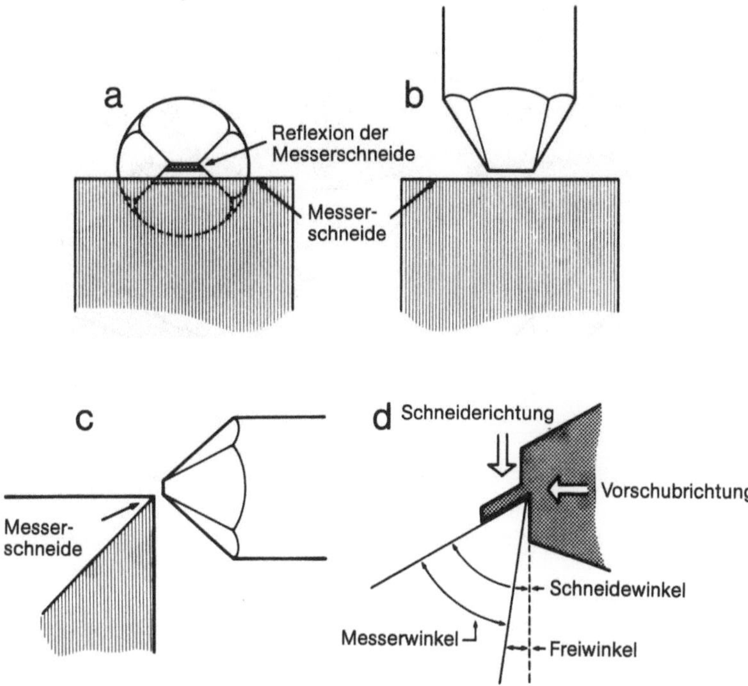

Abb. 2.13. a–c Drei verschiedene Blickwinkel bei der korrekten Orientierung des Objekts in bezug auf die Messerkante. **d** Geometrische Parameter bei der Entstehung eines Schnitts

2.2.4.3 Beurteilung der Schnittdicke

Im idealen Fall soll der Schneidevorgang die physikalischen Parameter des Objekts nicht ändern. In der Praxis findet jedoch eine Deformierung (Kompression) statt, welche die Schnitte verkürzt und verdickt. Um dieses Artefakt rückgängig zu machen, wird für wenige Sekunden ein mit Chloroform getränktes Wattestäbchen über das Schnittband gehalten. Unter dem Einfluß des Chloroformdampfs strecken sich die Schnitte und werden dabei etwas dünner.

Die Schnittdicke kann aufgrund der Interferenzfarben der Schnitte beurteilt werden. Ideale Schnittdicken liegen im Bereich von grau bis silbergrau (Tabelle 2.6).

Tabelle 2.6. Bestimmung der Schnittdicke durch Einschätzung der Interferenzfarbe

Interferenzfarbe	Schnittdicke [nm]
Grau	unter 60
Silber	60– 90
Gold	90–150
Purpur	150–190
Blau	190–240

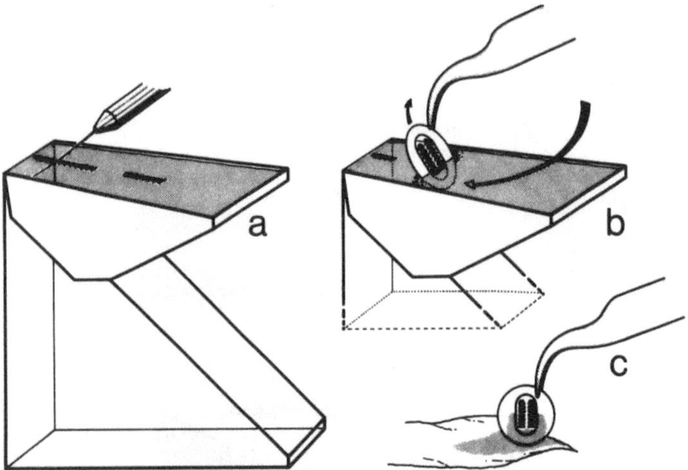

Abb. 2.14 a–c. Aufnehmen von Schnitten. **a** Trennung eines Schnittbands und Orientierung der Schnittbänder mit Hilfe einer montierten Wimper. **b** „Auffischen" der Schnittbänder von unten. Der Einfachheit halber wurde hier ein Einlochgrid gezeichnet. **c** Absaugen von überschüssigem Wasser mit einem Stück Filterpapier

2.2.4.4 Aufnehmen der Schnittbänder auf Grids

Bei richtiger Durchführung des Schneidens sollten grundsätzlich nur Schnittbänder entstehen. Können nur einzelne Schnitte hergestellt werden, so beruht dies auf einer schlechten Technik (Fehler bei der Einbettung und dem Trimmen der Probe; falsche Einstellung des Messers bzw. der Schneidegeschwindigkeit). Die Serienschnittherstellung ist daher keine spezielle Technik, sondern stellt die sorgfältige Produktion und lückenlose Aufnahme dieser Schnittbänder dar.

Die einzelnen Schritte zur Aufnahme der Schnittbänder auf Objektträger sind in Abb. 2.14 a–c als Diagramme dargestellt. Die Trennung des Schnittbands bzw. einzelner Schnitte von der Messerschneide erfolgt mit Hilfe sauberer Wimpern. Hierbei geht es eher um die Erzeugung schwacher Wasserströme als um die direkte Berührung der Schnitte. Nach der Orientierung in die angestrebte Position auf der Wasserfläche können das Schnittband bzw. die Schnittbänder aufgenommen werden. Durch Auftupfen von oben besteht zusätzlich die Gefahr der Faltenbildung bzw. des Übereinanderliegens der Schnitte. Die Lage der Schnittbänder kann man am besten durch Aufnahme von unten mit den Grids kontrollieren. Nach der Aufnahme wird überschüssiges Wasser vorsichtig mit einem Stück Filtrierpapier abgesaugt.

Tabelle 2.7. Probleme bei der Ultramikrotomie

Problem	Ursache(n)	Beseitigung
1. Schneidefläche der Probe wird naß	a) Zu hoher Flüssigkeitsspiegel im Trog	a) Weniger Flüssigkeit im Trog b) Probe mit Filtrierpapier trocknen oder Probe wechseln
2. Kein Schnittband	a) Zu hoher Flüssigkeitsspiegel b) Obere und untere Kanten der Schneidefläche nicht parallel c) Schneidegeschwindigkeit zu langsam	a) Weniger Flüssigkeit im Trog b) Probe neu trimmen c) Schneidegeschwindigkeit erhöhen
3. Dickenunterschied innerhalb eines Schnitts; und unterschiedliche Dicken zwischen den Schnitten	a) Probe zu weich b) Messer bzw. Probe nicht richtig festgeklemmt c) Messer stumpf d) Falsche Messereinstellung e) Schneidegeschwindigkeit zu hoch f) Schneidefläche zu groß	a) Probe erneut durchpolymerisieren lassen b) Messer und Probe festklemmen c) Schneidestelle ändern oder Messer wechseln d) Freiwinkel ändern e) Langsamer schneiden f) Neu (kleiner) trimmen
4. Schnitte werden hinter das Messer geführt	a) Probe zu weich b) Schneidegeschwindigkeit zu langsam c) Falsche Messereinstellung	a) Probe erneut duchpolymerisieren lassen b) Schneller schneiden c) Freiwinkel ändern
5. Schnitte zeigen Kratzer	a) Defekt an der Messerschneide b) „Härtekörper" in der Probe	a) Schneidestelle ändern oder Messer wechseln b) Neu trimmen
6. Schnitte haben Löcher	a) Luftblasen in der Probe b) „Härtekörper" in der Probe	a) Neu trimmen b) Neu trimmen oder neu einbetten mit härterem Plastikgemisch
7. Schnitte zeigen „chatter" (s. Abb. 2.15)	a) Vibrationen durch den Aufschlag der Probe auf die Messerschneide b) Unterschiedliche Erholung von der durch das Schneiden erzeugten Deformierung verschiedener Komponenten der Probe	a) „Weichere" Probe nehmen; langsamer schneiden; kleinere Schneidefläche trimmen; Freiwinkel verkleinern b) Neu einbetten mit anderem Plastikgemisch

2.2.4.5 Probleme beim Schneiden

Es gibt mehrere Faktoren, welche die Schnittqualität beeinflussen. Diese sind:

1. die Qualität der Messerschneide,
2. der Schnittwinkel (= Messerspitzenwinkel + Freiwinkel),
3. die Schneidegeschwindigkeit,
4. die Schneidekraft,
5. der Vorschub,
6. das Einbettungsmedium und die Qualität der Einbettung,
7. die Gestalt und Größe der Schnittfläche.

Probleme beim Schneiden beruhen meist auf mehreren Faktoren. Tabelle 2.7 stellt die Hauptprobleme beim Schneiden dar, gibt ihre Ursachen an und schlägt Änderungen vor, um diese zu beseitigen.

Weiterführende Literatur

Hayat MA (1970) Principles and techniques of electron microscopy. vol I. Van Nostrand-Reinhold, New York
Reid N (1975) Ultramicrotomy. In: Glauert AM (ed) Practical methods in electron microscopy, vol III, part 2. Elsevier/North Holland, Amsterdam, pp 213-353
Sitte H, Neumann K (1983) Ultramikrotome und apparative Hilfsmittel für die Ultramikrotomie. In: Schimmel G, Vogell W (Hrsg) Methodensammlung der Elektronenmikroskopie. Kap 1.1.2. Wiss Verlagsges, Stuttgart, S 1-248
Westfall JA (1961) Obtaining flat serial sections for electron microscopy. Stain Technol 36: 36-38

2.2.5 Kontrastierung von Schnitten

Der durch Osmium bereits erhöhte Kontrast ist durch die Einführung von Uranyl-, Blei- und Phosphorwolframsäuresalzen sowie anderen Schwermetallen noch zu verstärken, wenn eine allgemeine Kontrasterhöhung im Objekt gewünscht wird. Bei der Positivkontrastierung von Schnitten wird das Kontrastmittel vom Objekt gebunden oder ausgefällt. Dadurch erscheinen das Präparat oder Teile des Präparats im Bild dunkler, d. h. elektronendichter als die Umgebung.

2.2.5.1 Kontrastierungslösungen

Die gebräuchlichsten, den Kontrast allgemein erhöhenden Kontrastierungsmittel für die Positivkontrastierung sind Uranylacetat und Bleicitrat.

Uranylacetat (UO_2Ac) wird in alkoholischer oder wäßriger Lösung (Konzentrationen von 1% bis zur Sättigung) angewandt. Aus alkoholischer Lösung wird UO_2Ac schneller vom Präparat aufgenommen als aus wäßriger Lösung. Es reagiert sehr stark mit Nukleinsäuren und darüberhinaus gut mit Proteinen.

Bleicitrat bewirkt eine Kontrasterhöhung von Membranen, Proteinen und Nukleinsäuren sowie Glykogen. Die Bindung des Bleikations erfolgt hierbei v. a. durch Phosphat-, Carboxyl- und Sulfhydrylgruppen und mit Osmiumoxiden. Die Ergebnisse einer Schnittkontrastierung mit Uranyl- bzw. Bleisalzen zeigt Abb. 2.16 a–d.

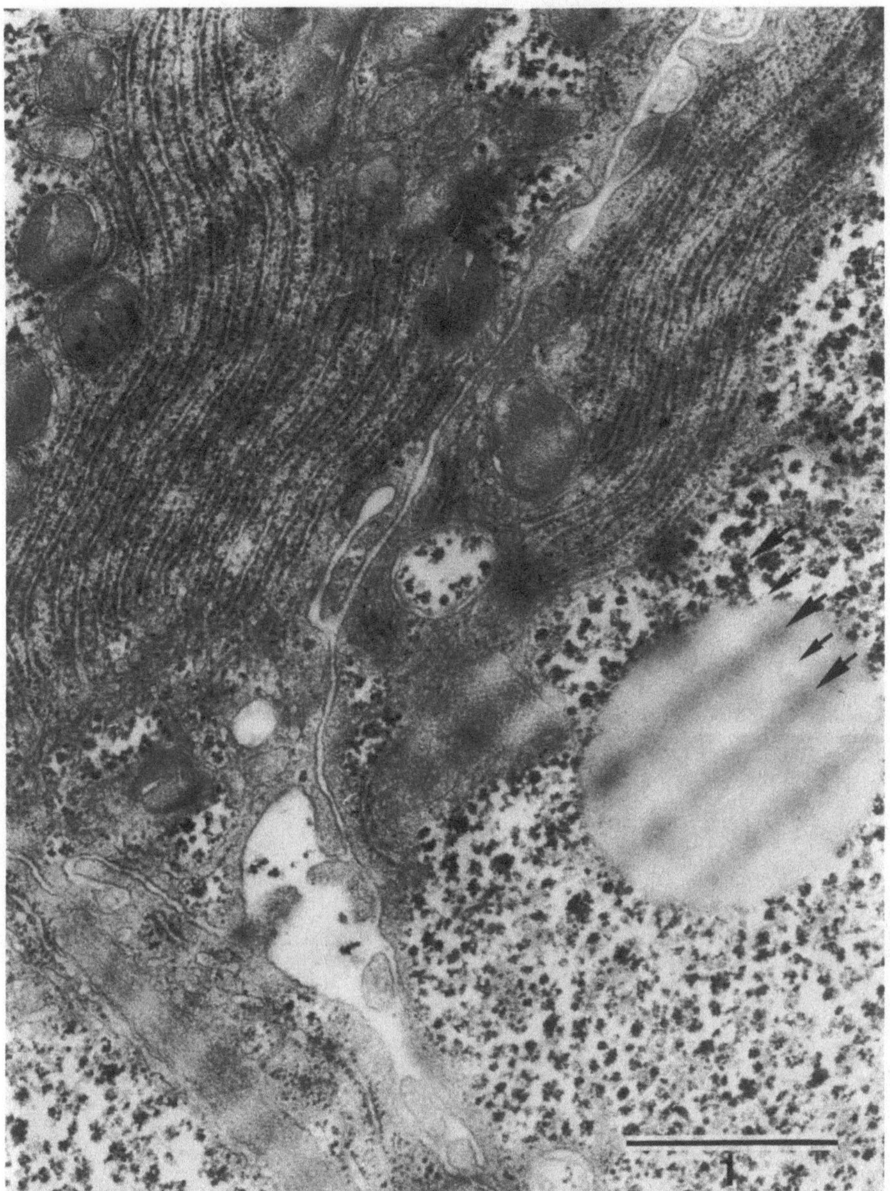

Abb. 2.15. Chatter (hier gekennzeichnet durch alternierend große und kleine *Pfeile*) im Dünnschnitt (Interferenzfarbe grau). Dieser Artefakt ist während des Schneidens bei Betrachtung mit
dem Stereomikroskop nicht zu entdecken. Rattenleber. Vergrößerungsangaben in μm

Herstellung der Lösungen

Blei und Uran sind giftige Schwermetalle, Uran ist außerdem geringfügig radioaktiv. Deshalb ist durch sorgfältiges Arbeiten eine Kontamination des Arbeitsplatzes
unbedingt zu vermeiden.

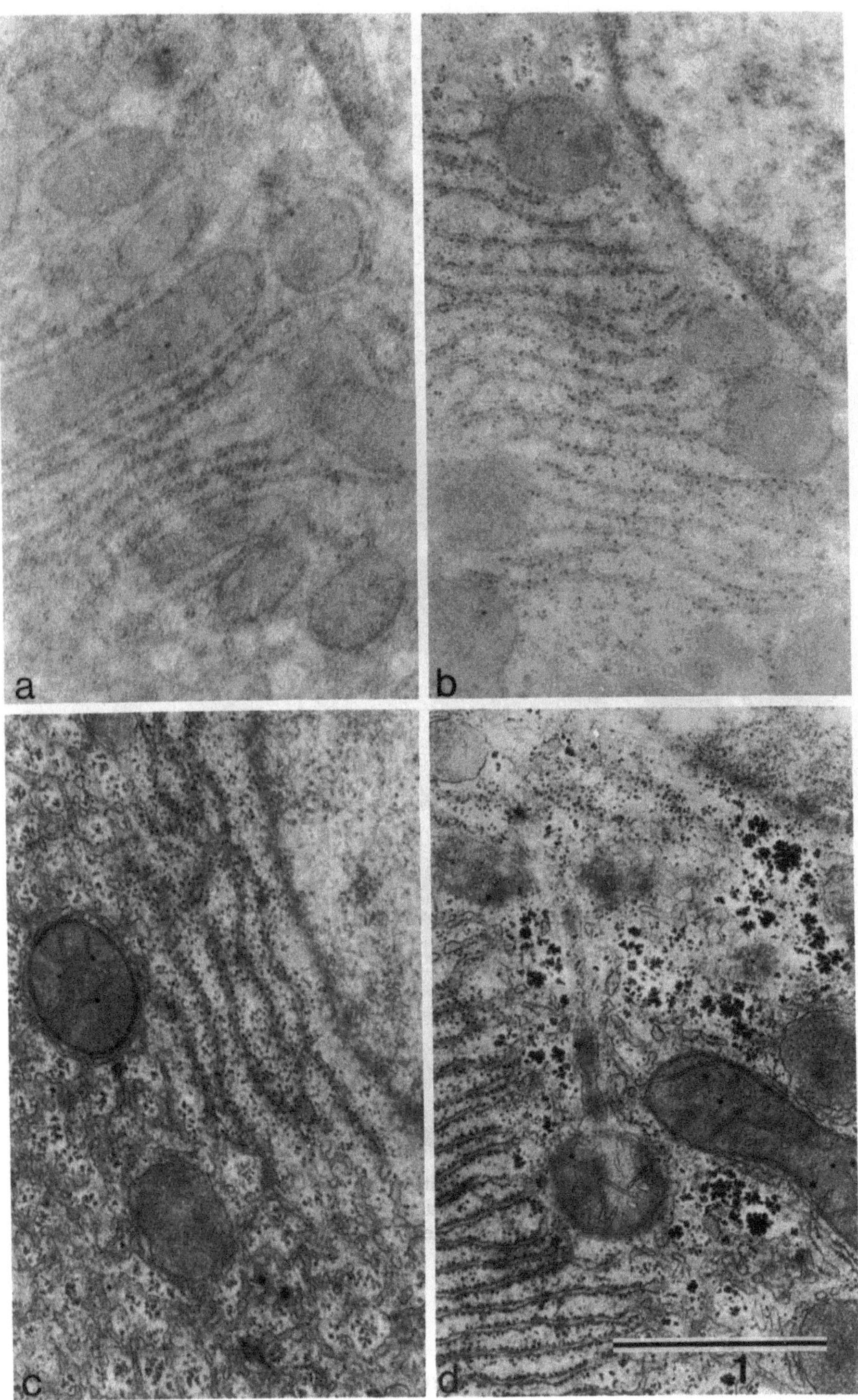

Abb. 2.16 a–d

URANYLACETAT

A. Gesättigte, wäßrige Uranylacetatlösung:

Diese wird in einer braunen Schliffflasche oder in einer mit Aluminiumfolie umhüllten Polyethylenflasche (100 ml) angesetzt. 100 ml Aq. bidest. werden mit einer ausreichenden Spatelspitze von UO_2Ac (p. a.) kräftig geschüttelt. UO_2Ac löst sich in Wasser sehr langsam. Man läßt es deshalb mehrere Stunden lösen und absetzen. Der Überstand kann durch Zentrifugieren abgetrennt werden. Die Uranylacetatlösung kann vor Gebrauch mit Hilfe von Millipore-Filtern noch einmal gereinigt werden. Die Lösung hat einen pH Wert von 4,0.

Da Uranylacetatlösungen lichtempfindlich sind, empfiehlt sich eine Aufbewahrung im Dunkeln. Die Lösung ist unbedingt zu ersetzen, wenn sie trübe wird.

B. Gesättigte methanolische Uranylacetatlösung:

Man gibt zu 2–4 ml 70% Methanol im Zentrifugenröhrchen eine Spatelspitze Uranylacetat, schüttelt 5 min kräftig und zentrifugiert ungelöstes Uranylacetat ab. Der Überstand wird abgefüllt. Die Haltbarkeit im Kühlschrank beträgt etwa 1 Woche. Der pH-Wert liegt zwischen 3,5 und 4.

BLEICITRAT

A. Verfahren nach Reynolds (1963):

1,33 g Bleinitrat $(Pb(NO_3)_2$ und 1,76 g Natriumcitrat $(Na_3(C_6H_5O) \times 2H_2O$ werden in 30 ml Aq. bidest. (quarzdestilliertes Wasser) in einer 50-ml-Schliff- oder Polyethylenflasche 1 min kräftig geschüttelt, dann über 30 min in Intervallen, damit Bleinitrat vollständig in Bleicitrat überführt wird. Dann wird 8 ml 1 M NaOH (carbonatfrei) hinzugefügt und mit Aq. bidest. auf 50 ml aufgefüllt. Die klare, gebrauchsfertige Lösung hat einen pH-Wert von 12.

B. Verfahren nach Venable u. Coggeshall (1965):

Man löst 0,01 g Bleicitrat (p. a.) zunächst in 0,1 ml 10 M NaOH und verdünnt mit Aq. bidest. auf 10 ml. Nach Zentrifugieren ist die Lösung gebrauchsfertig.

Bleizitratlösungen sind mehrere Wochen haltbar. Sie werden in Polyethylenflaschen aufbewahrt. Sofort nach Entnahme von Lösung mit einer Pasteur-Pipette ist die Flasche unter Herausdrücken von Luft zu verschließen, damit kein Bleicarbonatniederschlag entsteht.

Abb. 2.16 a–d. Effekte der Schnittkontrastierung. Rattenleber, Perfusionsfixierung mit 2.5%igem Glutaraldehyd, phosphatgepuffert, nachfixiert mit 2%igem OsO_4. Schnitte gleicher Dicke und Vergrößerung. Beschleunigungsspannung 60 kV. **a** Unkontrastierter Schnitt; **b** Kontrastierung mit Uranylacetat, 15 min; **c** Kontrastierung mit Bleicitrat, 5 min; **d** Doppelkontrastierung mit Uranylacetat, 15 min; Bleicitrat 5 min. Vergrößerungsangaben in μm

2.2.5.2 Kontrastierung von Schnittpräparaten

Die Routinekontrastierung erfolgt gewöhnlich an auf Netzchen aufgezogenen Dünnschnitten. Hierzu bereitet man saubere Petrischalen vor. Sie werden mit feuchtem Filtrierpapier ausgelegt, damit ein Auskristallisieren der Kontrastmittel durch Verdampfen des Lösungsmittels verhindert wird (Abb. 2.17 a).

Bei der Bleicitratkontrastierung soll die Atmosphäre im Kontrastierungsgefäß CO_2-arm sein, damit nicht Bleicarbonatniederschläge auf dem Präparat ausfallen. Deshalb bringt man in die Petrischale 3-5 befeuchtete Kalium- oder Natriumhydroxidplätzchen ein, die Kohlendioxid binden. Auf den Boden der Petrischale legt man frisches sauberes Dentalwachs oder Polyethylenfolie. Nach der Kontrastierung sind die Netzchen mit Aq. bidest. (quarzdestilliertes Wasser) vorsichtig und reichlich zu waschen, damit überschüssiges Kontrastierungsmittel entfernt wird. Das Waschen der Präparate erfolgt unter dem Wasserstrahl einer Spritzflasche oder durch wiederholtes Eintauchen in eine Reihe von Waschgefäßen (4 Stück à 50 ml), wobei das Netzchen mit einer Uhrmacherpinzette zu halten ist (Abb. 2.17 c). Nach dem Waschen wird das Waschwasser durch Absaugen mit Filtrierpapierschnitzeln

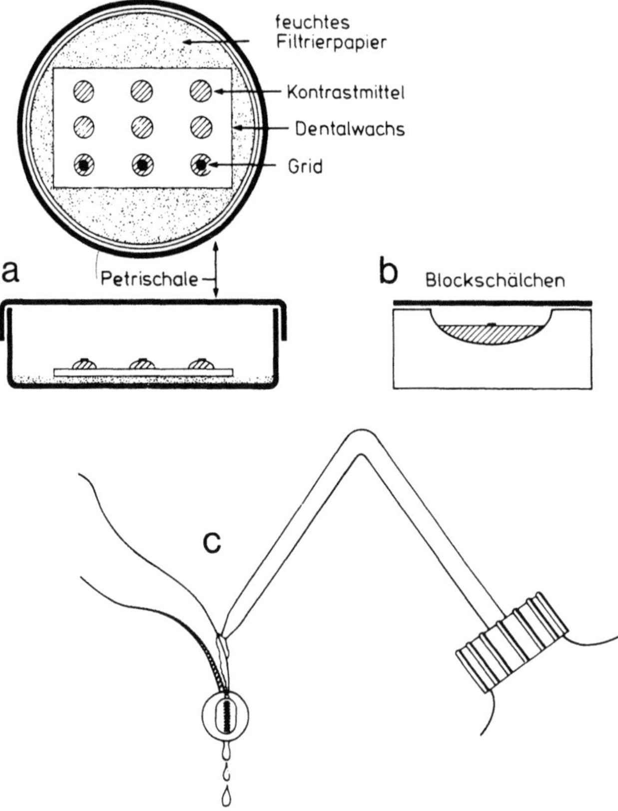

Abb. 2.17 a-c. Kontrastieren von auf Grids klebenden Schnitten in einer Petrischale (a); freischwimmenden Schnitten (b); Waschen der Schnitte (c)

entfernt (Abb. 2.14c), und die Netzchen werden mit den Schnitten nach oben zum weiteren Trocknen auf Filtrierpapier gelegt (staubfreie Aufbewahrung!).

Durchführung einer Doppelkontrastierung

Man saugt mit einer sauberen Pasteur-Pipette Uranylacetatlösung aus der Mitte der Vorratsflasche an (nicht schütteln, Bodenberührung vermeiden). Der erste Tropfen aus der Pasteur-Pipette wird verworfen, 3–5 Tropfen werden im Abstand von ca. 0,5 cm auf die Unterlage in der Petrischale (erstes Kontrastierungsgefäß) gebracht. Objektträgernetzchen werden mit Hilfe einer Uhrmacherpinzette mit den Schnitten für ca. 5 min auf die Tropfen gelegt. Der Deckel der Petrischale ist zu schließen.

Etwa 2 min vor Beendigung der Uranylazetatkontrastierung werden in entsprechender Weise Bleicitrattropfen in ein zweites Kontrastierungsgefäß gebracht. Der Deckel ist zu schließen. Uranylacetatkontrastierte Netzchen sind durch wiederholtes Eintauchen in eine Waschwasserreihe (4 × 50 ml Aq. bidest.) zu reinigen und mit Filtrierpapier zu trocknen und sodann auf die zweite Kontrastierungsflüssigkeit zu bringen (Kontrastierungsdauer: Richtwert 2–10 min). Danach werden die Netzchen kurz mit 0,02 M NaOH-Lösung abgespritzt, 3fach mit Wasser gewaschen und getrocknet (s. oben).

Damit die Kontrastierungsrichtwerte eingehalten werden können, sollten nicht mehr als fünf Netzchen in einem Arbeitsgang kontrastiert werden. Die hier angegebenen Kontrastierungszeiten sind lediglich Richtwerte. Die Kontrastierungsdauer ist abhängig von den Präparationsabläufen (Fixation, Einbettungsmedium, Schnittdicke, Kontrastmittelkonzentration und Temperatur). Ein Mißlingen der Kontrastierung zeigt sich häufig in der Ablagerung feiner Bleigranulate oder flächiger Bleisalzpartikel bzw. bei Uranylacetatkontrastierung in länglichen Kristallnadeln. Häufigste Fehlerquellen sind zu langes Kontrastieren oder aus den Vorratsflaschen in den Kontrastierungstropfen miteingebrachte Schwermetallniederschläge. Vielfach ist es günstig, entweder auf die Uranylacetat- oder auf die Bleicitratkontrastierung zu verzichten.

Die Kontrastierung ist auch an freischwimmenden Dünnschnitten durchführbar (z.B. für cytochemische Nachweisverfahren, bei methanolischen Uranylacetatlösungen, die die Trägerfilme auf den Netzchen angreifen). Hierbei werden Einzelschnitte mit einer Platinöse, mit einer Einlochblende oder mit Kunststoffringen vom Messertrog abgenommen und auf die Kontrastierungs- bzw. Wässerungslösungen übertragen (Behälter: Blockschälchen).

Kunststoffringe kann man sich passend mit Korkbohrern aus von der Beschichtung befreiten Filmnegativen (Zelluloseacetatfolie) oder Polyethylenfolien herausstanzen.

2.2.5.3 Kontrastierung der Schnitte von tieftemperatureingebettetem Material

Die in den Schnitten verwendeten Harze unterscheiden sich von den üblichen Einbettungsmitteln. Deshalb muß die Nachkontrastierung solcher Schnitte diesen Gegebenheiten angepaßt werden. Sowohl wäßrige als auch alkoholische gesättigte Uranylacetatlösungen und Bleicitrat (nach Reynolds 1963) können benutzt werden. Tabelle 2.8 gibt empfehlenswerte Kontrastierungszeiten für die beiden Haupttypen

Tabelle 2.8. Kontrastierungszeiten der Schnitte von tief-
temperatureingebettetem Material

	HM 20	K4M
Uranylacetat	35	5–10
Gesättigte wäßrige Lösung		
Reynold's Bleicitrat	1–3	1– 3

an. Zwischen Uranylacetat und Bleicitrat oder Acetatschritten muß wie üblich sorgfältig gewaschen werden. Zudem muß wie sonst möglichst CO_2-frei gearbeitet werden.

2.2.5.4 Blockkontrastierung

Ein empfehlenswertes Verfahren ist die Blockkontrastierung mit Uranylacetat, die
an die vorangegangene Aldehyd- bzw. Osmiumsäurefixation anschließt. Hierdurch
erhält man zusätzlich zur Kontrastierung eine Nachfixierung, die sich besonders
auf die Erhaltung der Membranstrukturen, auf Zellkontrakte, DNS und Proteine
positiv auswirkt. Die unterschiedliche Darstellung von Membranen und Membran-
spezialisierungen bei Schnitt- bzw. Blockkontrastierung ist in Abb. 2.18 a, b ersicht-

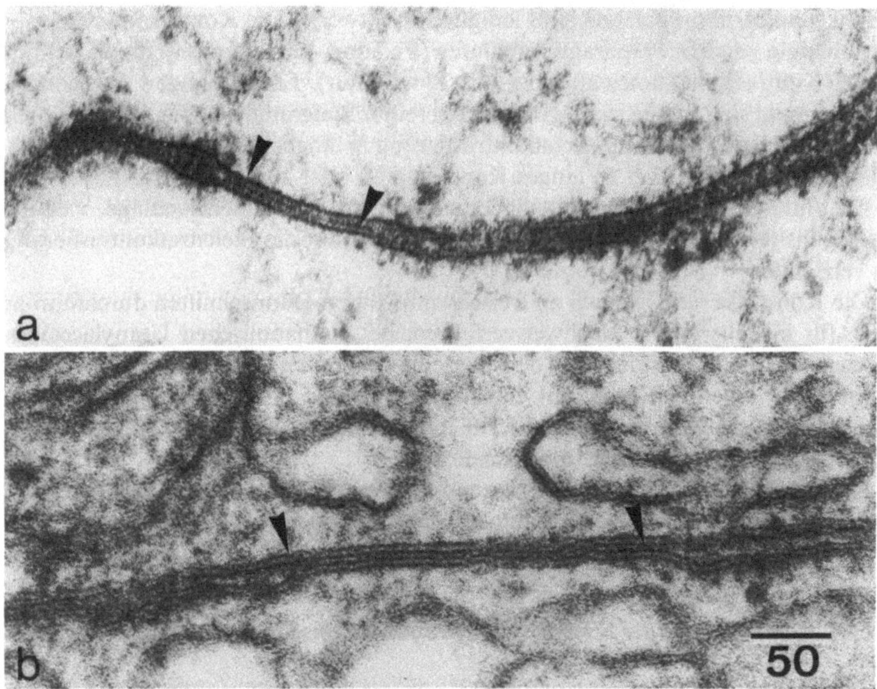

Abb. 2.18 a, b. Zellmembranen und „gap junctions" *(Pfeile),* Nervensystem einer Heuschrecke. Immersionsfixierung mit 2.5%igem Glutaraldehyd und 2%iger Formaldehydlösung, kakodylatgepuf-
fert. **a** Schnittkontrastierung mit Uranylacetat (15 min) und Bleicitrat (5 min); **b** Blockkontrastierung mit Uranylacetat, Nachkontrastierung mit Bleicitrat. Vergrößerungsangaben in nm (Originalaufnahmen F. Killmann)

lich. Nach einem Verfahren von Karnovsky (1967) wird Uranylacetat in Natrium-hydrogenmaleat-Natronlauge-Puffer appliziert.

Herstellung der Lösung

Zur Herstellung des Puffers bereitet man eine 0,2 N Stammlösung, indem man 23,3 g Maleinsäure in Aq. dest. löst und 200 ml 1 M NaOH zufügt. Es wird mit Aq. dest. auf 1 l aufgefüllt. Für pH 5,2 sind auf 50 ml Stammlösung 14 ml 0,1 M NaOH, bei pH 6,0 54 ml 0,1 M NaOH hinzuzufügen. Man füllt auf 200 ml mit Aq. dest. auf und erhält eine 0,05 N Pufferlösung. Die Kontrastierungslösung darf trübe sein.

Durchführung

Gewebestücke (Kantenlänge 1-2 mm) werden in 0,05 N Natriumhydrogenmaleat-NaOH-Puffer bei pH 5,2 für 30 min gewaschen. Die Lösung ist mehrfach zu wechseln. Die Kontrastierung der Gewebestücke erfolgt bei 4 °C im Dunkeln in 0,5% Uranylacetat in 0,05 N Natriumhydrogenmaleat-NaOH-Puffer bei pH 5,2 für 2 h. Es wird schnell über die Alkohol- oder Acetonreihe entwässert und in Epoxidgemisch überführt.

Weiterführende Literatur

Hayat MA (1975) Positive staining for electron microscopy. Van Nostrand-Reinhold, New York, pp 1-361
Karnovsky MJ (1967) The ultrastructural basis of capillary permeability studied with peroxidase as a tracer. J Cell Biol 35: 213-236
Reynolds ES (1963) The use of lead citrate at high pH as an electron opaque stain in electron microscopy. J Cell Biol 17: 208-212
Venable JH, Coggeshall R (1965) A simplified lead citrate stain for use in electron microscopy. J Cell Biol 25: 407-408

2.3 Makromolekulare EM

2.3.1 Isolierte Proteine und Proteinaggregate

2.3.1.1 Probenvorbereitung

EM an isolierten Proteinen und natürlichen Proteinaggregaten (z. B. Mikrotubuli oder Bakteriengeißeln) sowie künstlichen Assoziationen (z. B. zweidimensionale Proteinkristalle, s. 2.3.1.4) hat in der Regel zum Ziel, die Objekte mit hoher Auflösung abzubilden und aus den Abbildungen eine räumliche Vorstellung über die Objektform abzuleiten.

Üblicherweise kann man davon ausgehen, daß isolierte Makromoleküle nicht in orientierter Anordnung auf die Trägerfolie zu liegen kommen. Das hat zur Folge, daß im Elektronenmikroskop unterschiedliche Projektionen ein und desselben Partikeltyps abgebildet werden. Um Fehlinterpretationen so weit wie möglich auszuschließen, muß die zu untersuchende Probe deshalb sehr rein sein; speziell darf sie keine unbekannten kontaminierenden Proteine enthalten.

Erfahrungsgemäß hat die Anwesenheit von Detergenzien in der Probenlösung einen erheblichen störenden Einfluß auf die Abbildungsqualität. Das trifft besonders auf das Verfahren der Negativkontrastierung zu. Also sollten Detergenzien im Proteinanreicherungsverfahren vermieden oder vor der elektronenmikroskopischen Präparation aus der Probe entfernt werden. Glyzerin oder Zucker (Saccharose, Glukose) in der Probenlösung können toleriert werden, falls ihre Entfernung (z. B. durch Dialyse) das zu untersuchende Objekt schädigen könnte. Besser für artefaktfreies Arbeiten ist jedoch sowohl die Abwesenheit von Glyzerin und Zucker als auch die Einstellung einer Salzkonzentration in der Probenlösung, die am unteren Ende des physiologischen Bereichs liegt.

Um im Fall von isolierten Proteinmolekülen eine brauchbare Partikelzahl pro Flächeneinheit auf der Objektträgerfolie zu erreichen, sollte die Probenlösung einen Proteingehalt zwischen 20 und 200 $\mu g\,ml^{-1}$ haben. Durch Anpassung der elektronenmikroskopischen Präparationsbedingungen können jedoch auch davon abweichende Proteinkonzentrationen eingesetzt werden. Für Proteinaggregate müssen die optimalen Konzentrationen bestimmt werden, indem eine Konzentrationsreihe getestet wird. Dabei können je nach Vorgehensweise bei der Präparation selbst Proteinkonzentrationen im Bereich um $1\,mg\,ml^{-1}$ brauchbar sein.

2.3.1.2 Verfahren der Negativkontrastierung

Das Verfahren der Negativkontrastierung (Abb. 2.19) kann nicht nur für isolierte Proteine und Proteinaggregate angewandt werden (Abb. 2.20 a–d), sondern z. B. auch für Lipoproteine, Protein-Nukleinsäure-Komplexe, Zellkomponenten aus Zellaufschlüssen, zur Überprüfung von Fraktionen aus Trennungsverfahren (Abb. 2.20 e, f), Zellorganellen (z. B. isolierte Mitochondrien) und deren Bruchstücke und ganze Bakterienzellen (Abb. 2.20 g, h). Das Prinzip des Verfahrens beruht darauf, daß in Wasser lösliche Schwermetallsalze (Uranylacetat 1–4%, w/v, in Aq. bidest., pH ca. 4,7–4,9 ohne weitere Einstellung, oder Phosphorwolframsäure

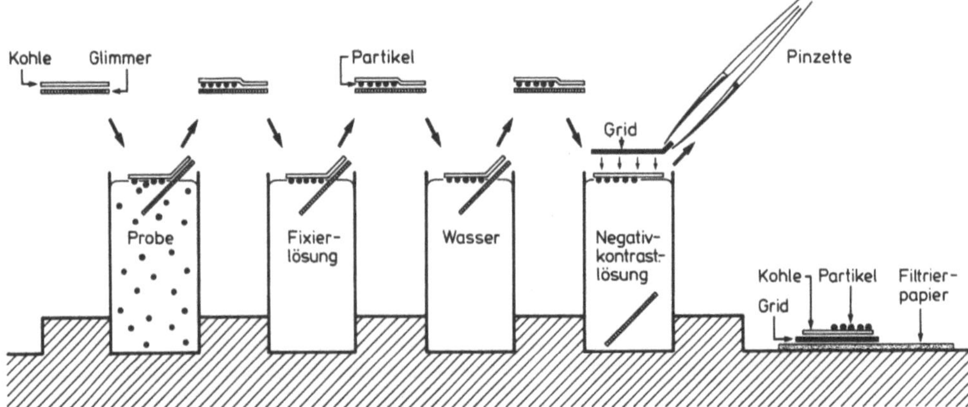

Abb. 2.19. Experimenteller Ansatz für die Negativkontrastierung

1–2%, w/v, mit KOH oder NaOH auf pH 7,0 gebracht, oder Uranylformiat, anzuwenden wie Uranylacetat, jedoch sofort nach dem Lösen verwenden) in amorpher Form um das abzubildende Objekt auf der Trägerfolie eintrocknen. Dadurch bleibt das Objekt gut durchstrahlbar, während seine Umgebung im Elektronenmikroskop dunkel erscheint. Je nach chemischer Zusammensetzung des Objekts ist nicht immer ausgeschlossen, daß das Kontrastierungssalz nicht auch an Objektkomponenten gebunden wird und somit in Form einer Positivkontrastierung wirkt. Das gelöste Salz kann in innere Hohlräume des Objekts eindringen oder feine Details durch zu große Schichtdicke verdecken. Um starke Verformungen oder den Zerfall des Objekts während des Trocknens zu vermeiden, kann es nötig sein, die Objektpartikel vor oder während des Präparationsgangs zu fixieren (für einige Sekunden bis Minuten in 0,2–2%, v/v, Glutaraldehyd in adäquatem Puffer). Enthalten die Proben hohe Salz-, Zucker- oder Glyzerinkonzentrationen, ist es ratsam, nach dem Aufbringen der Proben auf den Trägerfilm, jedoch vor Applikation der Schwermetallsalzlösung, einen oder zwei Waschschritte (mit wenig Salz enthaltendem, geeignetem Puffer oder mit Aq. bidest.) zwischenzuschalten.

Negativkontrastierte Proben können bereits wenige Minuten nach ihrer Fertigstellung im Elektronenmikroskop untersucht werden. Über einem Trocknungsmittel können sie mehrere Wochen aufbewahrt oder auch verschickt werden.

Für die elektronenmikroskopische Untersuchung sollten möglichst geringe Strahlendosen angewandt werden, um eine Kristallisation des eingetrockneten Schwermetallsalzes auf ein Maß zu beschränken, das die Auflösung im Routineverfahren (ca. 2 nm) nicht sichtbar stört. Das Elektronenmikroskop sollte, falls möglich, zur Verringerung der Kontamination der Probe mit Objektraumkühlung betrieben werden.

Bei der Bildinterpretation ist auch für dieses Präparationsverfahren zu bedenken, daß das elektronenmikroskopische Bild die Summe aller Einzelkontraste aus allen Objektebenen darstellt (s. a. 4.2.3).

Biologische Proben, die Partikel unterschiedlicher Masse, Größe oder Zusammensetzung enthalten (z. B. intakte Enzyme und Enzymbruchstücke oder Mitochondrienmembranen und abgelöste ATPase-Bruchstücke) und die auf die relativen oder absoluten Zahlenverhältnisse der Komponenten hin untersucht werden sollen, müssen mit einem Sprühgerät (nebulizer) auf den Trägerfilm gebracht werden. Dabei muß erreicht werden, daß der Inhalt der einzelnen Tröpfchen der Objektlösung oder -suspension quantitativ auf der Trägerfolie anhaftet und auch dort bleibt. Deshalb wird die Negativkontrastierungslösung direkt mit der Objektlösung vermischt und gemeinsam mit ihr versprüht. Dabei ist wichtig, daß die Negativkontrastierungslösung weder den pH-Wert noch die Salzkonzentration in der Objektlösung so stark verändert, daß Ausfällungen in der Lösung oder gravierende Objektschädigungen entstehen können. Uranylacetat und noch stärker Uranylformiat tendieren bei pH-Werten über 5 zur Ausfällung und sind hier nur bedingt geeignet. Deshalb wird in diesem Fall bevorzugt auf pH 7,0 eingestellte Phosphorwolframsäure angewandt, deren Endkonzentration zwischen 0,5 und 1% (w/v) liegen soll. Sind die durch das Sprühverfahren erzeugten Tröpfchen zu groß, kann man kleine Objektpartikel leicht übersehen, da dann das Schwermetallsalz in zu dicker Schicht eintrocknet. Also müssen dann kleinere Tröpfchen erzeugt werden, oder die Schwermetallsalzkonzentration muß gesenkt werden.

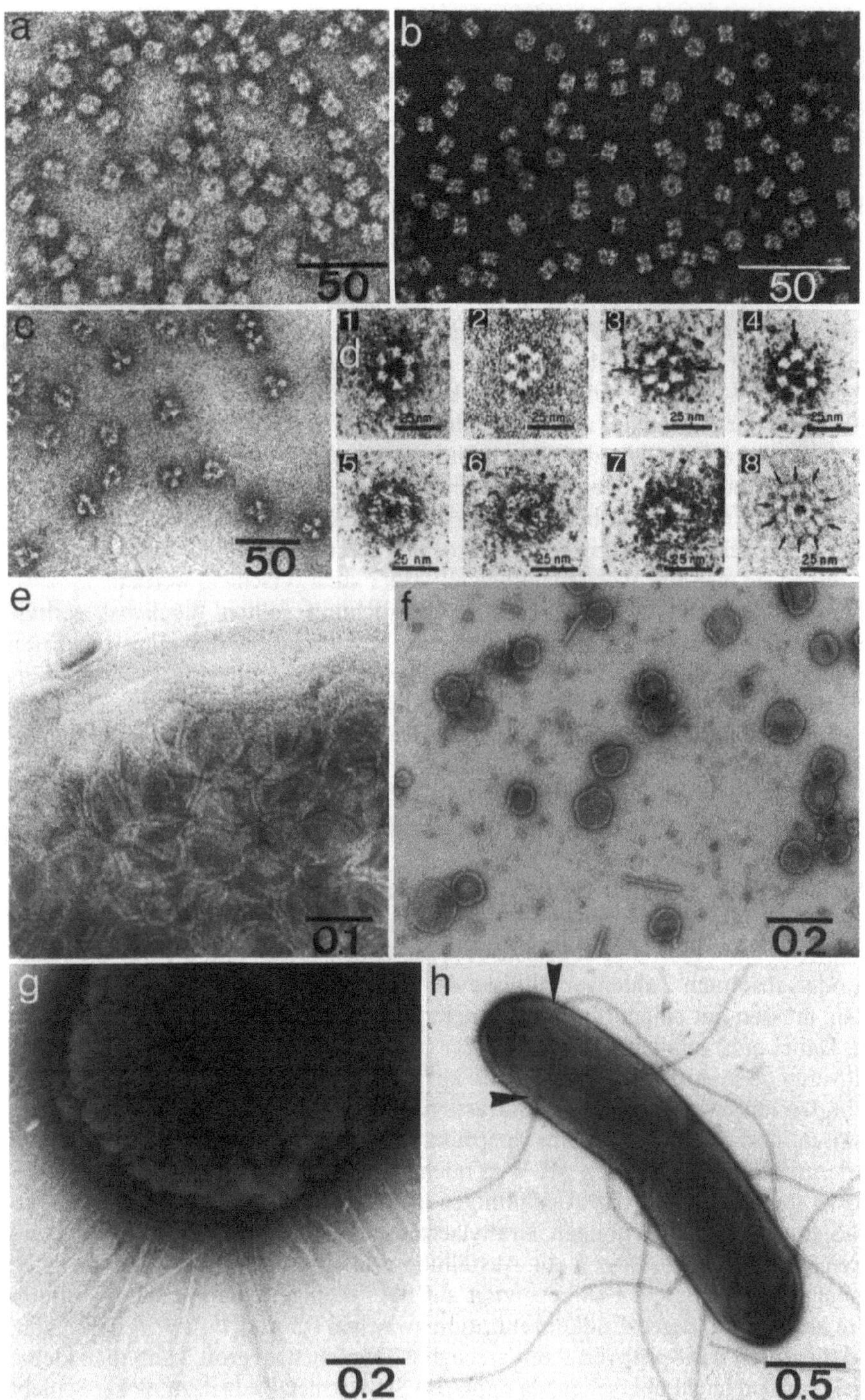

Abb. 2.20 a–h

Anstelle des Sprühverfahrens können auch Tropfen der Objektlösung oder -suspension mit einer feinen Pipette direkt auf den Trägerfilm gesetzt werden. Auch hier kann das kontrastierende Schwermetallsalz bereits in der Objektlösung enthalten sein. Würde man zuerst die Objektlösung auf die Folie aufbringen, leicht antrocknen lassen und dann negativkontrastieren und trocknen, würde das durch zwei Trocknungsschritte eine doppelte Gefahr der artifiziellen Deformation der Objektpartikel bedeuten. Würde man die Probe nach dem Aufbringen nicht etwas antrocknen lassen, sondern nach einigen Sekunden überschüssige Probenflüssigkeit mit Filterpapier absaugen und die Probe anschließend negativkontrastieren, so wäre nicht gewährleistet, daß das ursprüngliche Zahlenverhältnis der in der Probe enthaltenen unterschiedlichen Objektkomponenten erhalten bleibt. Soll ein solches Präparat jedoch nicht quantitativ ausgewertet werden, dann ist dieses Verfahren anwendbar.

Sowohl das Sprühverfahren als auch die zweite beschriebene Variante der Probenapplikation haben einen gravierenden Nachteil: Kurz vor dem endgültigen Eintrocknen der Probe bestehen, bedingt durch den Wasserverlust, sehr hohe Salzkonzentrationen. Sie setzen sich zusammen aus dem Anteil, der durch das eintrocknende Schwermetallsalz beigetragen wird (dieser Anteil ist unvermeidbar) und dem Anteil, der aus der ursprünglichen Probenlösung stammt. Solche hohen Salzkonzentrationen können zu starker Objektschädigung führen. Dieser zweite Anteil kann durch eine häufig angewandte Variante des Negativkontrastierungsverfahrens (nach Valentine et al. 1968) vermieden werden. Hierbei läßt man einen auf Glimmer erzeugten Kohlefilm (Abmessungen ca. 3 × 3 mm, mit der Schere zugeschnitten) auf der Objektlösung oder -suspension abflottieren. Dabei achtet man darauf, daß die

◁──

Abb. 2.20 a, b. Aus Bakterien isolierte Glutaminsynthetasemoleküle nach Negativkontrastierung mit Uranylacetat. Beim Trocknen der Präparate wurde die Negativkontrastierungslösung unterschiedlich stark abgesaugt (**a** stark abgesaugt, **b** wenig abgesaugt). Beide Abbildungen zeigen Einzelmoleküle gleicher Form in unterschiedlichen Lagen relativ zum Elektronenstrahl, so daß unterschiedliche Projektionen zu sehen sind. Der Aufbau der Einzelmoleküle aus Untereinheiten ist erkennbar. Vergrößerungsangaben in nm.
c Isolierte Citratlyasemoleküle nach Negativkontrastierung mit Uranylacetat. Das Enzym kommt in „Ring"- und in „Stern"-form vor (s. a. Abb. 2.25 k und Abb. 4.1 a). Beide Formen setzen sich aus zwei Schichten von Untereinheiten zusammen und bestehen aus sechs großen, sechs mittleren und sechs kleinen Untereinheiten. Vergrößerungsangaben in nm.
d Isolierte BgII-Restriktionsendonukleasemoleküle nach Negativkontrastierung mit Uranylacetat. *1–7.* Die Partikelstruktur ist durch das eingetrocknete Negativkontrastierungssalz „gestützt"; die Partikel zeigen im Vergleich mit *8* einen relativ geringen Durchmesser; das bei *8* gezeigte Partikel ist wegen der geringen Stützwirkung des umgebenden Negativkontrastierungssalzes (beim Trocknen sehr stark abgesaugt) abgeplattet. Alle gezeigten Abbildungen sind Projektionen nur eines Partikeltyps; die in *1–7* zu erkennenden unterschiedlichen Aspekte sind verursacht durch unterschiedliche Lage der Partikel relativ zum Elektronenstrahl. Bei *1–4* und bei *8* ist der Aufbau aus Untereinheiten zu sehen (Johannssen et al. 1979).
e, f Mit Uranylacetat negativkontrastierte Präparate des Bakteriums *Rhodospirillum rubum.* **e** Teil einer abgeplatteten Zelle mit eingeschlossenen photosynthetischen Membranen; **f** isolierte photosynthetische Membranen, verunreinigt durch Geißelbruchstücke. Vergrößerungsangaben in μm.
g Pol einer mit Phosphorwolframsäure negativkontrastierten *Escherichia-coli*-Zelle mit Typ-I-Pili (s. a. Abb. 2.21 a, c). Vergrößerungsangaben in nm. **h** Mit Uranylacetat negativkontrastiertes, in Teilung befindliches Bakterium *Alcaligenes eutrophus* mit peritrich inserierten Geißeln *(Pfeile).* Vergrößerungsangaben in μm

Kohle an einer Kante (dort, wo man den Glimmer mit einer Pinzette anfaßt) noch am Glimmerplättchen haften bleibt. Dadurch kann man die Kohlefolie manipulieren; z.B. „klappt" die Kohle wieder auf den Glimmer zurück, wenn man den Glimmer aus der Objektlösung herauszieht. Partikelkonzentration in der Probe, Partikelmasse und Flottierdauer beeinflussen die Anzahl angehefteter Partikel pro Flächeneinheit auf der Kohlefolie. Flottierzeiten von 10–60 s sollten angestrebt werden. Jetzt kann vor der Übertragung auf die Negativkontrastierungslösung durch leichtes Auftupfen des Glimmerstückchens, auf dem immer noch der Kohlefilm liegt, auf Filterpapier überschüssige Probenlösung abgesaugt werden, ohne daß das Präparat trocken wird. Fixierung und/oder Waschen können durch zusätzliche Flottierschritte auf den entsprechenden Flüssigkeiten durchgeführt werden. Schließlich läßt man den Kohlefilm auf der Schwermetallsalzlösung vollständig abflottieren und läßt das jetzt nicht mehr benötigte Glimmerstück absinken. Der Kohlefilm wird nun von oben oder unten mit einem Trägernetzchen aufgenommen und je nach Bedarf stark oder schwach durch Aufdrücken auf Filterpapier getrocknet. Komplettes Absaugen der Negativkontrastierungslösung ist nicht ratsam, denn es soll so viel dieser Lösung auf der Trägerfolie bleiben, daß ausreichender Kontrast gewährleistet ist und daß die Objektpartikel durch das eingetrocknete Schwermetallsalz „gestützt" werden. Diese Variante ist verständlicherweise nicht anwendbar, wenn zahlenmäßige Erfassung verschiedener Partikel mit unterschiedlichen Eigenschaften angestrebt wird, da der Diffusionsschritt zu Beginn des Verfahrens kleine gegenüber großen Partikeln überproportional häufig erfaßt. Zudem kann nicht davon ausgegangen werden, daß die Anheftung unterschiedlicher Partikel an die Kohlefolie gleich ist. Sollen jedoch gleiche Partikel vergleichend auf ihre Häufigkeit in ähnlichen Lösungen (z.B. Fraktionen einer Anreicherung) analysiert werden, dann ist die Diffusionsvariante wegen ihrer einfachen Durchführung und guten Reproduzierbarkeit sehr geeignet. Beim Auffischen der flottierenden Kohle von unten her kann man anstelle eines unbefilmten Trägernetzchens ein solches verwenden, das mit einer Trägerfolie aus Kohle oder Kollodium versehen ist. So werden die Objektpartikel zwischen zwei Trägerfolien, zusammen mit Negativkontrastierungslösung, eingeschlossen. Durch vorsichtiges Absaugen auf Filterpapier wird dieses „Sandwich" so getrocknet, daß genügend Negativkontrastierungslösung zwischen den beiden Trägerfolien bleibt, um eine starke Objektabplattung zu vermeiden.

Weiterführende Literatur

Johannssen W, Schütte H, Mayer F, Mayer H (1979) Quaternary structure of the isolated Restriction Endonuclease Endo R · BglI from *Bacillus globigii* as revealed by Electron Microscopy. J Mol Biol 134: 707–726
Mayer F, Spiess E (1976) Negativkontrastierung (Film C 1191) Wissenschaftlicher Lehrfilm des IWF Göttingen (Institut für den wissenschaftlichen Film, Nonnenstieg, D-3400 Göttingen) aus der Reihe „Elektronenmikroskopische Präparationsmethoden"
Valentine RC, Shapiro BM, Stadtman ER (1968) Regulation of glutamine synthetase. XII. Electron microscopy of the enzyme from *Escherichia coli*. Biochemistry 7: 2143–2152

2.3.1.3 Verfahren der hochauflösenden Metallschrägbedampfung

Mit diesem Verfahren können neben isolierten Makromolekülen (Proteine, nicht jedoch Nukleinsäuren) auch Partikel bis zur Größe einzelner Zellen untersucht werden (Abb. 2.21 a–c). Zur Kontrastierung der auf die Trägerfolie aufgebrachten Probenpartikel dienen Schwermetalle, wie z. B. Platin, Iridium, Platin-Iridium-Legierungen, Wolfram oder Tantal. Das zur Kontrastierung verwendete Metall wird mit Hilfe eines geeigneten Halters oder aus einem Kohletiegel heraus (Kohle-Metall-Mischbedampfung erhöht die erzielbare Auflösung) im elektrothermischen Verdampfer in Form einer Widerstandsverdampfung im Hochvakuum verdampft. Die Objektträgernetzchen können mit einem käuflichen Halter oder mit doppelseitig klebender Folie auf einer planen Fläche befestigt und zur Verdampfungsquelle orientiert werden. Der Kontrast ergibt sich dadurch, daß die Partikel von dem Metalldampfstrahl unter einem Winkel (eingestellt werden meist Winkel zwischen 30° und 45°) getroffen werden. Dabei kondensiert ein Teil des Dampfstrahls auf der Partikelseite, die dem Verdampfer zugewandt ist, während die abgewandte Seite metallfrei bleibt. Im Elektronenmikroskop erscheint diese „Schattenregion" hell, im Gegensatz zu den Bereichen, die vom Metalldampf getroffen wurden.

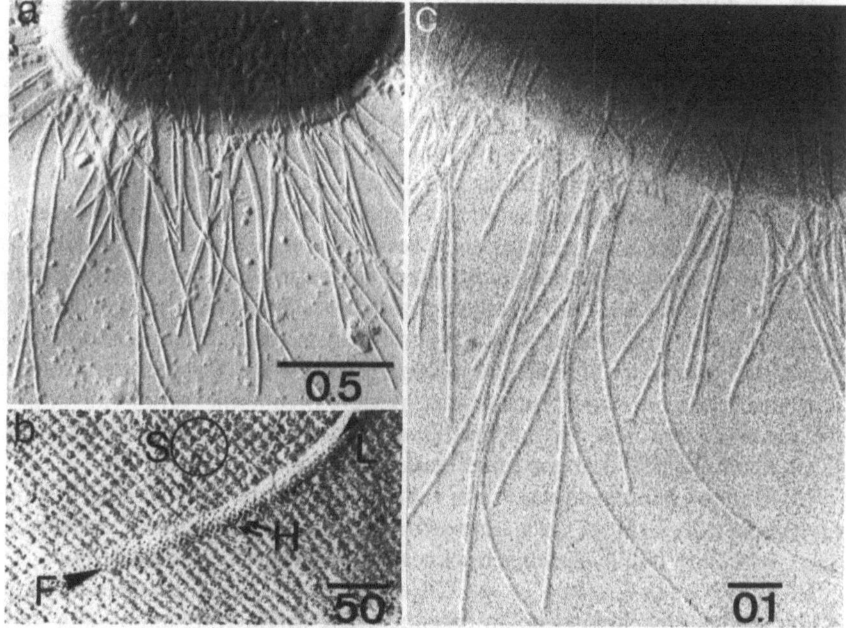

Abb. 2.21 a–c. Metallschrägbedampfungspräparate. **a** Konventionelle Platin-Iridium-Kohle-Mischbedampfung (elektrothermischer Widerstandsverdampfer) einer luftgetrockneten *Escherichia-coli*-Zelle mit Typ-I-Pili. **b** Konventionelle Platin-Iridium-Kohle-Mischbedampfung der Oberfläche eines Bakteriums *(Clostridium aceticum)*, das mit der Gefrierätztechnik präpariert wurde. (Aus Braun et al. 1981). **c** Objekt wie bei **a**; Elektronenstrahlbedampfung (Platin-Kohle). *S* Periodisch gebaute „surface layer"; *F* Geißel mit Feinstruktur (*H* helical angeordnete Flagellinmoleküle; *L* Längsreihen von Flagellinmolekülen). Vergrößerungsangaben in μm (**a** und **c**) bzw. in nm (**b**)

Die erreichbare Auflösung hängt vom Metall und von der Art der Verdampfungsapparatur ab. Konventionelle Anlagen (die oben erwähnten elektrothermischen Verdampfer) arbeiten häufig mit Drähten aus Platin-Iridum-Legierung (80/20, w/w, z. B. 0,1 mm dick), die auf einem dicken Wolframdraht aufgewickelt werden, der die beiden Elektroden verbindet. Die richtige Menge Verdampfungsmaterial wird der Einfachheit halber meist nicht durch Wiegen, sondern durch Abmessen der Länge des Drahts bestimmt. Unter diesen Voraussetzungen können Auflösungen zwischen 4 und 3 nm erreicht werden. Wird ein Metall aus einem Kohletiegel verdampft, so wird ein Teil der Kohle mit absublimiert, trifft auf die Probe auf und kondensiert zusammen mit dem Metall (s. Abb. 2.21 a, b). Die dabei erzielbare etwas höhere Auflösung führt man darauf zurück, daß die Kohle die Bildung von Metallaggregaten auf der Probe vermindert, die im Elektronenstrahl durch die Energiezufuhr erfolgen kann.

Eine zweite Möglichkeit zur Verdampfung von Metallen (und Kohle) bietet die Elektronenstrahlverdampfungseinrichtung. Dabei fungiert das zu verdampfende Metall als Anode, die durch Elektronen erhitzt wird, welche von einer wendelförmigen Kathode auf die Anode konzentriert werden. In der gängigen Praxis ist die Herstellung einer reproduzierbaren Wolfram-Tantal-Mischbedampfung schwieriger als eine Bedampfung mit Hilfe einer Anode, die in Form eines Platinstabs mit umhüllendem Kohlemantel gekauft werden kann. Ein Bedampfungsfilm aus Wolfram-Tantal ist außerdem nur dann längere Zeit haltbar, wenn die Probe bis zur EM im Exsikkator aufbewahrt wird. Ohne diese Maßnahme verliert die Probe schnell an Kontrast. Auflösungen im Bereich von 2 nm sind mit der Elektronenstrahlverdampfungseinrichtung erreichbar; die abdampfenden Metallpartikel sind hierbei kleiner als bei der konventionellen Metallschrägbedampfung, so daß dünnere homogene Aufdampfungsschichten erreicht werden können (s. Abb. 2.22 c).

Die Probenvorbereitung erfolgt wie unter 2.3.1.1 beschrieben; unter 2.3.1.2 ist aufgeführt, wie Probenmaterial auf eine Trägerfolie angeheftet werden kann. Diese ersten Schritte der dort beschriebenen Verfahren werden auch für die Herstellung von Metallschrägbedampfungspräparaten eingesetzt. Beim Sprühverfahren mischt man der Probe anstelle der Negativkontrastierungslösung Glyzerin bei (Konzentrationen müssen, vom Objekt abhängig, optimiert werden). Wichtig ist als abschließender Schritt vor der Metallbedampfung das gründliche Waschen der Probe, denn eingetrocknetes Salz oder Zucker oder größere organische Verunreinigungen aus der Probenlösung, z. B. bei Präparation aus einer Nährlösung heraus, können die klare Abbildung der Probenpartikel stark einschränken.

Durch das Eintrocknen der Probe vor der Metallbedampfung ist mit Partikeldeformationen zu rechnen, die stärker sein können als bei Negativkontrastierung, da eine „stützende" Hülle aus eingetrocknetem Kontrastierungssalz ja fehlt.

Im Elektronenmikroskop ist, im Gegensatz zur Negativkontrastierung, nur der Kontrast der Probenoberseite zu erkennen. Die Bildinterpretation kann dadurch wesentlich erleichtert sein, wie auch durch den Eindruck der Dreidimensionalität, der durch den Schattenwurf erzielt wird. Durch Ausmessen der Schattenbreite (gemessen parallel zur Bedampfungsrichtung) kann, da ja der Bedampfungswinkel bekannt ist, eine Abschätzung der Partikelhöhe vorgenommen werden. Ein so berechneter Wert kann allerdings vom echten Objektdurchmesser deshalb stark abweichen, weil oft die Schattengrenze nicht eindeutig ist, weil die Trägerfolie nicht immer wirklich plan ist (also ist dann der eingestellte Winkel nicht eingehalten) und weil während der Beschattung Metall auf der Probe „aufwächst". Dadurch wird die wirkliche Probenhöhe verfälscht, ganz abgesehen von den oben erwähnten Verformungen durch Eintrocknung.

Modifikationen der (einseitigen) Metallschrägbedampfung sind die zweiseitige Bedampfung (also zwei Bedampfungsquellen, im rechten Winkel zueinander angeordnet) und die Rotationsbedampfung (s. 2.3.2.2).

Weiterführende Literatur

Braun M, Mayer F, Gottschalk G (1981) *Clostridium aceticum* (Wieringa), a microorganism producing acetic acid from molecular hydrogen and carbon dioxide. Arch Microbiol 128: 288–293
Spiess E, Mayer F (1976) Kontrastierung durch Metall-Schrägbedampfung (Film C 1192) Wissenschaftlicher Lehrfilm des IWF Göttingen (Institut für den wissenschaftlichen Film, Nonnenstieg, D-3400 Göttingen) aus der Reihe „Elektronenmikroskopische Präparationsmethoden"

2.3.1.4 Herstellung und Abbildung von zweidimensionalen Proteinkristallen

Bei der elektronenmikroskopischen Analyse isolierter Proteinmoleküle muß mit artifiziellen Verformungen der Probenpartikel gerechnet werden (s. 2.3.1.2 und 2.3.1.3). Besonders anfällig sind einzeln liegende Makromoleküle wie z.B. Enzymkomplexe. Abhilfe kann ein Verfahren schaffen, das darauf beruht, die einzelnen isolierten Proteinmoleküle zu geordneten zweidimensionalen Gruppen zusammenzulagern (Abb. 2.22 a–c). Zweidimensionale Kristalle formen sich unter geeigneten Bedingungen auf der elektronenmikroskopischen Trägerfolie. Eine starke Verminderung der artifiziellen Verformung wird unter diesen Voraussetzungen dadurch gewährleistet, daß sich die Moleküle durch Berührung gegenseitig „stützen". Ein mögliches Verfahren ist das der Mikrodialyse.

Die Probenvorbereitung umfaßt die Bereitstellung des hochgereinigten Proteins in aktivem Zustand (falls es sich um ein Enzym handelt), wobei Ausgangskonzentrationen im Bereich über $1\,\mathrm{mg\,ml^{-1}}$ ratsam sind. Das Volumen der bereitgestellten Probe kann allerdings auf 0,1 ml oder weniger beschränkt sein. Als Trägerfolien (und gleichzeitig als Dialysemembran) dienen dünne Collodiumfolien, die lochfrei hergestellt und auf Typ-400-Kupfernetzchen aufgebracht werden. Sie können mit Kohle stabilisiert werden. Ein kleiner Tropfen (Durchmesser ca. 1 mm oder kleiner) der Proteinlösung (Konzentrationen zwischen 0,2 und $1,5\,\mathrm{mg\,ml^{-1}}$ oder höher sollen probiert werden) wird mit einer feinen Plastikpipettenspitze mit aufgesetztem Gummisauger in die Mitte des befilmten Kupfernetzchens gesetzt. Dabei sollte man das Netzchen mit einer feinen Pinzette halten, ohne es auf eine Unterlage aufzulegen. Zerläuft der Tropfen, ist das Netzchen unbrauchbar und muß verworfen werden. Behält der Tropfen seine Form, dann wird das Netzchen auf die Oberfläche einer geeigneten (s. unten) Pufferlösung gelegt, die sich in einem kleinen abdeckbaren Gefäß (z.B. kleines Gläschen oder Plastikstopfen) befindet. Auch jetzt, bis zum Ende des Versuchs, muß der Tropfen in seiner ursprünglichen Form erhalten bleiben. Nun deckt man das Gefäß ab, erzeugt also eine „feuchte Kammer", und bringt es, falls das Protein Kälte toleriert, für 10–30 min in einen Kühlschrank ($+4\,°C$). Es hat

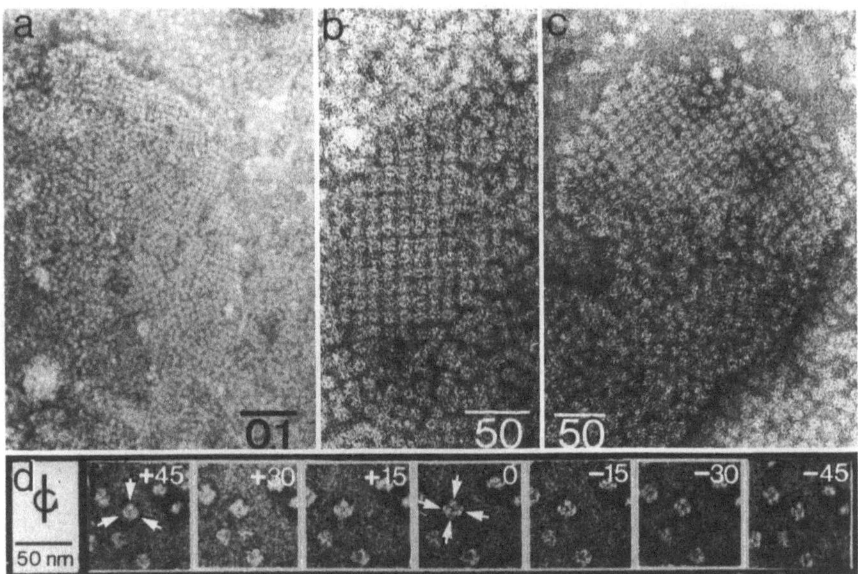

Abb. 2.22 a–d. Künstlich hergestellte zweidimensional angeordnete Aggregate (2-D-Kristalle) des Enzyms Ribulosebisphosphatcarboxylase aus dem Bakterium *Alcaligenes eutrophus.* **a** Eine Gruppe von kleinen 2-D-Kristallen, nicht geordnete (isoliert liegende) Einzelmoleküle und ein ungeordnetes Aggregat *(links)* sind in dieser Übersicht zu erkennen. **b, c** wie **a**, jedoch höhere Vergrößerungen. Negativkontrastierung mit Uranylacetat. Vergrößerungsangaben in μm (**a**) bzw. in nm (**b, c**). **d** Elektronenmikroskopische Kippserie (Winkel und Kippachse sind angegeben) eines Präparats des isolierten Enzyms Pyruvatcarboxylase aus dem Pilz *Aspergillus nidulans.* Je nach Orientierung relativ zum Elektronenstrahl erscheint das tetraederförmige Enzympartikel in dreieckiger (+ 45°) oder rhombusförmiger Projektion. Die Untereinheiten des Enzympartikels sind markiert. Negativkontrastierung mit Uranylacetat (Osmani et al. 1984)

sich gezeigt, daß etwaige Vibrationen des Kühlschranks, hervorgerufen durch Aus- und Einschalten, keinen merklichen Einfluß auf den Kristallisationsvorgang haben. Sinnvollerweise setzt man gleich mehrere Proben an, die man nach unterschiedlichen Zeiten (s. oben) weiterbehandelt, indem das Netzchen, ohne es unterzutauchen, mit einer feinen Pinzette von der Pufferoberfläche abgehoben wird. Anschließend erfolgt ein Waschschritt, indem man die Waschflüssigkeit (Aq. bidest. oder stark verdünnter Puffer) als Tropfen auf das Netzchen setzt und sofort mit Filterpapier absaugt, oder indem man das Netzchen, mit der Präparatseite nach oben, kurz auf Aq. bidest. flottieren läßt. Sofort nach dem Absaugen des Waschwassers setzt man einen Tropfen Negativkontrastierungslösung (s. 2.3.1.2) von oben auf das Netzchen und saugt ihn sofort wieder vollständig mit Filterpapier ab. Nun kann das Präparat im Elektronenmikroskop betrachtet werden.

Zur Dialyse geeignete Puffer müssen durch systematische Variation von Puffertyp, Konzentration und pH-Wert gefunden werden. Es sollte versucht werden, solche Dialysepuffer einzusetzen, von denen bekannt ist, daß sie die Kristallisation des Proteins fördern.

Es ist möglich, daß von einem gegebenen Protein unterschiedliche zweidimensionale Kristalle entstehen, je nach Orientierung der ersten Proteinmoleküle auf der

Trägerfolie. Auch mehrschichtige Aggregate können sich formen. Im letzteren Fall müssen entweder Dialysedauer oder Proteinkonzentration reduziert werden. Statt der Ausbildung regelrechter zweidimensionaler Kristalle können auch mehr oder weniger geordnete zweidimensionale Aggregate entstehen, die durch dichte Pakkung der Proteinpartikel auf der Folie zustande kommen, ohne Bindungen einzugehen. Solche Aggregationen können ebenfalls zu der „Stützwirkung" führen, die oben erwähnt wurde.

Statt mit Negativkontrastierung können die Proben auch mit Hilfe der Metallschrägbedampfung kontrastiert oder mit modernen Techniken wie Glucose-„einbettung" analysiert werden.

Da es sich um periodische Strukturen handelt, können zur Bildanalyse moderne Mittelungsverfahren (s. 4.2.4) eingesetzt werden, wenn es gelingt, ausreichend große Proteinkristalle zu „züchten" (mindestens 10×10 Partikel, besser wesentlich größer).

Weiterführende Literatur

Keegstra W, Bruggen EFJ van (1980) A simple way of making a 2-D-array. In: Baumeister W, Vogell W (eds) Electron microscopy at molecular dimensions. Springer, Berlin Heidelberg New York, pp 318–327

2.3.1.5 Herstellung von „Kippserien"

Zur Erschließung der dritten Dimension eines Objekts können elektronenmikroskopische „Kippserien" angefertigt werden. Mit Hilfe eines Kipptisches (Goniometer) wird das Präparat im Elektronenmikroskop zwischen mehreren aufeinanderfolgenden Belichtungen um definierte Winkel (z.B. $\pm 15°$, $\pm 30°$, $\pm 45°$, $\pm 60°$) relativ zum Elektronenstrahl gekippt. Die entstehende Bildserie gibt von ein- und demselben Objekt verschiedene Projektionen wieder, welche es erlauben, einen Eindruck seiner räumlichen Form zu gewinnen (s. Abb. 2.22 d). Dabei sind einige einschränkende Bedingungen zu beachten, welche die Herstellung einer einwandfreien Kippserie erschweren: Je mehr Elektronen auf das Objekt eintreffen, desto stärker ist die Strahlenschädigung (s. 1.1.1.3). Deshalb sollte man eine Kippserie bei möglichst geringer Vergrößerung und möglichst geringer Strahlenbelastung herstellen. Weiterhin sollte man den gewünschten Kippwinkel nicht bei der Arbeitsvergrößerung, sondern im Übersichtsbild anwählen. Zudem sollte man die Winkeländerungen sehr schnell durchführen, d.h. man sollte bei langsam arbeitendem automatischen Antrieb die Automatik abstellen und durch Handbetrieb ersetzen. Meist ist für starke Kippwinkel eine Korrektur des Astigmatismus vor jeder Aufnahme nötig. Ein Nachfokussieren vor jeder Aufnahme ist für die makromolekulare EM auch bei „euzentrischen" Goniometern erforderlich. Schließlich muß man beachten, daß bei höheren Kippwinkeln das Bild nur entlang einer Linie (entsprechend der Kippachse durch das Objekt) im Fokus ist; seitlich von der Kippachse liegende Objektbereiche sind deutlich über- oder unterfokusiert und können häufig nicht ausgewertet werden.

Weiterführende Literatur

Osmani SA, Mayer F, Marston FAO, Selmes IP, Srutton MC (1984) Pyruvate carboxylase from
  Aspergillus nidulans: Effects of regulatory modifiers on the structure of the enzyme. Eur J Biochem 139: 509–518

2.3.2 Isolierte Nukleinsäuren

2.3.2.1 Problemstellungen

EM an isolierten Nukleinsäuren wird durchgeführt, um Aufschluß zu erhalten über
die Form (linear, covalent geschlossen cirkulär, offen cirkulär) (Abb. 2.23 a, b), über
die Länge und hieraus über das Molekulargewicht oder die Anzahl Basen bzw. Ba-
senpaare, über die Verteilung AT- oder GC-reicher Regionen (z. B. zur Identifizie-
rung von Nukleinsäuren oder Abschnitten des Moleküls) (Abb. 2.23 e, f), über die
Position von Genen und, mit Hilfe vergleichender Untersuchungen, über Basense-
quenzähnlichkeiten unterschiedlicher Nukleinsäuren, d. h. zur Analyse von Mutan-
ten (Abb. 2.23 g, h) oder Untersuchungen unter Evolutionsaspekten.

Abb. 2.23. a Mit der Cytochrom-c-Technik gespreitete DNA-Moleküle (doppelsträngige DNA),
isoliert aus dem Virus SV 40. *I* Covalent geschlossenes cirkuläres Molekül; *II* „offenes" cirkuläres
Molekül. Konventionelle Metall-Rotationsbedampfung (Mayer et al. 1975). **b** Plasmid pBR 322,
partiell durch das Restriktionsenzym SalGI geschnitten; Cytochrom-c-Spreitung. *I* Monomere „offen"-cirkuläre Form; *2* monomere linearisierte Form; *3* dimere linearisierte Form. Konventionelle
Platin-Iridium-Rotationsbedampfung. (Originalaufnahme W. Johannssen).
c, d BAC-Spreitung (s. Text); Elektronenstrahl-Metall-Rotationsbedampfung. **c** Plasmid pGW 10;
artifizielle Moleküldeformationen durch gestörte Spreitung. **d** Mit SalGI linearisiertes Plasmid
pGW 10; meßbarer Durchmesser (markiert) 6 nm. Sehr feinkörniger Hintergrund (vgl. mit **b**) (Originalaufnahmen W. Johannssen).
e, f Partiell denaturierte Doppelstrang-DNA-Moleküle; Cytochrom-c-Spreitung; konventionelle
Metallrotationsbedampfungen (Mayer et al. 1975). **e** Abschnitt der isolierten DNA des Bakteriophagen λ. Einige Strangöffnungen sind markiert. **f** Stark denaturiertes isoliertes cirkuläres DNA-
Molekül des Virus SV 40. Stellen, an denen die beiden Einzelstränge noch nicht getrennt sind, sind
markiert.
g, h Heteroduplexstrukturen; Cytochrom-c-Spreitung; konventionelle Metallrotationsbedampfung
(Originalaufnahmen H. Lünsdorf). **g** DNA-DNA-Heteroduplexstruktur (*1* elektronenmikroskopische Aufnahme; *2* erklärende Zeichnung) aus mitochondrialer, mit einem Restriktionsenzym linea-
risierter DNA der Pilze *Aspergillus nidulans* und *Aspergillus nidulans var. echinulatus.* Die Einzel-
strang-DNA-Schleifen sind an ihrer geringeren Dicke und am reduzierten Kontrast, verglichen mit
Doppelstrang-DNA, zu erkennen. **h** R-loop-Struktur (d. h. RNA-DNA-Heteroduplex, s. Text) auf
einem durch Linearisierung mit einem Restriktionsenzym gewonnenen Abschnitt der mitochondrialen DNA des Pilzes *Aspergillus nidulans.* In der Zeichnung *(2)* ist die in den DNA-Doppelstrang
einhybridisierte mRNA gestrichelt gezeichnet.
i Vergleich der Erscheinungsformen unterschiedlich präparierter und abgebildeter Doppelstrang-
DNA (DNA des Bakteriophagen gd); Spreitungstechnik: *1, 2* Cytochrom-c-Spreitung; *3–5.*
BAC-Spreitungstechnik, Trägerfolien: *1–4* Kohlefolien mittlere Dicke (ca. 5–8 nm) *5* sehr dünne
Kohlefolie, durch Lochfolie stabilisiert. Kontrastierung: *1, 3* konventionelle Metallrotationsbedampfung; *2* unkontrastiert; *4, 5* Positivkontrastierung mit Uranylacetat in Aceton. Aufnahmetechnik: *1, 3, 4:* Hellfeldaufnahmen; *2, 5:* Dunkelfeldaufnahmen. Der geringste Strangdurchmesser,
verbunden mit dem höchsten Kontrast ist in *5* gegeben. Alle Abbildungen haben dieselbe Endver-
größerung (Originalaufnahmen U. Hahn). Vergrößerungsangaben in μm

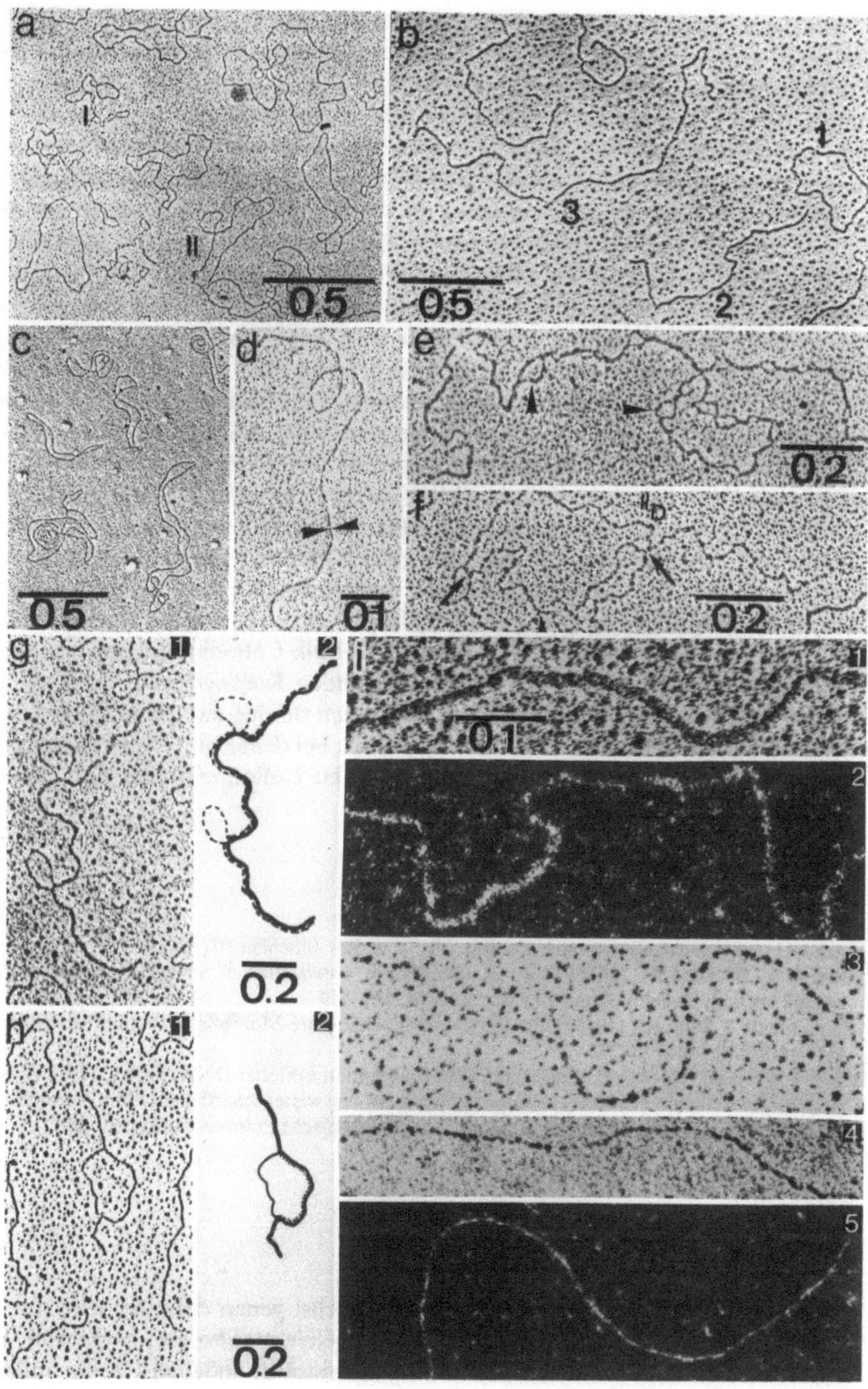

Abb. 2.23 a–i

Alle diese Fragestellungen erfordern eine zuverlässige Messung von Nukleinsäurelängen, seien es doppel- oder einzelsträngige DNA- oder RNA-Moleküle oder Molekülabschnitte. Solche Messungen können wegen artifizieller Formveränderungen dieser im Verhältnis zu ihrer Dicke sehr langen Moleküle weder mit der Negativkontrastierungstechnik noch mit der konventionellen Metallschrägbedampfungsmethode durchgeführt werden. Vielmehr werden Verfahren eingesetzt, die als „Kleinschmidt-Technik" oder Varianten davon bekannt sind. Sie arbeiten mit dem Einsatz eines Proteinfilms (oder, in verschiedenen Modifikationen, der Anwendung anderer Filme, s. 2.3.2.4). Das Prinzip dieser Präparationsmethode beruht darauf, daß die in Lösung vorliegenden Nukleinsäuremoleküle durch Adsorption an einen monomolekularen (Protein-) Trägerfilm (z. B. Cytochrom c) vor mechanischen Schädigungen geschützt werden. Es ist anzunehmen, daß das Cytochrom c nicht nur einen Film bildet, sondern auch an gelöste Nukleinsäuremoleküle bindet und somit mit ihnen Nukleinsäure-Protein-Komplexe bildet, die deutlich dicker sind als die Nukleinsäure allein und somit besser erkennbar werden. Die in Lösung dreidimensionale Form der Nukleinsäure wird in die zweidimensionale übergeführt. Anschließend werden die Nukleinsäuremoleküle unter Erhaltung dieses Zustands zusammen mit dem Hilfsfilm auf einen geeigneten Präparateträger aufgebracht und kontrastiert (Abb. 2.23 i). Zur Erhöhung der Anheftungsrate der Nukleinsäuremoleküle an die Trägerfolie kann die Folie hydrophil gemacht werden (s. dort; 1.4.4). Üblicherweise werden bei der Cytochrom-c-Technik Collodiumträgerfolien ohne Kohleverstärkung eingesetzt. Bei der nachfolgenden Kontrastierung wird zusammen mit dem Metall Kohle aufgedampft; hierdurch werden die Trägerfolien ausreichend stabilisiert. Wird ein Verfahren angewandt, bei dem kein Cytochrom c beteiligt ist, kommen üblicherweise mit Kohle verstärkte Collodiumfolien zum Einsatz.

Weiterführende Literatur

Brack CH (1981) DNA electron microscopy. CRC-Crit Rev Biochem 10 (2): 113–169
Fisher HW, Williams RC (1979) Electron microscopic visualization of nucleic acids and of their complexes with proteins. Annu Rev Biochem 48: 649–679
Kleinschmidt A, Zahn RK (1959) Über Desoxyribonucleinsäure-Molekeln in Protein-Mischfilmen. Z Naturforsch 14b: 770–779
Mayer F, Spiess E (1976) Spreitungstechnik zur Präparation isolierter DNA (Film C 1193) Wissenschaftlicher Lehrfilm des IWF Göttingen (Institut für den wissenschaftlichen Film, Nonnenstieg, D-3400 Göttingen) aus der Reihe „Elektronenmikroskopische Präoperationsmethoden"

2.3.2.2 Probenvorbereitung

Die zu untersuchende Nukleinsäure muß möglichst genau definiert sein, d. h. sie sollte mit anderen Verfahren (z. B. mit Agarosegelelektrophorese) vorgeprüft werden. Außerdem darf die Probe außer der Nukleinsäure möglichst keine anderen Makromoleküle, z. B. Proteine, enthalten. Geringe Konzentrationen an proteinabbauenden Enzymen (Endkonzentrationen im Bereich von 10 $\mu g\,ml^{-1}$) wie Proteinase K oder RNA-spaltenden Enzymen können dann toleriert werden, wenn eine zur

Entfernung von Proteinen übliche wiederholte Phenolbehandlung die Nukleinsäuremoleküle schädigen würde.

Für die spätere Auswertung ist wichtig, daß zur Eichung nötige Standards unter gleichen Bedingungen präpariert werden. Zwar ist bekannt, daß unter genau definierten Bedingungen (Ionenmilieu, speziell Ionenstärke, pH-Wert, Temperatur, Cytochrom-c-Konzentration, Konzentration von Zusätzen wie Formaldehyd oder Formamid) zwischen gemessener Länge und Molekulargewicht ein nahezu linearer Zusammenhang besteht. Trotzdem ist es sehr ratsam, mindestens einige zusätzliche Präparate mit einer Nukleinsäure bekannter Länge (bestimmt möglichst durch Sequenzierung) und gleichen Typs (also z. B. lineare oder offen cirkuläre DNA, je nach vermuteter Form der zu untersuchenden Nukleinsäure) anzufertigen. Ein solcher externer Standard erlaubt durch Längenvergleich mit der zu messenden Nukleinsäure eine ungefähre Längenbestimmung. Besser ist die Vermischung der Probe mit einer Nukleinsäure bekannter Länge und gleichen Typs. Man wählt natürlich für einen solchen internen Standard eine Nukleinsäure, die nicht mit der eigentlichen Probe verwechselt werden kann.

Die Ausgangskonzentration der Nukleinsäure sollte, falls möglich, im Bereich von einigen $\mu g\,ml^{-1}$ sein.

Alle für Nukleinsäureelektronenmikroskopie eingesetzten wäßrigen Lösungen sollten vor der Verwendung durch Filtrieren gereinigt sein (Ausnahme: Lösungen, die bereits Nukleinsäuren enthalten).

2.3.2.3 Spreitungs- und Diffusionstechniken unter Verwendung von Cytochrom c

a) Spreitungsmethode mit Cytochrom c, ohne Formamid

In ein Kunststoffröhrchen werden Ammoniumacetat (Endkonzentration 0,2 M in Aq. bidest., mit 0,001 M EDTA; pH 6,8), das basische Protein Cytochrom c (Endkonzentration 50 $\mu g\,ml^{-1}$, verdünnt aus einer 10fach höher konzentrierten, nach dem Ansetzen filtrierten Stammlösung), Nukleinsäurelösung (Endkonzentration 0,3–0,5 $\mu m\,ml^{-1}$) und schließlich Aq. bidest. einpipettiert. Der Ansatz wird vorsichtig gemischt („Hyperphase").

Die Spreitung wird in einem flachen Trog (z. B. einer Glasschale oder einer Petrischale) durchgeführt. Der Trog wird mit Ammoniumacetatlösung (0,01 M, 0,001 M EDTA, pH 6,8) gefüllt („Hypophase"). Die Ionenstärke der Trogfüllung ist geringer als die des Spreitungsgemisches. Die Oberfläche der Trogfüllung wird zur Reinigung mit einem teflonbeschichteten Metallstab mehrfach abgezogen. Ein fettfreier, sauberer Glasobjektträger wird schräg in den Trog gelehnt. Er dient als Ablauframpe für die Spreitungsmischung. Die Oberfläche der Trogfüllung wird mit Talkum dünn bestäubt. Der Spreitungsvorgang kann dann leicht verfolgt werden, und der Bereich der Oberfläche mit gespreitetem Material ist gut zu erkennen. In eine Pipette wird Spreitungsgemisch aufgesaugt. Beim Ausfließen entsteht ein Tropfen an der Pipettenspitze. Auf die Ablauframpe (Glasobjektträger) gebracht, läuft dieser Tropfen auf die Oberfläche der Trogfüllung ab. Es soll sich dabei ein gleichmäßiges, halbkreisförmiges Spreitungsfeld ausbilden, das mehrere Minuten erhalten bleibt. Durch die Verdrängung des Talkums ist dieses Feld leicht erkennbar. Das Spreitungsfeld wird an einer beliebigen Stelle mit einem mit Collodium befilmten und mit dünner Kohle verstärkten Objektträgernetzchen betupft. Dabei heften sich Proteinfilm und Nukleinsäuremoleküle dieser Stelle an die Oberfläche des Trägerfilms an. Der am Objektträger hängende Tropfen wird durch Auftupfen für einige Sekunden auf Aq. bidest. entfernt. Danach wird das Präparat in 90–95% (v/v) Ethanol entwässert (10–15 s) und zum Trocknen mit der Trägerfolienseite auf Filterpapier gelegt. Auf diese Weise werden von verschiedenen Stellen des Spreitungsfelds mehrere Präparate hergestellt.

Die Kontrastierung solcher Präparate erfolgt durch Metallrotationsbedampfung. Zur Kontrasterhöhung kann eine vorher durchzuführende Positivkontrastierung mit Uranylacetat angewandt werden. In diesem Fall wird die Probe direkt nach der Entfernung des am Trägernetzchen hängenden Tropfens für 30 s in einer Uranylacetatlösung kontrastiert (5×10^{-5} M Uranylacetat, in 90%, v/v, Ethanol; innerhalb 1 h vor Gebrauch verdünnt aus einer wäßrigen Stammlösung, die 5×10^{-3} M Uranylacetat und 50 mM HCl enthält), anschließend in 90% (v/v) Ethanol entwässert (15 s), auf Filterpapier getrocknet und nun erst durch Metallrotationsbedampfung zusätzlich kontrastiert. Werden in der Probe Nukleinsäureeinzelstrangbereiche erwartet, ist es empfehlenswert, auch Proben herzustellen, die nur mit Uranylacetat positivkontrastiert sind und nicht metallbedampft werden. Oft sind so die Einzelstrangbereiche durch ihre deutlich feinere Linienbreite von Doppelstrangbereichen gut unterscheidbar.

Die Metallrotationsbedampfung, eine Modifikation der Metallschrägbedampfung (s. 2.3.1.3), wird üblicherweise folgendermaßen durchgeführt: Im elektrothermischen Verdampfer werden die Elektroden durch einen Wolframdraht verbunden, auf den vorher eine gemessene Menge des zu verdampfenden dünnen Drahts aus Platin-Iridium-Legierung (80/20, w/w) aufgewickelt wurde. Die getrockneten Präparate werden mit Hilfe einer doppelseitig klebenden Folie auf dem Drehteller der Bedampfungsanlage befestigt. Die Fläche des Drehtellers wird so eingestellt, daß sie in einem Winkel von 5° bis 7° zur Bedampfungsrichtung steht. Dadurch werfen selbst geringe Erhebungen auf der Präparatoberfläche gut erkennbare Schatten. Nach Evakuieren auf ca. 10^{-5} torr wird der Drehteller in Rotation versetzt und die Bedampfung durchgeführt. Menge an Legierung, Abstand Verdampferquelle-Präparat, Rotationsgeschwindigkeit, Stromstärke während der Bedampfung und Dauer der Bedampfung müssen ausprobiert werden. Die elektronenmikroskopische Betrachtung und Aufnahme sollten bei 40 oder 60 kV Beschleunigungsspannung (wegen des höheren Kontrasts im Vergleich zu 80 oder 100 kV) und geeichten Vergrößerungen im Bereich zwischen 5000 × und 12 000 × erfolgen.

b) Spreitungsmethode mit Formamid

Diese Technik gilt als Weiterentwicklung der unter a) beschriebenen Methode. Formamid hebt zufällige Basenwechselwirkungen auf, mit dem Ergebnis, daß die Nukleinsäuren besser gespreitet und ausgemessen werden können. Weiter wird üblicherweise beobachtet, daß Formamid den erreichbaren Kontrast erhöht.

Vorbereitung der Spreitung:

Glasobjektträger werden mit Aceton gereinigt und getrocknet; die Objektträger werden dann zu zwei Drittel in eine 0,25 M Ammoniumacetatlösung getaucht und zum Abtropfen auf Filterpapier gestellt.

Hyperphase (Spreitungslösung):

- 10 µl Puffer (1 M TRIS-HCl, pH 8,5; 0,1 M EDTA)
- 10 µl Cytochrom-c-Lösung (500 µg ml^{-1} in Aq. bidest.)
- 5 µl Nukleinsäurelösung (5 µg ml^{-1} 0,1 OD$_{260nm}$)
- 25 µl Aq. bidest.
- 50 µl Formamid (reinst, durch Umkristallisation gereinigt).

Die Spreitungslösung wird vorsichtig gemischt und unmittelbar danach gespreitet.

Hypophase (Trogfüllung):

Für die Spreitung dient Aq. bidest. als Hypophase. Eine große Glasschale (s. oben) wird zur Hälfte mit Wasser gefüllt, und einer der vorbereiteten Glasobjektträger wird zu zwei Drittel eingetaucht und schräg an die Wand der Schale gelehnt. Bei der Spreitung kann auf Talkum verzichtet werden. Es ist ratsam, diejenigen Bereiche des Spreitungsfilms mit befilmten Objektträgernetzchen abzutupfen, die nahe an der Ablauframpe liegen.

c) „Tröpfchenmethode" (Mikrodiffusionsmethode)

Geringe Mengen an Nukleinsäure (ca. 10^{-10}–10^{-11} g) reichen aus, um reproduzierbare Meßwerte zu erhalten. Dieses Verfahren hat seine Bezeichnung dadurch erhalten, daß man kleine Tropfen (Volumen ca. 0,04 ml) auf eine wasserabstoßende ebene Oberfläche, z. B. Parafilm, setzt. Die Tröpfchenlösung setzt sich folgendermaßen zusammen (und wird aus ihren Komponenten in der angegebenen Reihenfolge zusammenpipettiert):

- Aq. bidest.	$1,00 - (\times + 0,18)$ ml
- 2 M Ammoniumacetat mit 0,01 M EDTA, pH 7,0	0,10 ml
- 0,01% Cytochrom c in Aq. bidest., kurz vorher aus Stammlösung verdünnt	0,03 ml
- 3,5% (v/v) Formaldehyd	0,05 ml
- Nukleinsäure zur Endkonzentration von 0,1 µg ml^{-1}	$\times$
	1,00 ml

Statt Formaldehyd kann gereinigtes Formamid (s. 2.3.2.3 b) in unterschiedlichen Endkonzentrationen eingesetzt werden. Entsprechend ist dann die Menge an Aq. bidest. zu ändern. Der Ansatz wird vorsichtig, aber gründlich gemischt. Tröpfchen werden auf eine hydrophobe Oberfläche gesetzt, abgedeckt und für ca. 15 min erschütterungsfrei inkubiert. Danach wird die Oberfläche jedes Tröpfchens einmal senkrecht von oben mit je einem Collodium-Kohle-Netzchen betupft. Weiterbehandlung wie unter a) beschrieben.

Weiterführende Literatur

Ferguson J, Davis RW (1978) Quantitative electron microscopy of nucleic acids. In: Köhler JE (eds) Advanced techniques in biological electron microscopy II. Springer, Berlin Heidelberg New York, pp 123–171

Inman RB (1967) Some factors affecting electron microscopic length of DNA. J Mol Biol 25: 209-216
Kleinschmidt AK (1968) Monolayer technique in electron microscopy of nucleic acid molecules. Methods Enzymol 12 B: 361-377
Lang D, Mitani M (1970) Simplified quantitative electron microscopy of biopolymers. Biopolymers 9: 373-379
Wellauer PK, Weber R, Wyler T (1973) Electron microscopial study on the influence of the preparative conditions on contour length and structure of mitochondrial DNA of mouse liver. J Ultrastruct Res 42: 377-393

2.3.2.4 „BAC-Technik"

Statt Cytochrom c kann als Hilfsfilm auch ein BAC-Film als Spreitungshilfe eingesetzt werden (Abb. 2.24 a, b). In der Praxis stellt sich immer wieder heraus, daß diese Modifikation schwieriger durchzuführen ist als die konventionelle Cytochrom-c-Spreitung. Störend wirken v. a. Streckungseffekte, welche es unmöglich machen können, die Nukleinsäurelänge zu messen.

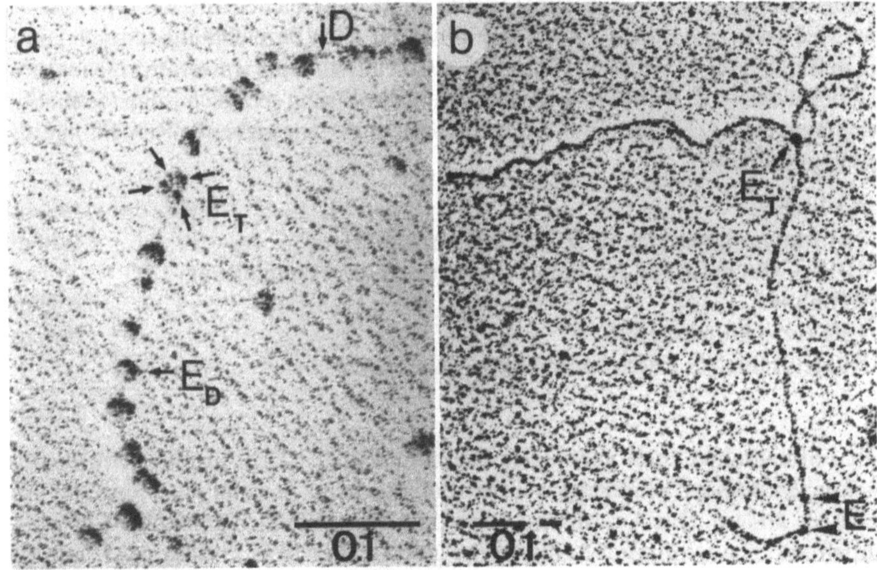

Abb. 2.24 a, b. Doppelstrang-DNA (Plasmid pGW 10, linearisiert mit SalGI) - Restriktionsenzym EcoRI - Komplexe; BAC-Spreitung; Elektronenstrahl-Metall-Rotationsbedampfung. **a** Komplexierung in Anwesenheit von Mg^{2+}; sehr dichter Partikelbesatz (unspezifische Bindung). *D* DNA-Molekül; E_D EcoRI als Dimeres (geringer Durchmesser); E_T EcoRI als Tetrameres (großer Durchmesser). Die Untereinheiten des (tetrameren, tetraederförmigen) gebundenen Enzymmoleküls E_T sind markiert. **b** Komplexierung in Abwesenheit von Mg^{2+}. Geringer Partikelbesatz *(Pfeile, E* und E_T*): EcoRI* - sitespezifische Bindung (Sequenz AATT). Das mit E_T bezeichnete Enzympartikel liegt als Tetrameres vor (Größe!); es ist aus zwei Dimeren aufgebaut, die je eine Bindungsstelle für DNA haben. Somit hat E_T zwei DNA-Bindungsstellen, die im vorliegenden Fall an zwei Abschnitte eines DNA-Moleküls gebunden haben und eine DNA-Schleife bewirken (Originalaufnahme W. Johannssen). Vergrößerungsangaben in µm

Die BAC-Technik kann als Tröpfchenmethode (s. 2.3.2.3.3) durchgeführt werden. Die Tröpfchenlösung (zunächst ohne Nukleinsäure) hat folgende Zusammensetzung:

- Aq. bidest.	2,98 ml
- 2 M Ammoniumacetat mit 0,01 M EDTA; pH 7,0	15 µl
- BAC-Stammlösung	3 µl

BAC-Stammlösung:

20 mg BAC (40% Benzyldimethyldodecylammoniumchlorid, 60% Benzyldimethyltetradecylammoniumchlorid) werden in 10 ml Formamid (reinst) gelöst, das durch Umkristallisation gereinigt wurde.

Alle für die Herstellung der Tröpfchenlösung eingesetzten Stammlösungen werden vor Gebrauch durch eine hochtourige Zentrifugation (z. B. mit der Airfuge, Beckman, in einem A-100 Rotor) von groben Partikeln befreit.

Zu 100–200 µl der Tröpfchenlösung werden nun, je nach gewünschter Anzahl Nukleinsäuremoleküle pro Flächeneinheit auf dem Trägernetzchen, 0,5–5 µl Nukleinsäurelösung mit einer Nukleinsäurekonzentration zwischen 2 und 20 µg ml^{-1} zugegeben.

Nach vorsichtigem Mischen wird weiter verfahren wie unter 2.3.2.3 c beschrieben.

Als Trägerfolien werden, um Streckungen und andere artifiziellen Verformungen der Nukleinsäuremoleküle weitestgehend zu vermeiden, solche Folien eingesetzt, die mit Ethidiumbromid behandelt wurden. Damit kann die Hydrophilie der Trägerfolienoberfläche standardisiert werden. Herstellung: s. 1.4.3.

Weiterführende Literatur

Vollenweider HJ, Sogo JM, Koller T (1975) A routine method for protein-free spreading of double- and singlestranded nucleic acid molecules. Proc Natl Acad Sci USA 72: 83–87

2.3.2.5 *Partielle Denaturierung, Heteroduplex- und R-loop-Techniken*

a) Partielle DNA- oder RNA-Doppelstrangdenaturierung

Das Verfahren beruht darauf, daß die Doppelstrangnukleinsäure vor der Spreitung Bedingungen ausgesetzt wird, welche dazu führen, daß (im Fall von DNA) bevorzugt AT-Basenpaarbindungen (H-Brücken) geöffnet („aufgeschmolzen") werden; Bindungen zwischen den Basen G und C gehen unter diesen Bedingungen mit geringerer Wahrscheinlichkeit vollkommen und im Elektronenmikroskop beobachtbar auf. Somit können AT-reiche Abschnitte durch Umformung des Doppelstrangs in zwei Einzelstränge von GC-reichen Abschnitten unterschieden werden. Zusätzlich muß bei der Versuchsdurchführung dafür gesorgt werden, daß geöffnete Nukleinsäureabschnitte solange offen bleiben, bis das fragliche Molekül an der Trägerfolie des Objektträgernetzchens adsorbiert ist. Um den Schmelzvorgang bei relativ niedriger Temperatur durchführen zu können, wird bei geringer Ionenstärke des Puffers und unter Zugabe von Dimethylsulfoxid oder Formamid geschmolzen.

Folgender Versuchsansatz kann befolgt werden (er gilt für GC-Gehalte von Doppelstrang-DNA im Bereich von 54–61%; je höher der GC-Gehalt, desto höher ist die Schmelztemperatur zu wählen).

In einem Plastikröhrchen werden zusammengemischt (Endkonzentrationen):
- 0,045 M Natriumphosphatpuffer, pH 7,0, mit Aq. bidest. hergestellt
- 23,5% (v/v) Dimethylsulfoxid (Vorsicht: Lösung wird warm!)
- 4,5% (v/v) Formaldehyd
- 5–20 μg ml^{-1} DNA, je nach Verfügbarkeit.
Gesamtvolumen zwischen 0,1 und 1 ml.
Statt Formaldehyd kann gereinigtes Formamid (s. 2.3.2.3 c) in unterschiedlichen Endkonzentrationen eingesetzt werden.

Nach vorsichtigem Mischen wird die Probe für 3–8 min im Wasserbad auf einer Temperatur im Bereich zwischen 53° und 56 °C gehalten, dann auf Eis gekühlt und sofort mit einer geeigneten Präparationsmethode, z. B. der schnellen und einfachen Tröpfchentechnik, gespreitet und wie oben beschrieben weiterbehandelt. Dabei muß darauf geachtet werden, daß die Nukleinsäurekonzentration in der Tröpfchenlösung durch entsprechende Verdünnung der Probe, in der geschmolzen wurde, den Vorschriften gemäß (s. 2.3.2.3 c) eingestellt wird. Je höher die Konzentration der DNA in der Schmelzlösung war, desto stärker kann sie für die Tröpfchenlösung verdünnt werden; gleichzeitig werden dann dabei auch die anderen Komponenten der Schmelzlösung (Dimethylsulfoxid und Formaldehyd bzw. Formamid) stärker verdünnt, mit dem Ergebnis, daß sie die Zusammensetzung der Tröpfchenlösung weniger stark verfälschen.

b) Heteroduplextechniken

Voraussetzung für die Herstellung von Nukleinsäureheteroduplexmolekülen ist das komplette Aufschmelzen der Ausgangsdoppelstränge in Einzelstränge. Dann müssen in einer Mischung der zu paarenden Einzelstränge Bedingungen gewählt werden, die dazu führen, daß Nukleinsäureeinzelstrangabschnitte mit Basensequenzhomologie durch Ausbildung von H-Brückenbindungen zu Doppelsträngen vereinigt werden. Abschnitte ohne ausgeprägte Basensequenzhomologien, auch wenn sie innerhalb von gut „passenden" Nukleinsäureabschnitten liegen, bilden keine Doppelstränge aus und sind als Einzelstränge im Elektronenmikroskop zu erkennen (Abb. 2.23 g). Wenn es nicht möglich ist, die gewünschten Einzelstränge der beiden zu vergleichenden Nukleinsäuredoppelstränge nach dem Aufschmelzen von ihren ursprünglichen Partnersträngen zu trennen, werden nach erfolgter Doppelstrangausbildung neben Hybriddoppelsträngen mit hoher Wahrscheinlichkeit auch die Ausgangsdoppelstrangmoleküle wieder aufzufinden sein. Das bedeutet, daß die Suche nach Hybridmolekülen zeitaufwendig sein kann.

1. DNA-DNA-Hybridisierung

Sowohl für die hier beschriebene Hybridisierungsreaktion als auch für die folgenden Hybridisierungstechniken werden bevorzugt silikonisierte Eppendorf-Reaktionsgefäße verwendet, um Affinitäten der Nukleinsäuren mit dem Wandmaterial zu vermeiden. Die Silikonisierung kann entweder mit 1% (v/v) Dichlordimethylsilan in Benzol durchgeführt werden, oder man verwendet eine Silikonlösung der Fa. Sigma (Sigmacote SL-2), die nach Vorschrift gefahrlos verarbeitet werden kann.

Für die Hybridisierung wird ein Formamidpuffer hoher Ionenstärke benutzt (0,1 M TRIS-HCl, pH 8,0; 0,01 M EDTA; 0,5 M NaCl; 40%, v/v, Formamid, einmal umkristallisiert). Die Endkonzentration der jeweiligen DNA-Moleküle soll im Bereich von 0,2 μg ml^{-1} liegen. Der Hybridisierungsansatz (50 μl) wird mit einigen Tropfen dickflüssigem Paraffin überschichtet, um Verdunstung zu verhindern. Die Probe wird 5 min auf 90 °C erhitzt, um die DNA vollständig zu denaturieren. Darauf folgt eine Inkubation bei 37 °C für 2 h im Wasserbad, wobei die Temperatur möglichst auf 0,1 °C genau eingehalten werden sollte. Die Hybridisierungsreaktion wird durch Überführung des Reaktionsgefäßes in ein Eisbad beendet. Anschließend folgen die Spreitung und die Weiterbehandlung.

Alternativ kann folgendes Verfahren eingesetzt werden: In einem Ansatzvolumen von 30 μl werden die zu untersuchenden DNA-Moleküle (Endkonzentration 0,3 μg ml^{-1}) bei Anwesenheit von 0,1 M NaOH und 0,02 M EDTA (pH 8,5) für 10 min bei Raumtemperatur unter leichtem Schütteln denaturiert. Durch Zugabe von 3 μl 2 M TRIS-HCl, pH 7,2, zum Denaturierungsansatz wird die Lösung neutralisiert. Dieses Volumen wird nun auf 60% (v/v) (Endkonzentration) Formamid und auf 0,2 M Na$^+$ eingestellt. Bei 32,5 °C erfolgt die Hybridisierung für 1 h. Die Reaktion wird auf Eis gestoppt. Anschließend folgen Spreitung und Weiterbehandlung.

2. DNA-RNA-Heteroduplexstrukturen

Als Puffersystem wird 0,1 M TRIS oder PIPES (Piperazin-N,N'-bis-(2-ethansulfon-säure-)NA$_{1,4}$) verwendet, um eine hohe Pufferkapazität zu gewährleisten. Das ist nötig, weil schlecht gepufferte Formamidlösungen eine Tendenz zum Absinken des pH-Werts zeigen. Hier muß ein pH-Wert von 8,0 eingehalten werden. Der Reaktionsansatz von 100 μl sollte eine DNA-Endkonzentration von 3 μg ml^{-1} haben. Die RNA-Endkonzentration wird um das 5- bis 8fache höher eingestellt, um eine quantitative Hybridisierung bei minimaler DNA-DNA-Renaturierung zu erhalten. Zunächst wird die DNA (ohne Anwesenheit der RNA) im Reaktionsansatz auf 70 °C erhitzt. Bei Erreichen dieser Temperatur wird die RNA zugegeben. Der Ansatz wird für 10 min bei 70 °C gehalten, um die Denaturierung abzuschließen. Zur Erzeugung der Heteroduplexmoleküle wird anschließend bei 57°–62 °C inkubiert. Dieser Schritt kann 30 min, aber auch wesentlich länger dauern, was durch Entnehmen von Aliquots und Spreitung getestet werden muß.

3. DNA-RNA-Hybridisierung zur Ausbildung von R-loop-Strukturen

Als DNA dienen isolierte DNA-Fragmente, gewonnen z. B. durch Einsatz von Restriktionsendonukleasen, oder andere DNA-Moleküle, auf denen die Positionen von Genen mit Hilfe der entsprechenden mRNA-Moleküle lokalisiert werden sollen. Die spezifischen mRNA-Moleküle sollten demzufolge in möglichst reiner Form zur Verfügung stehen. Das Prinzip des Verfahrens beruht darauf, daß die DNA zunächst denaturiert wird. Dann wird die RNA zugegeben, und es werden Renaturierungsbedingungen eingestellt. Ist der Überschuß an RNA hoch genug, dann werden sich relativ häufig RNA-Moleküle an die entsprechenden DNA-Abschnitte binden und somit einen RNA-DNA-Doppelstrangabschnitt ausbilden. Im Verlauf der Inkubation ist die Wahrscheinlichkeit unter den eingestellten Bedingungen (s. unten) jedoch hoch, daß sich ein komplementärer DNA-Einzelstrang zu diesem RNA-DNA-Hybridmolekül findet, dessen RNA-freie DNA-Einzelstränge ja noch bindungsfähig sind. So können sich die freien DNA-Einzelstrangbereiche der beiden Moleküle verbinden. Dort, wo RNA gebunden ist, kann natürlich keine Bindung zwischen den beiden DNA-Einzelsträngen ausgebildet werden. Der entsprechende DNA-Abschnitt des hinzugekommenen DNA-Einzelstrangs bleibt also einzelsträngig und formt eine im Elektronenmikroskop erkennbare R-loop-Struktur (s. Abb. 2.3.5 h). Durch Ausmessen von Länge und Position dieses „loops" kann somit eine Genlokalisation durchgeführt werden.

Die Versuchsbedingungen sind ähnlich wie diejenigen für die Ausbildung von RNA-DNA-Heteroduplexmolekülen (s. oben). Es wird ein Puffer mit hoher Kapazität verwendet (0,1 M PIPES, s. oben, oder TRIS-HCl; 0,01 M EDTA) und bei hoher Kationenkonzentration (0,3-0,4 M NaCl) gearbeitet. Die Formamidendkonzentration wird auf 70% eingestellt. Die Denaturierung der DNA erfolgt bei 70 °C innerhalb von 10 min. Dann wird die Inkubationstemperatur, die sich im Bereich zwischen 45° und 55 °C befinden sollte, eingestellt. Ist sie erreicht, wird dem Ansatzvolumen (maximal 100 µl) die RNA zugegeben. Nun wird die Probe, wie unter 2.3.2.5.b beschrieben, mit Paraffin versiegelt und nach Beendigung der Inkubation wie dort weiterbehandelt.

Allgemein gilt für RNA-DNA-Hybridisierungen, daß die Hybridbildungsrate primär abhängig ist von der RNA-Konzentration. Bei einem Konzentrationsverhältnis von hybridisierungsfähiger RNA zu DNA von 1 bis 2 sind Inkubationszeiten zwischen 30 und 90 min zu erwarten, während bei einem Verhältnis kleiner als 1 zwischen 4 und 30 h inkubiert werden muß. Für eine gegebene DNA liegt der für die Ausbildung von R-loop-Strukturen optimale Temperaturbereich für die Inkubation um ca. 6°-8 °C niedriger als für die RNA-DNA-Heteroduplexbildung.

Bei der elektronenmikroskopischen Durchmusterung von RNA-DNA-Heteroduplexproben und R-loop-Proben stellt man immer wieder fest, daß der Hintergrund der Proben durch RNA stark belegt sein kann. Dann hat man Schwierigkeiten, die eigentlich interessanten Moleküle zu erkennen und auszumessen. Tritt ein solcher Fall ein, dann sollte vor der Spreitung, direkt nach der Inkubation, eine Isolierung und Konzentrierung der Heteroduplex- oder R-loop-Moleküle durchgeführt werden. Man kann dazu eine chromatographische Trennungsmethode einsetzen, die folgendermaßen arbeitet:

Als Trennsäule wird ein silikonisiertes Glasrohr (Silikonisierung: s. 2.3.2.5.b) mit einem Innendurchmesser von 0,6 cm und einer Länge von 32 bis 35 cm verwendet. Als Füllung dient autoklavierte Sepharose CL-2B (Pharmacia) mit einem Trennbereich von 0,7 bis 30 Md für globuläre Partikel, bei einer Gelbetthöhe von 30 cm.

Säulenpuffer: −0,01 M TRIS-HCl, pH 7,5, mit Aq. bidest. hergestellt
              −0,001 M EDTA
              −0,8   M NaCl.

Die Sepharose wird auf der Säule mit 15 ml sterilem Säulenpuffer äquilibriert. Die Flußrate sollte im Bereich von 9 mlh^{-1} bei einem Arbeitsdruck von 35 cm Wassersäule liegen. Das optimale Auftragsvolumen ist 100-150 µl mit 25-100 µg Nukleinsäuregemisch. Die zu einem hohen Prozentsatz aus DNA bestehenden RNA-DNA-Heteroduplex- oder R-loop-Moleküle laufen unter diesen Trennbedingungen mit dem Ausschlußvolumen, die RNA jedoch nicht. So können die Nukleinsäurespezies voneinander getrennt werden. Die eluierten Heteroduplex- oder R-loop-Moleküle können direkt für die elektronenmikroskopische Präparation eingesetzt werden.

Weiterführende Literatur

Bujard H (1970) Electron microscopy of single-stranded DNA. J Mol Biol 49: 125–137
Chow LT, Broker TR (1978) The spliced structures of adenovirus 2 fiber message and the other late mRNAs. Cell 15: 497–510
Chow LT, Roberts JM, Lewis JB, Broker TR (1977) A map of cytoplasmic RNA transcripts from lytic adenovirus type 2, determined by electron microscopy of RNA: DNA hybrids. Cell 11: 819–836
Davis RW, Simon M, Davidson N (1971) Electron microscope heteroduplex methods for mapping regions of base sequence homology in nucleic acids. Methods Enzymol 21: 413–428
Inman RB (1966) A denaturation map of the λ phage DNA molecule determined by electron microscopy. J Mol Biol 18: 464–476
Küntzel H, Köchel HG, Lazarus CM, Lünsdorf H (1982) Mitochondrial genes in *Aspergillus*. In: Slonimsky P, Borst P, Attardi G (eds) Mitochondrial genes. Cold Spring Harbor Laboratory, Cold Spring Harbor, pp 391–403
Lünsdorf H (1981) Elektronenmikroskopische Transkriptionskartierung des mitochondrialen Genoms aus *Aspergillus nidulans*. Dissertation, Göttingen
Mayer F, Mazaitis AJ, Pühler A (1975) Electron microscopy of Simian Virus 40 DNA configuration under denaturation conditions. J Virol 15: 585–598
Rosbash M, Blank D, Fahrner K, Hereford L, Ricciardi R, Roberts B, Ruby S, Woolford J (1979) R-looping and structural gene identification of recombinant DNA. Methods Enzymol 68: 454–469
Wehlmann H, Eichenlaub R (1981) Analysis of transcripts from plasmid mini-F by electron microscopy of R-loops. Plasmid 5: 259–266
Wellauer PK, Dawid IB (1977) The structural organization of ribosomal DNA in *Drosophila melanogaster*. Cell 10: 193–212

2.3.3 Nukleinsäure-Protein-Komplexe

2.3.3.1 Vorbereitung der Probenkomponenten

a) Nukleinsäure

Die Nukleinsäure muß in reiner Form, in ausreichender Menge und in einer Konzentration vorliegen (im Bereich von 5 bis 10 µg ml^{-1}), die mehrfache Verdünnungen erlaubt, ohne daß die für die Spreitung optimalen Konzentrationen unterschritten werden.

b) Protein

Die Proteinkomponente (z. B. DNA-abhängige RNA-Polymerasen, Repressormoleküle, Restriktionsendonukleasen) muß ebenfalls in reiner Form, in ausreichender Konzentration und Menge und in einem Puffer vorliegen, der frei von SDS oder anderen die Spreitung behindernden Agenzien ist.

Handelt es sich um Nukleasen, dann muß zur Analyse des Bindungsverhaltens das „Binden" experimentell vom „Schneiden" getrennt werden können. Die Bedingungen hierfür müssen vor der elektronenmikroskopischen Präparation bekannt sein. In allen zu untersuchenden Fällen muß das Ionenmilieu, in dem Bindungen zwischen Nukleinsäure und Protein zu erwarten sind, durch Vorversuche geklärt werden. Das trifft speziell auf (dem Puffer zuzusetzende) Ionen wie Mg^{2+} oder andere Komponenten zu, die das Bindungsverhalten stark beeinflussen.

2.3.3.2 Herstellung und Kontrastierung von Nukleinsäure-Protein-Komplexen

Um Bindung von Protein an Nukleinsäure zu erhalten, wird im entsprechenden Ionenmilieu (s. oben) eine Mischung aus Protein und Nukleinsäure inkubiert. Das kann bei Raumtemperatur oder bei höheren Temperaturen erfolgen. Mengenverhältnisse der beiden Komponenten der angestrebten Komplexe, Inkubationsdauer und -temperatur müssen durch systematische Variation optimiert werden. Nach Beendigung der Inkubation werden Aliquots entnommen und sofort mit Hilfe der BAC-Technik (s. 2.3.1.3) gespreitet und mit Hilfe einer hochauflösenden Metallrotationsbedampfung (Pt-Ir-Legierung, mit Kohle zusammen mit Hilfe einer Elektronenstrahlverdampfungseinrichtung; s. 2.3.1.3) kontrastiert. Im Vergleich zu Cytochrom c behindert BAC die Erkennbarkeit der an die Nukleinsäure gebundenen Proteine erheblich weniger (s. Abb. 2.24 a, b).

Versuche zur Stabilisierung der Komplexe mit Hilfe einer Fixierung (Zusatz von Formaldehyd, Endkonzentration 0,1%, v/v) im Anschluß an die abgeschlossene Inkubation (Fixation bei Inkubationstemperatur für 10 min) zeigten, daß die Komplexe bei sehr starker Besetzung der Nukleinsäure mit Protein durch Verknäuelung der Nukleinsäuren und Bindungen zwischen den Proteinmolekülen nicht mehr ausmeßbar waren. Sitzen nur wenige Proteinmoleküle auf einem vergleichsweise langen Nukleinsäuremolekül, dann sind solche artifiziellen Formveränderungen nicht zu befürchten.

Weiterführende Literatur

Chrysogelos S, Griffith J (1982) *Escherichia coli* single-strand binding protein organizes single-stranded DNA in nucleosome-like units. Proc Natl Acad Sci USA 79: 5803–5807

Gomez B, Lang D (1972) Denaturation map of bacteriophage T 7 DNA and direction of DNA transcription. J Mol Biol 70: 239–251

Hamkalo BA, Miller OL (1973) Electronmicroscopy of genetic activity. Annu Rev Biochem 42: 379–396

Hirsch J, Schleif R (1976) High resolution electron microscopic studies of genetic regulation. J Mol Biol 108: 471–490

Johannssen W (1981) Strukturuntersuchungen an der isolierten Restrictionsendonuclease EcoRI und an Komplexen von DNA mit den Restrictionendnucleasen EcoRI und SalI. Dissertation, Göttingen

Koller T, Kübler O, Portmann R, Sogo JM (1978) High resolution physical mapping of specific binding sites of *Escherichia coli* RNA polymerase on the DNA of bacteriophage T 7. J Mol Biol 120: 121–131

Zingsheim HP, Geisler N, Mayer F, Weber K (1977) Complexes of *Escherichia coli* lac-repressor with non-operator DNA revealed by electron microscopy: Two repressor molecules can share the same segment of DNA. J Mol Biol 115: 565–570

2.4 Immunelektronenmikroskopie (IEM)

2.4.1 Voraussetzungen

2.4.1.1 Antigene

Ziel der IEM ist es, spezifische Regionen in Geweben oder Zellen, an Komponenten in Zellfraktionen oder an Makromolekülen zu identifizieren und zu lokalisieren. Dabei soll in der Regel eine räumliche Zuordnung mit einer Auflösung erfolgen, die höher ist als bei der lichtmikroskopischen Immunfluoreszenztechnik. Voraussetzung ist, daß die fragliche Struktur als Antigen fungiert und isoliert werden kann, damit die Erzeugung von Antikörpern möglich ist. Weiterhin muß gewährleistet sein, daß das interessierende Antigen vor, während und nach der Markierung mit Antikörpern dort bleibt, wo es sich im natürlichen Zustand befindet. Das kann bedeuten, daß der Markierungsreaktion mit Antikörpern ein Fixierungsschritt (chemisch oder physikalisch) vorausgehen muß. Dabei darf natürlich die Reaktionsfähigkeit zur Ausbildung der Antigen-Antikörper-Komplexe nicht verlorengehen. Es hat sich gezeigt, daß gefriergetrocknetes Enzym als Antigen zur Erzeugung von IgG-Antikörpern eingesetzt werden kann. Die Spezifität so gewonnener Antikörper gegen das fixierte Enzym im Ultradünnschnitt (s. 2.4.2) war erhalten, und die Markierungsreaktionen, die damit durchgeführt wurden, waren hochspezifisch. Schließlich müssen die Antikörper zum Antigen Zutritt erhalten, d.h., daß die Probe so vorbereitet werden muß, daß die Antigene entweder an einer äußeren Oberfläche exponiert sind oder daß die Antikörper im Fall von Zellen und Geweben durch entsprechende Maßnahmen Zutritt zu deren inneren Regionen erhalten. Dabei sollen die zerstörenden Einflüsse auf die Zell- oder Gewebsstruktur minimal sein.

2.4.1.2 Antikörper

Zur IEM können konventionelle oder monoklonale Antikörper eingesetzt werden. Meist werden IgG-Antikörper angewandt. Die gegen ein bestimmtes Antigen hergestellten Antikörper müssen nicht in reiner Form vorliegen. Es reicht aus, wenn eine gereinigte IgG-Fraktion die spezifischen IgG-Antikörper enthält. Eine Abtrennung der IgG-Antikörper, einschließlich der spezifischen IgG-Antikörper, von anderen im Blutserum noch vorhandenen Proteinen und anderen Komponenten kann folgendermaßen durchgeführt werden: In einer Säule wird eine Protein-A-Sepharose-CL-4B-Füllung (Pharmacia) mit 0,1 M Kaliumphosphatpuffer, pH 7,0, äquilibriert. Nun werden 2 ml Blutserum aufgetragen und mit dem genannten Puffer eluiert, wobei die IgG-Antikörper an Protein A in der Säule binden. Anschließend werden die IgG-Antikörper mit 1 M Essigsäure oder mit Glyzinpuffer (100 mM Glyzin, 0,4 M NaCl, 0,026% (w/v) NaN$_3$, pH 2,8) eluiert. Die IgG-Fraktionen können vereinigt und bei $-20\,°C$ aufbewahrt werden.

Im Fall von konventionellen Antikörpern (Abb. 2.25 e) existieren in einer solchen IgG-Fraktion verschiedene Antikörper, die gegen unterschiedliche Epitope der Oberfläche des interessierenden Antigens spezifisch sind. Im Fall eines Proteinmo-

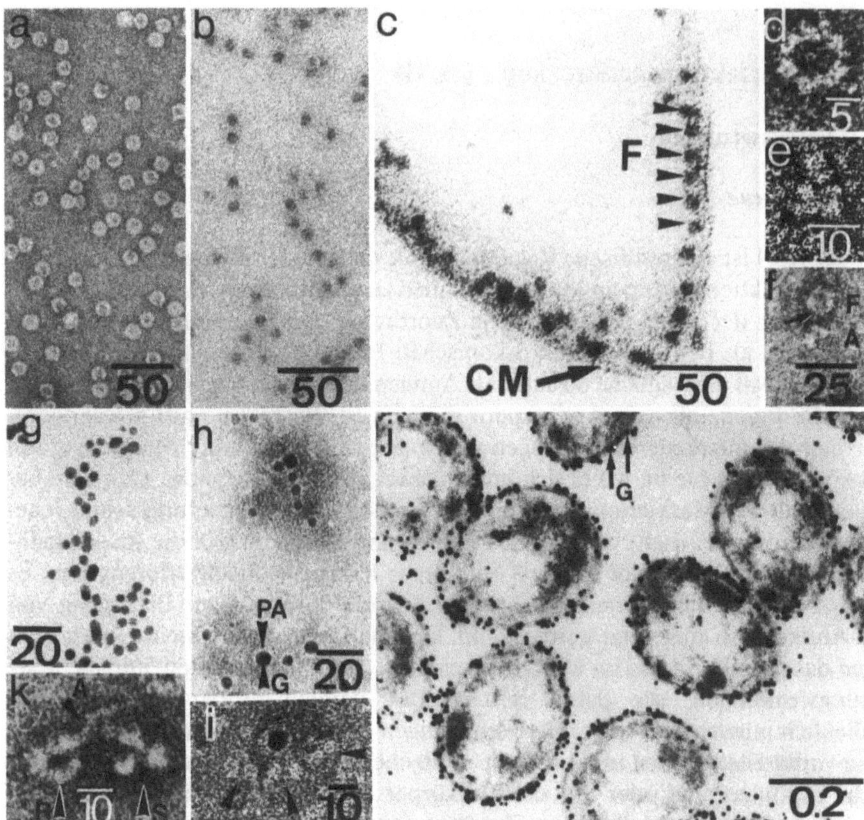

Abb. 2.25. a–d Ferritinmoleküle. **a, d** Negativkontrastierung mit Uranylacetat. Der *(dunkle)* Eisenkern und die *(helle,* aus Untereinheiten aufgebaute) Proteinhülle sind erkennbar. **b** Ferritinmoleküle, abgebildet ohne Kontrastierung. Die Proteinhülle ist nicht erkennbar, jedoch der Eisenkern.

c Ultradünnschnitt durch einen Abschnitt der isolierten cytoplasmatischen Membran *(CM)* des Bakteriums *Pseudomonas carboxydovorans* (ohne Zellwandschichten); die *Pfeile* zeigen auf Ferritin-*(F-)*Moleküle, die an der Innenseite der cytoplasmatischen Membran aufgereiht sind. Diese Ferritinmoleküle sind indirekt an das Enzym Kohlenmonoxidoxidase, dessen Lokalisation in der Membran nachgewiesen werden sollte, gebunden, und zwar durch einen enzymspezifischen (Kaninchen-) IgG-Antikörper und einen an das Ferritin gebundenen (s. **f**) Kaninchen-IgG-spezifischen Ziegen-IgG-Antikörper. Die Antikörper sind unter den gegebenen Bedingungen nicht abbildbar. Nachkontrastierung des Schnitts mit Bleicitrat und Uranylacetat (Originalaufnahme M. Rohde).

e IgG-Antikörper, negativkontrastiert mit Uranylacetat. Die drei Arme des Y-förmigen Moleküls sind zu erkennen. Die Unterteilung der Arme (L- und H-Kette) ist andeutungsweise zu sehen. **f** Ferritin-(F-)IgG-(A-)Komplex, negativkontrastiert mit Uranylacetat. Solche Komplexe werden an Antigen-IgG-Komplexe gebunden, wenn Antigenlokalisationsexperimente (wie in **c** gezeigt) durchgeführt werden.

g Präparation von kolloidalem Gold, abgebildet im Eigenkontrast. **h** Gold-(*G-*)Protein-A-(*PA-*) Komplexe, abgebildet nach Negativkontrastierung mit Uranylacetat. Das Protein A umhüllt die kolloidalen Goldtröpfchen und ist als heller Saum zu erkennen. **i** Ultradünnschnitt durch Zellen des Bakteriums *Pseudomonas carboxydovorans* (s. **c**). Lokalisation des Enzyms Kohlenmonoxidoxidase mit Hilfe der Protein-A-Gold-Technik, durchgeführt am Ultradünnschnitt. Nachkontrastierung mit Bleicitrat und Uranylacetat.

k Lokalisation der großen Proteinuntereinheiten des Enzyms Citratlyase (s. auch Abb. 2.20 und 4.1) in den beiden Erscheinungsformen des Enzympartikels (Zimmermann et al. 1982). *A* IgG-Antikörper, spezifisch gegen die großen Enzymuntereinheiten. *R* „Ringform" des Enzyms; *S* „Sternform" des Enzyms. Zwei IgG-Antikörperarme sind gebunden an Hauptmassen von *R* und *S*. Somit stellen diese Hauptmassen, erkennbar als auffällige Intensitätsmaxima, große Enzymuntereinheiten dar. Negativkontrastierung mit Uranylacetat.

Vergrößerungsangabe in μm **(j)** bzw. nm (alle übrigen Abbildungen)

leküls ist zu erwarten, daß seine Oberfläche eine größere Anzahl von antigenen Determinanten aufweist. Die hohe, auf eine bestimmte antigene Determinante gerichtete Spezifität monoklonaler Antikörper erlaubt eine exakte Analyse bezüglich des Vorhandenseins und der Lokalisation dieser Determinante. Im elektronenmikroskopischen Versuch kann diese Eigenart monoklonaler Antikörper jedoch Nachteile haben. Ist die antigene Determinante, gegen die der monoklonale Antikörper erzeugt wurde, im Moment der Markierungsreaktion nicht exponiert, ist nicht mit einer Markierung zu rechnen. Bei Anwendung einer konventionellen, spezifische IgG-Antikörper enthaltenen Fraktion ist die Wahrscheinlichkeit sehr hoch, daß gegen irgendwelche exponierte Regionen des fraglichen Antigens spezifische Antikörper vorhanden sind, denn die Fraktion enthält ja verschiedene spezifische Antikörper (s. oben). Also hängt die Entscheidung bei der Auswahl der Antikörper von der Fragestellung ab.

2.4.2 Markierung von Antigenen in Zellaufschlüssen und Zellen

2.4.2.1 Markierung mit der Ferritintechnik

Als elektronendichte Substanz zur Erkennung des Orts, an dem der spezifische Antikörper gegen das fragliche Antigen sitzt, kann Ferritin dienen. Es enthält einen im elektronenmikroskopischen Bild gut erkennbaren Eisenkern (Abb. 2.25 a, b, d).

Ferritin kann direkt an den spezifischen IgG-Antikörper gebunden werden. Dabei sind jedoch einige Einschränkungen zu akzeptieren:

- teilweiser Verlust der Antikörperaktivität durch die Komplexierung mit Ferritin;
- durch reaktive NH_2-Gruppen des Ferritins kommt es leicht zur Ausbildung von Ferritinkomplexen oder von großen Antikörper-Ferritin-Aggregaten.

Bei der Lokalisierung von intrazellulären Antigenen ist die gute Spezifität nicht immer gewährleistet. Oftmals treten unspezifische Bindungen des Ferritins an Zellbestandteile auf. Die Ursachen hierfür scheinen noch nicht völlig geklärt zu sein. Besser kann eine Weiterentwicklung der Ferritintechnik eingesetzt werden. Dazu wird ein zweiter IgG-Antikörpertyp, der käuflich ist, in das System einbezogen. Es ist ein konventioneller IgG-Antikörper; seine Spezifität ist gegen den spezifischen Antikörper gerichtet, der mit dem nachzuweisenden Antigen bindet. Er ist also ein Antiantikörper zu dem spezifischen Antikörper. Bevor er zur Anwendung kommt, wird an ihn das Ferritin gebunden (Abb. 2.25 f). Somit liegt folgende Situation vor: Der isolierte, gegen das zu lokalisierende Antigen spezifische IgG-Antikörper wirkt einerseits als Antikörper gegen das fragliche Antigen; andererseits ist er selbst das Antigen gegenüber dem zweiten IgG-Antikörpertyp. Damit wird einerseits eine relativ hohe spezifische Markierung des zu lokalisierenden Antigens erreicht, denn seine Bindung an den spezifischen IgG-Antikörper wird nicht durch Ferritin behindert. Andererseits befindet sich zu keinem Zeitpunkt gleichzeitig mit der Probe freies Ferritin im Versuchsansatz. Damit wird eine unspezifische Bindung von Ferritin an Zellkomponenten stark reduziert. Die Genauigkeit der Lokalisation des fraglichen Antigens in der Probe (Abb. 2.25 c) wird durch den Einsatz des zweiten Antikörpers nur unwesentlich schlechter.

Versuchsdurchführung. Soll eine Probe untersucht werden, deren Komponenten in Suspension vorliegen, so werden 250 µl dieser Suspension mit 250 µl Kaliumphosphatpuffer (0,1 M, pH 7,0) oder 0,6 M Saccharose mit 0,01 M $MgCl_2$ in einem Eppendorf-Reaktionsgefäß resuspendiert und mit einem Aliquot der die spezifischen IgG-Antikörper enthaltenden IgG-Fraktion (0,5 mg IgG/500 µl Suspension) für 2 h in einem Thermoblock bei 37 °C inkubiert und alle 10 min leicht bewegt. Nun wird die Suspension bei 18 000 g für 5 min zentrifugiert und das Pellet 2mal mit dem obengenannten Puffer oder der Saccharoselösung auf einem Schüttelblock gewaschen. Das Pellet des letzten Waschvorgangs wird in 250 µl des genannten Puffers (oder dem gleichen Volumen Saccharoselösung) suspendiert. Die resultierende Suspension wird gemischt mit einer Lösung von Antiantikörper-Ferritin-Komplex (ist im Handel erhältlich) und bei 37 °C für 2 h inkubiert. Anschließend wird das Pellet 2mal, wie oben beschrieben, gewaschen. Das verbleibende Pellet kann direkt zur elektronenmikroskopischen Einbettung verwandt werden.

Das beschriebene Verfahren ist eine „pre-embedding"-Methode. Mit Modifikationen kann es auch zu Markierungsversuchen an Ultradünnschnitten eingesetzt werden. Wegen der besseren Kontraste ist für Schnitte (also im „post-embedding"-Verfahren) jedoch die Protein-A-Gold-Technik (s. unten) vorzuziehen.

Weiterführende Literatur

Acker G, Knapp W, Wartenberg K, Mayer H (1981) Localization of enterobacterial common antigen in *Yersinia enterocolitica* by the immunoferritin technique. J Bacteriol 147: 602–611
Breese SS, Hsu KC (1971) Techniques of ferritin-tagged antibodies. In: Maramorosch K, Koprowski H (eds) Methods in virology, vol V. Academic Press, London New York, pp 399–422
Driel D van, Wicken AJ (1973) Cellular location of the lipoteichoic acids of *L. fermenti* NCTC 6991 and *L. casei* NCTC 6375. J Ultrastruct Res 43: 483–497

2.4.2.2 Markierung mit der Protein-A-Gold-Technik

Die Protein-A-Gold-Technik ist ein Verfahren, das mit gutem Erfolg an Ultradünnschnitten durchgeführt werden kann. Die Markierung erfolgt durch Ausnützen der spezifischen Bindung von Protein A an den Fc-Bereich von IgG-Antikörpern (Abb. 2.25 i). Das Protein A bildet eine Hülle, die im Versuch eingesetztes kolloidales Gold umgibt. Damit kann dann letztendlich Gold in Form von sehr kleinen kugelförmigen Partikeln in unmittelbarer Nachbarschaft des zu lokalisierenden Antigens abgebildet werden.

Herstellung von kolloidalem Gold

2,5 ml Tetrachlorgoldsäurelösung (0,6%, w/v) werden zu 60 ml filtriertem Aq. bidest. in einen silikonisierten (s. 2.3.2.5 b) 100-ml-Erlenmeyerkolben gegeben. 1 ml Phosphorlösung, die aus 8 Teilen Diethylether und 2 Teilen (v/v) mit weißem Phosphor gesättigter Etherlösung besteht (das Lösen dauert 2–3 Tage), wird unter langsamem Rühren zugegeben. Die Mischung wird kräftig geschüttelt und für 15 min bei Raumtemperatur stehengelassen. Anschließend wird die Mischung unter Rückflußkühlung für 5 min gekocht. Die entstandene kollodiale Goldlösung, die eine typisch weinrote Färbung zeigt, wird abschließend mit 0,2 M K_2CO_3 auf pH 6,9 eingestellt (Messung mit pH-Indikatorstäbchen). Um kolloidales Gold ähnlicher Partikelgröße zu erhalten, wird die Lösung für 1 h bei 100 000 g (z. B. Airfuge, A-100-Rotor, Beckman) zentrifugiert. Die im unteren Viertel des Zentrifugenröhrchens befindliche kolloidale Goldlösung wird vorsichtig entnommen. Sie kann bei 4 °C aufbewahrt werden. Die Größe der so hergestellten Goldpartikel liegt bei 3–8 nm (Abb. 2.25 g).

Herstellung des Protein-A-Gold-Komplexes

Zur Optimierung des Versuchsergebnisses muß die minimale Menge an Protein A bestimmt werden, die zur Stabilisierung der kolloidalen Goldlösung bei Zugabe eines starken Elektrolyten nötig ist. Es wird jeweils ein konstantes Volumen von intensiv weinroter kolloidaler Goldlösung (0,5 ml) mit jeweils 100 µl einer Serienverdünnung von Protein-A-Lösung (Pharmacia), Stammlösung 1 mg ml^{-1}, versetzt und 5 min bei Raumtemperatur stehengelassen. Anschließend werden 0,5 ml einer 10%igen (w/v) NaCl-Lösung zugegeben und die Probe weitere 10 min bei Raumtemperatur gehalten. Reicht die zugegebene Menge Protein A nicht aus, färbt sich die Mischung bläulich. Ist eine ausreichende Menge Protein A zugegeben, resultiert eine rosagefärbte Lösung, die bei 580 nm photometrisch vermessen werden kann. Sie zeigt an, daß die in der Mischung vorhandenen kolloidalen Goldtröpfchen stabilisiert sind. Ist das nicht der Fall, so kann das kolloidale Gold durch Zusammenfließen kleiner Tröpfchen größere Klumpen bilden. Die im Test ermittelte Konzentration an Protein A (mit einem „Sicherheitszuschlag" von 20% dieser Menge) wird im Versuch verwendet, 0,2 ml davon (in Aq. bidest.) wird zu 10 ml kolloidaler Goldlösung hinzugefügt. Die Mischung wird 10 min bei Raumtemperatur belassen und dann mit 1 ml 1% (w/v) Polyethylenglykol-(PEG-)Lösung (MG 20 000) versetzt. Eine Zentrifugation für 1 h bei 100 000 g (z. B. Airfuge, A-100-Rotor, Beckman) schließt sich an. Die im unteren Viertel des Zentrifugenröhrchens befindliche kolloidale Protein-A-Gold-Lösung wird in PBS (phosphatgepuffertes Natriumchlorid: 50 mM Kaliumphosphatpuffer, pH 7,0, mit 0,9%, w/v, NaCl) mit 0,2 mg PEGml^{-1} suspendiert. Danach wird nochmals zentrifugiert und wieder in PBS mit 0,2 mg PEGml^{-1} aufgenommen. Die Protein-A-Gold-Lösung (Abb. 2.25 h) kann bei +4 °C über Monate aufbewahrt werden.

Einbettung der Probe für die Ultramikrotomie in Glykolmethacrylat

Andere Einbettungsmittel (Epon, Spurr) erscheinen wegen der hohen unspezifischen Hintergrundgoldmarkierung deutlich weniger geeignet als Glykolmethacrylat. Die relativ geringe Resistenz des Methacrylats gegen Elektronenstrahlen wird in Kauf genommen.

Die Probe (Zellen, Pellets, Gewebestückchen) wird mit 50 mM Kaliumphosphatpuffer, pH 7,0, gewaschen. Im Fall von Zellen oder instabilen Pellets wird die Probe nun in 1% (w/v) Wasseragar eingebettet und mit 1,5% (v/v) Glutaraldehyd oder einer Fixierlösung aus 0,2% (w/v) Paraformaldehyd und 0,3% (v/v) Glutaraldehyd für 1 h bei 4 °C oder Raumtemperatur fixiert. Die Wahl des Fixiermittels hängt davon ab, welches von ihnen trotz Fixierwirkung die antigenische Spezifität des Probenantigens noch ausreichend erhält (Test: Doppelimmundiffusionstest unter Fixierbedingungen). Sorgfältiges Waschen mit dem obengenannten Puffer folgt. Nun schließt sich eine Behandlung mit 1% (w/v) OsO_4-Lösung für 1 h bei 4 °C an. Die Entwässerung geschieht bei Raumtemperatur in einer aufsteigenden Ethanolkonzentrationsreihe (oder es kann sofort in flüssiges Glykolmethacrylat übergegangen werden, da es mit Wasser mischbar ist). Es folgen eine 30minütige Infiltration mit einer 80%igen (v/v) wäßrigen Lösung von 2-Hydroxyethylmethacrylat und eine zweite Infiltration mit einer 97%igen Lösung dieser Verbindung für ebenfalls 30 min.

Die Einbettung der Probe geschieht in folgender Einbettungsmischung

2-Hydroxylethylmethacrylat, 97% (v/v) in Aq. bidest.	70 ml
Butylmethacrylat + Benzoylperoxid (2%, w/v)	30 ml
Divinylbenzol, 50% in Styrol (v/v)	10 ml

Die Probe wird für 2 h bei Raumtemperatur in der Einbettungsmischung belassen, dann in eine Gelatinekapsel überführt, mit neuem Einbettungsgemisch aufgefüllt und evakuiert. Die Polymerisation erfolgt entweder bei 70 °C für 12 h oder bei 4 °C mit UV-Licht (366 nm) für 2–3 Tage.

Vorbehandlung der Ultradünnschnitte

Es werden Ultradünnschnitte mit goldener Interferenzfarbe hergestellt. Als Trogflüssigkeit dient PBS (s. oben). Eine Schnittstreckung erfolgt nicht. Die Ultradünnschnitte werden mit Nickelobjektträgernetzchen ohne Trägerfolie aufgenommen. Bei allen weiteren Schritten muß sorgfältig darauf geachtet werden, daß die Schnitte nicht eintrocknen. Zur Vergrößerung der exponierbaren Probenoberfläche werden die Schnitte nun angeätzt, und zwar entweder durch Flottieren auf einem Tropfen von 10% (v/v) H_2O_2 oder 10% (v/v) Na-Methylat für 15 min, wobei diejenige Seite der Objektträgernetzchen, an der die Schnitte haften, auf den Tropfen gelegt wird. Nach einem intensiven Waschschritt in PBS werden die Schnitte für 15 min auf eine gesättigte Na-Metaperjodatlösung gelegt, welche die OsO_4-Fixierung teilweise rückgängig macht, und anschließend in PBS gewaschen.

Inkubation mit den spezifischen IgG-Antikörpern

Die Ultradünnschnitte werden auf einem Tropfen von etwa 50 µl der jeweiligen Verdünnungsstufe der IgG-Antikörper-Lösung einer Konzentrationsreihe (Tropfen auf Parafilm in einer abgedeckten Petrischale) über Nacht bei 4 °C inkubiert. Danach werden die Schnitte intensiv in zwei Bechergläsern mit PBS gewaschen und dann auf Tropfen von PBS übertragen, wobei jeder Schnitt 10 min auf einem PBS-Tropfen belassen wird. Insgesamt wird jeder Schnitt auf drei PBS-Tropfen gewaschen.

Inkubation mit den Protein-A-Gold-Komplexen

50 µl der Protein-A-Gold-Komplex-Lösung werden in Form eines Tropfens auf Parafilm in eine Petrischale gebracht. Je ein Trägernetzchen mit vorbehandelten Schnitten, die bereits die spezifischen IgG-Antikörper tragen, wird auf einen Tropfen gelegt (Schnitt zum Tropfen) und für 3 h bei Raumtemperatur inkubiert. Darauf folgt sorgfältiges Waschen in PBS und in filtriertem Aq. bidest.

Nachkontrastierung der Ultradünnschnitte

Die Nachkontrastierung der Ultradünnschnitte erfolgt mit 4% (w/v) Uranylacetat in 75% (v/v) Methanol für 5-10 min. In einer absteigenden Methanolreihe (75%, 50%, 25%, 5%) werden die Schnitte gewaschen. Anschließend werden sie auf Filterpapier getrocknet.

Im Gegensatz zur Ferritintechnik erscheinen die Goldpartikel mit wesentlich höherem Kontrast (Abb. 2.25 j).

Zur Vermeidung von Artefakten, die durch den Einsatz von Chemikalien erzeugt werden, kommen inzwischen Tieftemperaturverfahren zum Einsatz (Tieftemperatureinbettung, Cryoultramikrotomie). Ihre Beschreibung würde über den Rahmen des vorliegenden Buches hinausgehen.

Weiterführende Literatur

Bendayan M (1983) Ultrastructural localization of actin in muscle, epithelial and secretory cells by applying the protein A - gold immunocytochemical technique. Histochem J 15: 39-58

Bendayan M, Zollinger M (1983) Ultrastructural localization of antigenic sites on osmium-fixed tissues applying the protein A - gold technique. J Histochem Cytochem 31: 101-109

Bendayan M, Roth J, Perrelet A, Orci L (1980) Quantitative immunocytochemical localization of pancreatic secretory proteins in subcellular compartments of the rat acinar cell. J Histochem Cytochem 28: 149-160

Hjelm H, Hjelm K, Sjöquist J (1972) Protein A from *Staphylococcus aureus*. Its isolation by affinity chromatography and its use as an immunosorbent for isolation of immunoglobulin. FEBS Lett 28: 73-76

Horisberger M, Rosset J (1977) Colloidal gold, a useful marker for transmission and scanning electron microscopy. J Histochem Cytochem 25: 295-305

Rohde M (1983) Immunelektronenmikroskopische Untersuchung der in situ Lokalisierung von Kohlenmonoxid-Oxidase aus *Pseudomonas carboxydovorans* mit Hilfe der Immunferritin- und der Protein A-Gold-Technik. Dissertation. Göttingen

Roth J, Bendayan M, Orci L (1978) Ultrastructural localization of intracellular antigens by the use of protein A - gold complex. J Histochem Cytochem 26: 1074-1081

2.4.3 Lokalisierung von Proteinuntereinheiten mit spezifischen IgG-Antikörpern

Das zu analysierende Protein wird in hochreiner Form isoliert. Anschließend wird es in Untereinheiten zerlegt. Diese werden angereichert (z. B. durch präparative Gelelektrophorese). Es hat sich gezeigt, daß hierbei die Anwendung von SDS die folgenden Schritte nicht stört. Gegen die einzelnen Typen von Polypeptidketten werden IgG-Antikörper erzeugt und gereinigt. Als Kontrollen werden Präimmunseren hergestellt, die den Versuchstieren vor der Injektion der jeweiligen Polypeptide entnommen wurden.

Zur Bestätigung der Spezifität der gewonnenen IgG-Fraktionen werden Doppelimmundiffusionstests mit den jeweiligen Antigenen durchgeführt. Die Präimmunseren dürfen dabei nicht reagieren. Beim Austesten der untereinheitenspezifischen Antikörper gegen die anderen Untereinheiten des Proteins dürfen keine Kreuzreaktionen zu erkennen sein.

2.4.3.1 Herstellung und Abbildung der Protein-Antikörper-Komplexe

1 mg des zu analysierenden Proteins (also hier des Gesamtmoleküls, in dem die Untereinheiten lokalisiert werden sollen) wird in einem geeigneten Puffer, z.B. 0,1 M Kaliumphosphatpuffer, pH 7,0 (falls nötig mit weiteren Zusätzen wie z.B. zweiwertigen Metallionen), mit 0,5 mg IgG-Protein gemischt (Endvolumen zwischen 0,3 und 0,5 ml) und für 30 min bei 30 °C inkubiert. Danach wird die Probe durch Säulenchromatographie fraktioniert. Sie wird zu diesem Zweck auf eine vorher äquilibrierte Biogel-A-1,5-m-Säule (0,9 × 58 cm o. ä.) aufgetragen und mit dem genannten Puffer eluiert. 0,75-ml-Fraktionen werden entnommen und direkt mit Negativkontrastierung elektronenmikroskopisch untersucht (Abb. 2.26 k).

Anstelle der Säulenchromatographie kann die Trennung der Antikörper-Protein-Komplexe von unreagiertem Material auch durch Zentrifugation erfolgen, und zwar z.B. mit einem Saccharosegradienten von 5 bis 30% (w/v). Die Zentrifugation kann für 14 h bei 4 °C bei 160000 g (z.B. in einem Rotor SW 40 mit einer Zentrifuge Spinco L2-65B, Beckman, bei 35000 Umdrehungen/min) durchgeführt werden. Durch Fraktionierung des Gradienten werden 0,5-ml-Fraktionen gewonnen und wie oben direkt elektronenmikroskopisch untersucht.

Es ist zu erwarten, daß die Anheftungsstellen (Fab-Regionen) der Y-förmigen IgG-Antikörper am Protein an denjenigen Stellen zu erkennen sind, an denen die jeweiligen Untereinheiten des Proteins lokalisiert sind. Die Größe eines IgG-Antikörpers liegt im negativkontrastierten Präparat bei 12–13 nm.

Weiterführende Literatur

Bowien B, Mayer F (1978) Further studies on the quaternary structure of D-ribulose-1,5-bisphosphate carboxylase from *Alcaligenes eutrophus*. Eur J Biochem 88: 97–107
Tischendorf GW, Zeichhardt H, Stöffler G (1975) Architecture of the *Escherichia coli* ribosome as determined by immune electron microscopy. Proc Natl Acad Sci USA 72: 4820–4824
Wabl MR (1974) Electron microscopic localization of two proteins on the surface of the 50 S ribosomal subunit of *Escherichia coli* using specific antibody markers. J Mol Biol 84: 241–247
Zimmermann Th, Giffhorn F, Schramm HJ, Mayer F (1982) Analysis of structure-function relationships in citrate lyase isolated from *Rhodopseudomonas gelatinosa* as revealed by cross-linking and immunoelectron microscopy. Eur J Biochem 126: 49–56

2.5 Autoradiographie

2.5.1 Physikalische und chemische Grundlagen

Voraussetzung aller autoradiographischen Techniken ist die Möglichkeit, chemische Verbindungen mit radioaktiven Isotopen markieren zu können. Führt man diese radioaktiv markierten Verbindungen lebenden Organismen zu, läßt sich aufgrund des Nachweises der radioaktiven Strahlung, die diese Substanzen aussenden, ihr Weg im Organismus verfolgen. Die Autoradiographie wird somit im wesentlichen durch zwei Grundvoraussetzungen ermöglicht:

1. es müssen radioaktive Verbindungen zur Verfügung stehen;
2. man muß radioaktive Strahlung in Geweben oder auch in biologischen Flüssigkeiten nachweisen können.

Da die Grenzen und Möglichkeiten der elektronenmikroskopischen Autoradiographie in erster Linie durch die chemischen und physikalischen Grundlagen dieser Voraussetzungen bestimmt werden, soll im folgenden auf diese näher eingegangen werden.

2.5.1.1 *Physikalische Grundlagen*

Radioaktive Isotope sind Verbindungen, die sich energetisch in einem instabilen Zustand befinden. Durch ständige Abgabe von Energie, d.h. von radioaktiver Strahlung, versuchen diese Isotope einen Zustand zu erreichen, in dem sie energetisch stabil werden. Die Energie, die sie dabei abgeben, entsteht durch den radioaktiven Zerfall von Atomkernen.

Auf Einzelheiten dieser Zerfallsvorgänge soll hier nicht weiter eingegangen werden. Bei Interesse können sie in jedem Physikbuch nachgelesen werden. Für die praktische Durchführung der Autoradiographie reicht es, daß man weiß, daß Isotope ihre radioaktive Strahlung als α-, β- oder γ-Strahlung abgeben können. Nur die β-Strahlung, bei der negativ geladene Teilchen (Elektronenstrahlung) freigesetzt werden, ist für die elektronenmikroskopische Autoradiographie von Bedeutung.

Es sind allerdings bei weitem nicht alle Isotope, die Elektronenstrahlung abgeben, für den Einsatz in der Autoradiographie geeignet. Es gibt Isotope, die ihre Elektronen mit einer so großen Energie hinausschießen, daß sie noch mehrere Meter vom Ort des Isotops entfernt nachweisbar sind (hochenergetische β-Strahler). Andererseits findet man Isotope, deren Strahlungsenergie so gering ist, daß schon wenige Mikrometer vom Isotop entfernt keine meßbare Strahlung mehr vorhanden ist (niederenergetische β-Strahler). Das bedeutet, daß nur bei Isotopen mit sehr geringer Strahlungsenergie der Ort des Nachweises einer Strahlung weitgehend mit der Lokalisation des Isotops identisch ist. Je geringer demnach die Energie eines β-Strahlers ist, um so genauer läßt er sich mit Hilfe autoradiographischer Techniken lokalisieren, d.h. um so größer ist das Auflösungsvermögen der Autoradiographie. Tritium (^{3}H) hat z.B. eine maximale β-Energie von 0.0186 MeV (Megaelektronenvolt), während die maximale Energie von ^{14}C mit 0.156 MeV fast 10mal größer ist (Tabelle 2.9). Die Energie der vom Tritium ausgesandten Elektronen ist so gering, daß schon in einem Abstand von 2–3 µm vom Isotop entfernt keine Strahlung mehr nachweisbar ist. Das bedeutet andererseits, daß man nach Tritiummarkierung sicher sein kann, daß die markierte Substanz, von der die Strahlung ausgeht, im Umkreis von maximal 2–3 µm liegt. Für das höherenergetische ^{14}C ist das autoradiographische Auflösungsvermögen entsprechend schlechter, da die Reichweite der ausgesandten Elektronen mehr als 15–20 µm beträgt. Wie später noch ausgeführt wird, ist die Strahlungsenergie des jeweils eingesetzten Isotops allerdings nur einer von mehreren Faktoren, die das autoradiographische Auflösungsvermögen beeinflussen. Eine weitere physikalische Eigenschaft eines Isotops, von der seine Eignung für autoradiographische Untersuchungen abhängt, ist die Halbwertszeit. Wie schon beschrieben, entsteht die radioaktive Strahlung durch radioaktiven Zerfall

Tabelle 2.9. Halbwertszeiten und β-Energien einiger in der Autoradiographie einsetzbarer Isotope

Isotope	Halbwertszeit	Max. β-Energie [MeV]
^{3}H	12.35 Jahre	0.0186
^{14}C	5730 Jahre	0.156
^{35}S	87.4 Tage	0.167
^{32}P	14.3 Tage	1.709

von Kernen. Jedes Isotop hat eine andere Geschwindigkeit, mit der diese radioaktiven Zerfälle ablaufen. Als Maß der Zerfallsgeschwindigkeit eines Isotops dient die Halbwertszeit. Das ist die Zeit, in der die Hälfte der ursprünglich vorhandenen Menge der jeweiligen radioaktiven Substanz zerfallen ist. Es dauert eine gewisse Zeit bis die Gewebe, die man mit Hilfe der elektronenmikroskopischen Autoradiographie untersuchen will, entsprechend aufgearbeitet sind. Gleichzeitig hat man aufgrund der geringen Schnittdicke der elektronenmikroskopischen Präparate meist so geringe Mengen an Radioaktivität in den Geweben, daß man häufig schon in Nähe der theoretischen Nachweisgrenze für β-Strahlung arbeitet. Würde man jetzt noch mit Isotopen arbeiten, die aufgrund ihrer geringen Halbwertszeit schon nach kurzer Zeit die Hälfte ihrer ursprünglichen Radioaktivität verlieren, würde man sehr leicht unter die Nachweisgrenze geraten und dadurch negative Ergebnisse erhalten. Man verwendet deshalb für die elektronenmikroskopische Autoradiographie am besten Isotope, deren Halbwertszeit so lang ist, daß ein Zeitraum von 3–6 Monaten so gut wie keinen Einfluß auf die vorhandene Radioaktivität nimmt. Das ist z. B. für ^{3}H (Halbwertszeit 12 Jahre) oder für ^{14}C (Halbwertszeit 5730 Jahre) der Fall.

Eine dritte physikalische Größe, neben maximaler β-Energie und Halbwertszeit, die man für autoradiographisches Arbeiten braucht, ist die Maßeinheit, mit der man die Menge der jeweils vorhandenen Radioaktivität beschreibt, das Curie bzw. Becquerel. Da die radioaktive Strahlung eines Isotops aus Kernzerfällen resultiert, erscheint es nur logisch, daß man als Maß für die Radioaktivität die Menge der pro Zeiteinheit stattfindenen Kernzerfälle heranzieht. Die Radioaktivitätsmenge, bei der pro Sekunde 3.7×10^{10} Zerfälle stattfinden, nennt man 1 Curie (Ci). Da das eine sehr hohe Radioaktivitätsmenge ist, mit der praktisch kaum gearbeit wird, unterteilt man die Maßeinheit Curie weiter nach dem Dezimalsystem (Tabelle 2.10). Der Korrektheit halber muß gesagt werden, daß die offizielle Maßeinheit für die Radioakti-

Tabelle 2.10. Maßeinheiten in der Autoradiographie

1 Becquerel (Bq)	$= 1$ Zerfall s^{-1}	
1 Curie (Ci)	$= 3.7 \cdot 10^{10}$ Becquerel	$= 37$ Gigabecquerel (GBq)
1 Millicurie (mCi)	$= 3.7 \cdot 10^{7}$ Becquerel	$= 37$ Megabecquerel (MBq)
1 Microcurie (μCi)	$= 3.7 \cdot 10^{4}$ Becquerel	$= 37$ Kilobecquerel (kBq)
1 Gigabecquerel (GBq)	$= 27.027$ mCi	
1 Megabecquerel (MBq)	$= 27.027$ μCi	
1 Kilobecquerel (kBq)	$= 27.027$ nCi $= 0.027027$ μCi	

vität seit Umstellung auf SI-Einheiten nicht mehr das Curie (Ci), sondern das Becquerel (Bq) ist. In der Praxis hat sich bisher allerdings das Becquerel gegenüber dem Curie noch nicht völlig durchsetzen können.

2.5.1.2 Chemische Grundlagen

Genauso wichtig wie die Kenntnis einiger physikalischer Grundlagen, ist ein gewisses Grundverständnis für die chemischen Vorgänge, deren Endprodukt die elektronenmikroskopische Autoradiographie sein soll. Ein häufiger Anwendungsbereich der Autoradiographie ist z. B. die Lokalisation bestimmter Stoffwechselschritte in der Zelle. Dazu bietet man dem Organismus radioaktiv markierte Substanzen an, von denen man weiß, daß sie als Bausteine in dem Stoffwechselweg benötigt werden, den man untersuchen will. So stellt man z. B. die DNS-Synthese mit radioaktiv markiertem Thymidin dar (Abb. 2.26 a), die Proteinsynthese z. B. mit Gaben radioaktiv markierter Aminosäuren u. v. a. m. Jede autoradiographische Untersuchung von Stoffwechselschritten ist nur so gut wie die Spezifität der jeweiligen radioaktiven Precusors, die man dem Organismus anbietet.

a) Spezifität des radioaktiven Precursors

Wollte man z. B. die Lokalisation der Synthese der Kohlenhydratseitenketten von Glycoproteinen innerhalb einer Zelle untersuchen und würde dazu der Zelle radioaktiv markiertes Glucosamin als Vorstufe anbieten, so erhielte man ein unbefriedigendes Ergebnis. Glucosamin wird nämlich nicht nur als Acetylglucosamin in Kohlenhydratseitenketten der Glycoproteine eingebaut, sondern darüber hinaus auch in Glucosaminoglycane. Dieser Precursor ist somit also nicht sehr spezifisch für die Darstellung der Glycoproteine, sondern dient in gleicher Weise der Darstellung der Glucosaminoglycane. Würde man dagegen statt markiertem Glucosamin z. B. radioaktiv markierte Fukose für diese Untersuchung verwenden, könnte man auf diese Weise recht genau den Ort der Synthese der Kohlenhydratseitenketten in der Zelle lokalisieren, da Fucose relativ spezifisch in diese Seitenketten der Glycoproteine eingebaut wird (Abb. 2.26).

Neben der Spezifität der angebotenen Vorstufen existieren noch weitere „chemische Probleme", über die man sich vor Beginn einer autoradiographischen Untersuchung Klarheit verschaffen muß.

b) Spezifische Aktivität

Wegen der geringen Strahlungsenergie und des damit zusammenhängenden guten Auflösungsvermögens verwendet man für die elektronenmikroskopische Autoradiographie als radioaktives Isotop mit Vorliebe Tritium. Die radioaktive Markierung chemischer Verbindungen mit Tritium geschieht durch Austauschreaktionen, bei denen Wasserstoffatome der jeweiligen Substanz gegen Tritium ersetzt werden. Je mehr Wasserstoffatome in dieser Substanz gegen Tritium ausgetauscht werden, desto stärker radioaktiv wird diese Verbindung. Das Ausmaß der radioaktiven Markierung einer Substanz ist aus dem angegebenen Wert für die spezifische Aktivität ablesbar. Die spezifische Aktivität einer Verbindung ergibt sich aus dem Maß ihrer

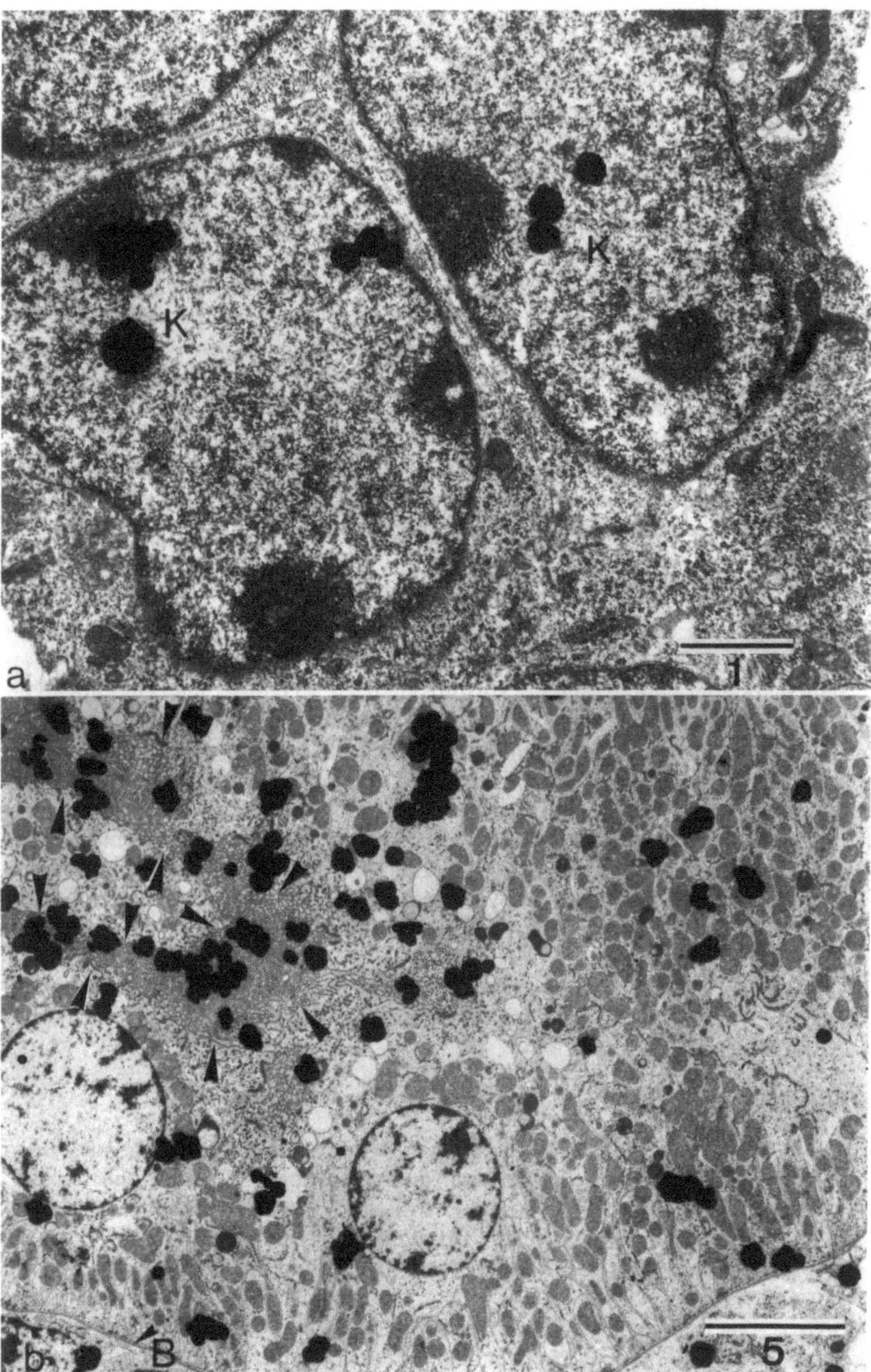

Abb. 2.26 a, b

Radioaktivität (in Ci) im Verhältnis zu ihrer Gesamtmasse (in g) oder ihrem Molekulargewicht (in mol oder mmol).

Man darf sich bei der Angabe einer spezifischen Aktivität nicht etwa vorstellen, daß jedes einzelne Molekül die angegebene spezifische Aktivität besitzt. Vielmehr ist die markierte Verbindung, die man erwirbt, immer ein Gemisch aus stärker und schwächer markierten und auch unmarkierten Molekülen, und die angegebene spezifische Aktivität der jeweilige Mittelwert des Gemisches.

c) Spezifität der Markierung

Man kann von einer Substanz meist nicht nur Verbindungen mit unterschiedlicher spezifischer Aktivität kaufen, sondern es werden darüber hinaus Verbindungen angeboten, die spezifisch markiert sind. Spezifische Markierung bedeutet, daß der Hersteller angibt, an welcher Position der Verbindung die Markierung sitzt. Die Kenntnis der Position der Markierung kann für die jeweilige autoradiographische Untersuchung u. U. von großer Bedeutung sein. Um bei der tritiummarkierten Fucose, die in Kohlenhydratseitenketten von Glycoproteinen eingebaut wird, zu bleiben, kann man z. B. L-(1-^{3}H-)Fucose, L-(5.6-H^3-)Fucose oder L-(6-^{3}H-)Fucose kaufen. Würde man jetzt für die autoradiographische Darstellung der Glycoproteinsynthese L-(1-^{3}H-)Fucose verwenden, käme man zu einem negativen Ergebnis. Die Reaktionsstelle der Fucose bei ihrem Einbau in die Kohlenhydratseitenketten ist gerade die C1-Position. Das führt dazu, daß beim Einbau von Fucose das Tritium an der C1-Position abgespalten wird und damit keine Radioaktivität mehr nachweisbar ist.

Das bezüglich der spezifischen Aktivität und der Spezifität von Markierungspositionen am Beispiel der Tritiummarkierung Gesagte gilt natürlich auch für andere Isotope. So bestimmt z. B. in gleicher Weise die Anzahl der Positionen, an denen ein Kohlenstoffatom durch ^{14}C ersetzt wird, das Ausmaß der spezifischen Aktivität einer Verbindung. Auch die Spezifität der Position, an der das ^{14}C-Atom sitzt, kann von Bedeutung sein und wird entsprechend von den Herstellern angegeben.

Weiterführende Literatur

Kataloge der Produzenten von radioaktiv markierten Substanzen, z. B.:
Amersham Buchler GmbH & Co KG, D-3300 Braunschweig
New England Nuclear der NEN Chemicals GmbH, D-6072 Dreieich

◁———

Abb. 2.26. a Nachweis der DNS-Synthese im Kern (*K*) von Mesenchymzellen einer in vitro gezüchteten Extremität eines Mäuseembryos. Markierung mit 20 µCi ^{3}H-Thymidin (spez. Akt. 5 Ci mmol^{-1}) pro ml Kultivationsmedium für 1 h. Expositionszeit = 55 Tage, Kompaktentwicklung. **b** Nachweis des Glycoprotein-Turnovers in Tubuluszellen einer Mäuseniere. Markierung mit 50 µCi ^{3}H-Fucose (spez. Akt. 15 Ci mmol^{-1}) pro mg Körpergewicht für 8 h. Nach 8 h ist ein großer Teil der in den Tubuluszellen synthetisierten Glycoproteine zur Zelloberfläche gelangt *(Pfeile)*. *B* Basalmembran des Tubulus. Expositionszeit = 70 Tage; Kompaktentwicklung. Vergrößerungsangabe in µm

2.5.2 Auswahl und Dosierung radioaktiv markierter Verbindungen

2.5.2.1 Auswahl radioaktiv markierter Verbindungen

Bevor man eine autoradiographische Untersuchung beginnt, sollte man sich z. B. anhand einer Karte der Stoffwechselwege den Reaktionsweg skizzieren, den die radioaktive Substanz im Organismus durchläuft. Dabei sollte man zum einen prüfen, ob die radioaktive Substanz tatsächlich nur den Stoffwechselweg durchläuft, den man darstellen möchte, um spätere Fehlinterpretationen seiner elektronenmikroskopischen Autoradiographie zu verhindern. Zum anderen sollte man sich die Positionen notieren, mit denen die jeweilige Verbindung, die man dem Organismus anbietet, im Rahmen ihres Stoffwechselwegs reagiert, um sicher zu sein, daß nicht gerade an den Reaktionsstellen die radioaktive Markierung sitzt und sich deshalb bei Stoffwechselschritten ablöst.

Das Lösen des Isotops, mit dem eine Verbindung markiert ist, oder das Lösen einer ganzen Seitenkette der Verbindung, an der das radioaktive Isotop sitzt, (z. B. ^{3}H-Methyl- oder ^{3}H-Acetylgruppen) ist eine ernstzunehmende Fehlerquelle bei der Durchführung der Autoradiographie. Man muß sich ständig vor Augen halten, daß man mit Hilfe der Autoradiographie die Lokalisation einer Strahlenquelle ermittelt. Das bedeutet nicht automatisch die Lokalisation der ursprünglich dem Organismus angebotenen radioaktiv markierten Verbindung.

Wie schon im Abschnitt über chemische Grundlagen erwähnt, sollte man sich vor Beginn einer Untersuchung möglichst genau im klaren sein, welche Stoffwechselschritte man autoradiographisch lokalisieren will und welche radioaktiv markierten Vorstufen man dazu am besten anbietet. Von diesen Grundüberlegungen hängt dann auch die Wahl des Isotops ab, das man für seine Untersuchungen einsetzen kann. Würde man allein davon ausgehen können, welches Isotop für die elektronenmikroskopische Autoradiographie aufgrund seiner geringen Energie und des damit verbundenen Auflösungsvermögens am geeignetsten wäre, würde man grundsätzlich Tritium bevorzugen. Leider läßt sich dieses Isotop aber aus biochemischen Gründen nicht immer zur Markierung einsetzen, so daß man z. T. auch auf andere β-Strahler mit etwas höherer Energie ausweichen muß, obwohl das ein schlechteres Auflösungsvermögen der Autoradiographie zur Folge hat.

Wie schon erwähnt, läßt sich zur Markierung einer Substanz nicht jedes beliebige Wasserstoffmolekül gegen Tritium austauschen. Es kann vorkommen, daß gerade die Verbindung, die man dem Organismus für die Durchführung elektronenmikroskopischer Autoradiographie zuführen will, in einer Position markiert ist, die für das Ergebnis, das man erzielen will, ungeeignet ist. Man muß dann nach Alternativen der Markierung suchen und findet diese häufig in einer ^{14}C-Markierung.

Ein weiterer Grund dafür, daß man nicht immer tritiummarkierte Substanzen verwendet, besteht darin, daß man durch eine Tritiummarkierung nicht immer die Menge an Radioaktivität an eine Substanz bekommt, die zum autoradiographischen Nachweis dieser Verbindung in Geweben erforderlich ist.

Da man gerade bei der Durchführung der elektronenmikroskopischen Autoradiographie häufig in Grenzbereichen der Nachweisempfindlichkeit für β-Strahlung arbeitet, ist man in gewissen Fällen auf radioaktiv markierte Verbindungen mit möglichst hoher spezifischer Aktivität angewiesen. Am Beispiel der radioaktiv markierten Aminosäure Methionin, die man z. B. zur Untersuchung der Proteinsynthese verwendet, soll das verdeutlicht werden:

^{3}H-Methionin hat eine maximale spezifische Aktivität von 70–85 Ci·mmol^{-1}. Die spezifische Aktivität von ^{35}S-Methionin ist mit mehr als 600 Ci·mmol^{-1} fast um eine Zehnerpotenz höher. Verwendet man für seine Untersuchungen der Proteinsynthese ^{35}S-markiertes statt ^{3}H-markiertes Methionin, läßt sich der Methioninein- bau in eine Struktur trotz der relativ kurzen Halbwertszeit von ^{35}S (87 Tage) noch in einer Größenordnung nachweisen, die weit unter der Nachweisgrenze der Menge liegt, die autoradiographisch mit ^{3}H-Methionin nachweisbar wäre.

Der Vollständigkeit halber soll noch ein weiterer Grund genannt werden, der dazu führen kann, daß man Substanzen mit möglichst hoher spezifischer Aktivität be- nötigt. Es gibt z. B. Substanzen, die, wenn man sie in großer Menge für autoradio- graphische Untersuchungen dem Organismus zuführt, gerade die Stoffwechselwe- ge hemmen, die man darstellen will. Man kann z.B. in vitro Zellen in der S-Phase des Zellzyklus arretieren, indem man dem Nährmedium eine größere Menge Thy- midin zusetzt. Durch diesen Thymidinüberschuß wird die DNS-Synthese der Zel- len vorübergehend blockiert, und damit werden die Zellen in der S-Phase arretiert. Gleichzeitig ist radioaktives Thymidin die ideale Substanz zur Darstellung der DNS-Synthese. Möchte man die DNS durch Gabe von radioaktivem Thymidin möglichst hoch markieren, kann man das nicht damit erreichen, daß man möglichst viel markiertes Thymidin anbietet. Vielmehr kann es dann zu einer Hemmung der DNS-Synthese kommen, mit der man genau das Gegenteil des Erwünschten, näm- lich einen verminderten Thymidineinbau erreicht. Eine höhere Markierung der DNS kann man in diesem Fall nur dadurch erreichen, daß man markiertes Thymi- din mit einer höheren spezifischen Aktivität anbietet.

Ein letzter Grund, der dazu führen kann, daß man statt einer Verbindung, die mit Tritium markiert ist, eine Verbindung, die mit einem anderen Isotop markiert ist, vorzieht, liegt in der Besonderheit der Technik der Tritiummarkierung. Wie schon erwähnt, erzielt man die Tritiummarkierung von Substanzen durch Austauschreak- tionen, bei denen Wasserstoff gegen Tritium ausgetauscht wird. Das Problem dieser Tritiummarkierungen ist, daß diese Austauschreaktionen reversibel sind, d.h. in wäßrigen Lösungen kann sich die Tritiummarkierung wieder von der entsprechend markierten Verbindung lösen und erneut durch Wasserstoff ersetzt werden. Man kann die Gefahr des Austausches der Tritiummarkierung in wäßrigen Lösungen da- durch vermindern, daß man den Lösungen Alkohol zusetzt. Glücklicherweise ist bei einem großen Teil der mit Tritium markierten Substanzen diese Gefahr so ge- ring, daß man den Lösungen keinen oder nur einen äußerst geringen Anteil von Al- kohol zusetzen muß. Einige mit Tritium markierte Verbindungen sind aber nur in einer relativ konzentrierten Alkohollösung stabil. Würde man diese in Alkohol ge- lösten radioaktiven Substanzen für seine autoradiographischen Untersuchungen einsetzen, könnten u. U. durch den Effekt des Alkohols die Untersuchungsergebnis- se stark verfälscht werden. Möchte man z. B. bestimmte Wege des Kohlenhydrat- stoffwechsels untersuchen, indem man dem Organismus als aktiviertes Kohlenhy- drat UDP-(Uridindiphospho-)glucose anbietet, kann man diese UDP-Glucose als tritiummarkierte Verbindung nur in einer Lösung kaufen, die 50% Alkohol enthält. Durch diesen hohen Alkoholanteil, der zur Stabilisierung der Markierung benötigt wird, ist ^{3}H-UDP-Glucose für viele autoradiographische Untersuchungen ungeeig-

net. Ist man für seine Untersuchungen aber auf die Gabe von UDP-Glucose angewiesen, empfiehlt sich stattdessen z. B. der Einsatz von ^{14}C-markierter UDP-Glucose, da diese in wäßriger Lösung angeboten wird.

Man muß vor Durchführung seiner Untersuchungen wissen, daß die Auswahl
der radioaktiven Verbindung, die man für seine Untersuchung einsetzen will, wesentlich die weiteren methodischen Schritte bestimmt. Es gibt radioaktive Verbindungen, die nicht fest in biologische Strukturen eingebaut werden, sondern z. B. in
der Zelle in löslicher Form vorliegen. Würde man zum Nachweis dieser Verbindungen die allgemein in der EM üblichen Fixations-, Entwässerungs- und Einbettungs-
methoden anwenden, würde man die radioaktiven Verbindungen aus den Geweben
herauslösen. Weiter gibt es Verbindungen, die zwar nicht wasserlöslich sind, die
aber doch nicht chemisch so stabil an Strukturen gebunden sind, daß sie sicher
auch nach Fixations- und Entwässerungsvorgängen noch in Geweben nachweisbar
sind. Zu dieser Gruppe gehört ein Teil der Substanzen, die wahrscheinlich durch
Bindung an Rezeptoren in oder an der Zelle festgehalten werden. Die letzte Gruppe
markierter Verbindungen sind die Substanzen, die so fest in biologische Strukturen
eingebaut werden, daß sie bei der Verwendung üblicher elektronenmikroskopischer
Techniken nicht mehr aus diesen Strukturen herausgelöst werden können. Gerade
als Anfänger sollte man sich möglichst nur mit dem Nachweis strukturgebundener
Substanzen befassen, da hierbei die Möglichkeit, sicher auswertbare Ergebnisse zu
erhalten, am größten ist.

Weiterführende Literatur

Buddecke E (1984) Grundriß der Biochemie, 6. Aufl De Gruyter, Berlin New York, 583 S
Karlson P (1984) Kurzes Lehrbuch der Biochemie, 12. Aufl Thieme, Stuttgart, 508 S
Lehninger AL (1983) Biochemie, Verlag Chemie, Weinheim, 919 S
Michael G (1976) Biochemical pathways. Boehringer, Mannheim

2.5.2.2 *Dosierung radioaktiv markierter Substanzen*

Für die Dosierung radioaktiv markierter Substanzen lassen sich schwerlich für jedes Isotop, für jede radioaktiv markierte Verbindung oder vielleicht sogar für jede
Tier- und jede Gewebeart verbindliche Dosierungsschemata aufstellen. Es gibt aber
einige allegemeine Grundsätze, die helfen können, die Entscheidung, welche Menge an Radioaktivität bei dem jeweiligen Versuchsansatz erforderlich ist, zu erleich-
tern. Vergleicht man die Schnittdicke elektronenmikroskopischer Präparate (z. B.
50 nm), mit denen selbst dünner lichtmikroskopischer Präparate (z. B. 1 μm = 1000
nm), so sind diese etwa 20mal dünner. Das bedeutet aber auch, daß ein lichtmikroskopischer Schnitt etwa 20mal mehr radioaktive Substanz enthalten kann als der
entsprechende elektronenmikroskopische Schnitt. Es ist deshalb empfehlenswert,
für die elektronenmikroskopische Autoradiographie die radioaktiven Verbindungen etwa 20mal höher zu dosieren als für die entsprechenden lichtmikroskopischen
Untersuchungen. Die Dosierung der radioaktiven Markierung wird am besten in
Mikrocurie pro Gramm Körpergewicht $\mu Ci \cdot g^{-1}$ bei Tieren bzw. in Mikrocurie pro
Milliliter Nährmedium $\mu Ci \cdot ml^{-1}$ bei In-vitro-Versuchen angegeben. Wenn man In-
vitro-Versuche auf In-vivo-Bedingungen oder auch umgekehrt übertragen will,

kann man zur groben Bestimmung der Markierungsdosis Gramm Körpergewicht mit Milliliter Nährmedium gleichsetzen. Während man bei der Ermittlung der Dosierung von Isotopen für die lichtmikroskopische Autoradiographie die β-Energie des Isotops berücksichtigen muß, hat diese physikalische Größe für die elektronenmikroskopische Autoradiographie eine geringe Bedeutung. In der Praxis heißt das, daß man bei Markierung mit ^{14}C, das eine etwa 10mal höhere β-Energie als ^{3}H besitzt, nicht wie in der lichtmikroskopischen Autoradiographie, eine etwa 10mal geringere Dosierung wählen kann. Vielmehr sollte man für die elektronenmikroskopische Autoradiographie auch ^{14}C-markierte Verbindungen mindestens halb so hoch dosieren wie ^{3}H-markierte (z. B. statt 2 mCi $^{3}H = 1$ mCi ^{14}C).

Die spezifische Aktivität einer markierten Verbindung hat für die Bestimmung der zu applizierenden Radioaktivitätsdosis keinen direkten Einfluß. Sie ist jedoch dann von entscheidender Bedeutung, wenn nicht in erster Linie die Radioaktivität einer markierten Verbindung, sondern die Dosierung der Substanz selbst für die Untersuchung im Vordergrund steht. Wie schon ausgeführt, wird die spezifische Aktivität einer Verbindung meist in $Ci \cdot mmol^{-1}$ angegeben, d. h. sie wird durch das Verhältnis der Radioaktivität der Substanz zu deren Menge bestimmt. Nehmen wir den Fall an, eine markierte Substanz, die für eine autoradiographische Untersuchung eingesetzt werden soll, hätte eine spezifische Aktivität von $1\,mCi \cdot mmol^{-1}$, und zum Nachweis der Radioaktivitä mit Hilfe der elektronenmikroskopischen Autoradiographie wäre eine Dosis von 1 mCi erforderlich. In diesem Fall würde man bei Gabe von 1 mCi 1 mmol der Substanz applizieren. Würde die entsprechende Substanz auch in einer 10fach höheren spezifischen Aktivität (d. h. $10\,mCi \cdot mmol^{-1}$) zur Verfügung stehen, und würde man wiederum 1 mCi applizieren, hätte man in diesem Fall zwar die gleiche Menge an Radioaktivität, d. h. 1 mCi, aber nur ein Zehntel der Substanz, nähmlich 0.1 mmol, dem Organismus zugeführt. Die Frage, welche Menge einer chemischen Verbindung im Rahmen einer autoradiographischen Untersuchung zugeführt wird, ist immer dann von großer Bedeutung, wenn z. B. aus pharmakologischer oder toxikologischer Sicht zu erwarten ist, daß durch die exogene Zufuhr solcher Verbindungen Stoffwechselvorgänge beeinflußt werden.

Für die Dosierung einer radioaktiven Verbindung ist es weiter von Bedeutung, zu wissen, ob die Verbindung im Rahmen von Stoffwechselwegen eine Rolle spielt, die relativ diffus verteilt im gesamten Organismus vorkommen, oder ob es sich um Verbindungen handelt, die sehr spezifisch nur in ganz bestimmten Geweben nachweisbar sein werden. Möchte man z. B. mit einer markierten Aminosäure die Proteinsynthese darstellen, wird man damit rechnen müssen, daß diese praktisch im gesamten Organismus vorkommt. Die markierte Aminosäure muß in relativ hoher Dosierung angeboten werden, weil sie an sehr vielen Stellen im Organismus gleichzeitig eingebaut werden kann. Möchte man dagegen z. B. mit einer geeigneten Vorstufe die Biosynthese der Schilddrüsenhormone erfassen, wird man dafür mit sehr viel geringeren Dosen einer markierten Verbindung auskommen, weil diese markierte Verbindung nur in ganz begrenzten Bereichen des Organismus nachweisbar sein wird. Abschließend soll noch anhand eines Beispiels gezeigt werden, wie die bisher aufgeführten allgemeinen Dosierungsregeln in die Praxis umgesetzt werden können: Nehmen wir an, daß durch eine ^{3}H-Thymidinmarkierung die DNS-Synthese autoradiographisch dargestellt werden soll (s. Abb. 2.26). Für Verbindungen, bei denen nur ein Wasserstoffatom gegen Tritium ausgetauscht wurde und die sich relativ diffus im Organismus verteilen, reicht zur autoradiographischen Darstellung im lichtmikroskopischen Bereich normalerweise eine Radioaktivität von 1–2 μCi · g^{-1} Körpergewicht bzw. für In-vitro-Untersuchungen 1–2 μCi-ml Medium aus. Für die lichtmikroskopische Darstellung der DNS-Synthese wäre somit die Gabe von 1–2 μCi · g^{-1} bzw. 1–2 μCi · ml^{-1} ^{3}H-Thymidin erforderlich. Da die Dosis für die elektronenmikroskopische Autoradiographie etwa um den Faktor 20 höher sein sollte, wäre in diesem Fall eine Markierung mit 20–40 μCi · g^{-1} bzw. ml ^{3}H-Thymidin zu empfehlen. Würde man statt ^{3}H-Thymidin ^{14}C-Thymidin für die entsprechende Untersuchung verwenden, könnte man das markierte Thymidin etwa um die Hälfte niedriger dosieren (z. b. 10 μCi · g^{-1}).

2.5.3 Strahlenschutz

Ebenso wie die Kenntnisse der chemischen und physikalischen Grundlagen der Autoradiographie, gehören zur Planung und Durchführung autoradiographischer Untersuchungen auch Kenntnisse der Strahlenschutzbestimmungen. Bevor man autoradiographische Untersuchungen plant, muß man wissen, daß der Umgang mit radioaktiven Stoffen genehmigungspflichtig ist. Die Erteilung der Umgangsgenehmigung durch die jeweilige Strahlenschutzbehörde setzt neben dem Nachweis der Fachkunde derjenigen Person, die die Genehmigung beantragt, das Vorhandensein von Räumen voraus, die für Arbeiten mit Isotopen geeignet sind.

Da die üblichen Umgangsregeln für Arbeiten mit radioaktiver Strahlung mehr aus der Sicht des Umgangs mit höherenergetischer β-Strahlung und γ-Strahlung geschrieben sind, soll im folgenden einiges zu Schutzmaßnahmen bei der Arbeit mit niederenergetischen β-Strahlern gesagt werden. Niederenergetische β-Strahler in der Energiegrößenordnung von ^{3}H oder ^{14}C werden häufig wegen ihrer geringen Energie unterschätzt. In den wäßrigen Lösungen, in denen z. B. ^{3}H oder ^{14}C meist im Handel sind, können sie maximal 5–6 μm (^{3}H) bzw. 0.2–0.3 mm (^{14}C) weit strahlen. Die direkte Strahlengefährdung, die von diesen beiden Isotopen ausgeht, ist somit tatsächlich gering. Die Gefährdung beim Umgang mit niederenergetischen β-Strahlern dieser Größenordnung liegt vielmehr darin, daß sie, da sie gut löslich sind bei unsauberem Arbeiten leicht im Körper aufgenommen werden können. Ist ein Isotop durch Kontamination erst einmal in den Organismus und damit z. B. in bestimmte Körperzellen gelangt, ist auch eine niederenergetische β-Strahlung durchaus nicht ungefährlich. Die Schutzmaßnahmen beim Umgang z. B. mit ^{3}H oder ^{14}C müssen deshalb v. a. das Ziel haben, jede Kontamination zu vermeiden. Die Schutzmaßnahmen müssen somit fast eher den Regeln für den Umgang mit pathogenen Keimen als denen für den Umgang mit Radioaktivität entsprechen. In der Praxis bedeutet das Schutzhandschuhe tragen, bei der Arbeit nicht essen oder trinken, nicht mit dem Mund pipettieren usw.

Erst bei Isotopen, die eine β-Energie zwischen 0.5–1.0 MeV haben, sind auch Schutzmaßnahmen gegen die direkte Strahlung zu empfehlen. Das gilt allerdings nur, wenn die Isotopen nicht neben β-Strahlern auch noch α- oder γ-Strahler sind. Jod-131 hat z. B. nur eine β-Strahlung von etwa 0.25–0.8 MeV, sendet aber gleichzeitig noch eine γ-Strahlung aus, die evtl. Schutzmaßnahmen erfordert. Ein reiner niederenergetischer β-Strahler, für den z. B. das Arbeiten hinter einem Plexiglasschirm oder zumindest das Tragen einer Schutzbrille (Gefahr der Linsentrübung) selbstverständlich sein sollte, ist ^{32}P (1.709 MeV).

Weiterführende Literatur

Strahlenschutzverordnung (1978) König Druck- und Verlags-GmbH, München, 138 S

2.5.4 Gewebevorbereitung

Bevor man mit der Vorbereitung der markierten Gewebe für die Autoradiographie beginnen kann, muß man wissen, wie fest die markierten Substanzen in dem jeweiligen Gewebe, das man untersuchen will, gebunden sind. Man kann drei Arten der Bindung radioaktiver Substanzen im Gewebe unterscheiden, durch die die Technik der jeweiligen Gewebsvorbereitung bestimmt wird:

1. strukturgebundene radioaktive Verbindungen,
2. teilweise strukturgebundene Substanzen,
3. ungebundene, lösliche radioaktive Verbindungen.

Zu 1: Kann man sicher sein, daß die radioaktive Verbindung, die man autoradiographisch nachweisen will, fest in bestimmte zelluläre oder extrazelluläre Strukturen eingebaut wird, können die Präparate fixiert, entwässert und eingebettet werden, wie das für die TEM üblich ist. Da die elektronenmikroskopische Autoradiographie strukturgebundener Substanzen technisch am einfachsten durchzuführen ist und deshalb auch mit den wenigsten Fehlermöglichkeiten behaftet ist, sollte man sich, soweit wie möglich auf Markierungsversuche beschränken, bei denen die angebotene Verbindung unlöslich in Strukturen eingebaut wird.

Zu 2 u. 3: Markiert man die zu untersuchenden Objekte mit Verbindungen, von denen man das Bindungsverhalten im Organismus nicht genau kennt, läßt sich mit Hilfe einer Szintillationszählung das Bindungsverhalten zumindest grob bestimmen. Dazu homogenisiert man das frisch entnommene Gewebe, in dem sich die markierte Substanz befinden soll und zentrifugiert es, bis sich ein deutlicher Überstand abgesetzt hat. Dann wird der Überstand abgegossen und die in ihm enthaltene Radioaktivität in einem Szintillationszähler ermittelt. Der durch Zentrifugation erhaltene Bodensatz (Pellet) wird dann in einem handelsüblichen (z. B. Fa. Beckmann oder Fa. Packard) Mittel zum Auflösen von organischem Material gelöst und die im Bodensatz enthaltene Radioaktivität ebenfalls durch Szintillationszählung ermittelt. Die Summation der Messung im Überstand und die Messung im Bodensatz ergeben die Gesamtaktivität im Gewebe. Ist mehr als 50 % der Gesamtaktivität im Bodensatz nachweisbar, kann man davon ausgehen, daß zumindest ein Teil der applizierten Radioaktivität in irgendeiner Weise im Gewebe gebunden vorliegt. Es empfiehlt sich in einem solchen Fall, doch die Technik der elektronenmikroskopischen Autoradiographie strukturgebundener Substanzen zu versuchen, auch wenn möglicherweise ein Teil der markierten Verbindungen durch Fixierung und Entwässerung aus dem Gewebe herausgelöst wird. Man kann auf diese Weise, z. B. beim

Nachweis radioaktiv markierter Hormone oder anderer rezeptorgebundener Substanzen, durchaus befriedigende autoradiographische Ergebnisse erhalten.

Erst wenn man aufgrund der starken Löslichkeit einer markierten Verbindung kaum eine Chance sieht, daß diese Verbindung nach Fixation und Entwässerung noch im Gewebe nachweisbar ist, sollte man sich an den Nachweis wasserlöslicher Substanzen wagen. Die Schwierigkeit der elektronenmikroskopischen Autoradiographie wasserlöslicher Substanzen liegt darin, daß das Gewebe weder mit wäßrigen noch mit wasserentziehenden Lösungen in Verbindung treten darf, und dennoch die Ultrastruktur der Gewebe so gut erhalten sein muß, daß eine Lokalisation der markierten Verbindung noch möglich ist.

Erster Schritt der Gewebevorbereitung ist immer das Einfrieren des Gewebes. Dieser erste Schritt entscheidet im wesentlichen darüber, wie die Ultrastruktur erhalten bleibt. Man sollte deshalb dieses Einfrieren von Geweben unbedingt vorher geübt und die Erfolge elektronenmikroskopisch kontrolliert haben, bevor man mit markiertem Material arbeitet. Nähere Einzelheiten über die Technik des Einfrierens von Geweben sind in dem Kapitel über die Gefrierätztechnik (s. 2.6) nachzulesen. Für die Weiterverarbeitung der eingefrorenen Präparate bieten sich mehrere Techniken an. Bevor aber die Techniken der elektronenmikroskopischen Autoradiographie löslicher Substanzen beschrieben werden sollen, muß auf einige grundsätzliche technische Schwierigkeiten eingegangen werden. Diese technischen Schwierigkeiten haben zu einem großen Teil nicht direkt etwas mit der Autoradiographie zu tun, sondern sind Probleme, die bei der Vorbereitung der Gewebe für die EM entstehen. Voraussetzung für die Autoradiographie löslicher Substanzen ist nämlich, daß die Präparate während der gesamten Verarbeitungsphase nicht mit Flüssigkeiten in Berührung kommen. Durch Kontakt mit flüssigen Medien könnte es zu einer Verschiebung der radioaktiven Verbindungen im Gewebe kommen, und die jeweilige Verbindung wäre nicht mehr an den Ort zu lokalisieren, an dem sie ursprünglich lag. Um diese Dislokation der radioaktiven Substanzen im Gewebe zu verhindern, dürfen die Präparate also weder wie üblich fixiert noch wie üblich entwässert und eingebettet werden. Das führt zu erheblichen Problemen bei dem Bestreben, die Ultrastruktur der Gewebe zufriedenstellend zu erhalten. Beherrscht man nicht zuvor entweder die Techniken der Gefriertrocknung oder die der Ultrakryotomie, ist es relativ sinnlos, sich mit der elektronenmikroskopischen Autoradiographie löslicher Verbindungen zu befassen. Das Ergebnis wäre ein elektronenmikroskopisches Präparat, dessen Ultrastruktur so zerstört wäre, daß man keine Aussage über die Lokalisation einer Markierung z. B. in bestimmten Zellorganellen machen könnte, ganz einfach deshalb, weil die Organellen elektronenmikroskopisch nicht mehr zu erkennen wären.

Im folgenden sollen nun zwei zur Autoradiographie wasserlöslicher Verbindungen anwendbare Methoden, die der Gefriertrocknung und die der Ultrakryotomie, kurz beschrieben werden.

Die Gefriertrocknung ist sicher die für die elektronenmikroskopische Autoradiographie löslicher Verbindungen weitverbreitetste Methode. Dazu werden die eingefrorenen Präparate in einer Gefriertrocknungsanlage z. B. bei $-85\,°C$ und einem Vakuum, das unter 5×10^{-6} mm Hg liegen sollte, getrocknet. Die so getrockneten Präparate werden anschließend in Osmiumdampf fixiert. Dazu kann man die Präparate auf ein Gitter legen, das über einem Becherglas befestigt ist, welches 2%

OsO_4 in Puffer enthält. Dazu stellt man das Becherglas am besten in einen Exsikkator. Anschließend werden die getrockneten und dampffixierten Präparate direkt in Epon eingebettet. Da man die gefriergetrockneten Präparate aus dem Vakuum herausnehmen muß, besteht die Gefahr, daß die Präparate, da sie hygroskopisch sind, Feuchtigkeit aus der Luft aufnehmen. Um diese Fehlermöglichkeit auszuschließen, sind inzwischen Gefriertrocknungsanlagen konstruiert worden, in denen man die Präparate trocknen, mit Dampf fixieren und einbetten kann, ohne das Vakuum aufheben zu müssen. Die auf diese Weise eingebetteten Präparate werden dann genauso weiterverarbeitet wie die Präparate für die elektronenmikroskopische Autoradiographie strukturgebundener Substanzen.

Das andere Verfahren, das kurz vorgestellt werden soll, ist die Ultrakryotomie. Die Ultrakryotomie ist eine schon seit vielen Jahren bekannte Methode, hat aber erst in den letzten Jahren, v. a. bedingt durch ihren Einsatz in der elektronenmikroskopischen Immunhistochemie, eine größere Verbreitung erfahren. Allerdings sind auch heute die Ergebnisse der Gefrierschneidetechnik bezüglich der Erhaltung der Ultrastruktur meist noch unbefriedigend. Dennoch handelt es sich bei dieser Technik möglicherweise um eine Methode, die Zukunft hat. Die mit Hilfe der Ultrakryotomie hergestellten Gewebeschnitte sollten, bevor sie für die Autoradiographie weiter verarbeitet werden, noch mit einer Kohleschicht bedampft werden, um sie vor Feuchtigkeit zu schützen. Die weitere Verarbeitung dieser so hergestellten Präparate wird in dem Abschnitt, der sich mit der Befilmungstechnik mit Photoemulsion befaßt, eingegangen werden.

Weiterführende Literatur

Stumpf WE (1976) Techniques for the autoradiographie of diffusible compounds. In: Prescott D (ed) Methods in cell biology, vol XIII, chap 9, Academic Press, London New York, pp 171–193
Terracio L, Schwabe KG (1981) Freezing and drying of biological tissues for electron microscopy. J Histochem Cytochem 29: 1021–1028
Wilske KR, Ross R (1965) Autoradiographie localization of lipid- and water-soluble compounds: a new approach. J Histochem Cytochem 13: 38–43

2.5.5 Umgang mit Photoemulsionen in der Autoradiographie

2.5.5.1 Technische Voraussetzungen zur Durchführung der Autoradiographie

Der Umgang mit Photoemulsionen zur Durchführung der Autroadiographie erfordert bestimmte räumliche und instrumentelle Voraussetzungen. Größte Anstrengungen sind bei der Autoradiographie, besonders der elektronenmikroskopischen Autoradiographie erforderlich, um das Auftreten von „background", d. h. das Auftreten von Silberkörnern im Präparat, die nicht durch radioaktive Strahlung entstehen, zu verhindern. Die räumliche Voraussetzung für diese Arbeiten ist eine spezielle Dunkelkammer, in der ausschließlich autoradiographische Arbeiten und keine sonstigen photographischen Arbeiten ausgeführt werden dürfen. Außerdem sollte der Zugang zu dieser Dunkelkammer wenigen Personen vorbehalten sein. Daß die Dunkelkammer absolut lichtdicht sein muß und nur über eine Lichtschleuse zu begehen sein sollte, ist selbstverständlich. Wichtig ist weiter, daß diese Dunkelkammer möglichst wenig Einrichtungsgegenstände enthält, an denen sich Staub fangen kann. Wände und Decken sollten möglichst glatt und abwaschbar sein. Rohre und Leitungen sollten unter Putz liegen. Das Mobiliar sollte auf das absolut unumgängliche Maß beschränkt werden: Man braucht z. B. einen Phototisch mit Becken und Wasseranschluß, an dem man seine Entwicklungs- und Fixierarbeiten verrichten kann. Darüber hinaus sollte ein weiterer Tisch im Raum vorhanden sein, auf dem die Beschichtung der Präparate mit Photoemulsion erfolgen kann. Weiter muß in dem Raum ein Kühlschrank, evtl. mit Tiefkühleinrichtung vorhanden sein, in dem die autoradiographischen Präparate exponiert werden können. Bis auf einen Stuhl und eine Abstellmöglichkeit für Instrumente, Entwickler und Fixierungsmittel sollte diese Dunkelkammer möglichst leer sein.

An Installationen wird in dem Autoradiographieraum folgendes benötigt: Man braucht Warm- und Kaltwasseranschlüsse und die dazugehörigen Abläufe für das Photobecken, an dem man seine Entwicklungen und Fixierungen durchführen kann. Darüber hinaus benötigt man Steckdosen für die Kühl- bzw. Tiefkühlschränke und über dem Tisch, an dem man mit den Photoemulsionen umgeht, Steckdosen für ein Wasserbad. Außerdem braucht man sowohl über dem Photobecken als auch über dem Tisch je eine Photolampe. Verwendet man, für die elektronenmikroskopische Autoradiographie die Ilford-L4-Photoemulsion, kann man das für Photolabors übliche Rotlicht installieren. Arbeitet man dagegen mit anderen Photoemulsionen, sollte man sich bei dem jeweiligen Hersteller erkundigen, welche Filter in die Photolampen einzusetzen sind (z. B. Kodak NTE-Emulsion = Filter Wratten-Series No. 2).

Besteht die Möglichkeit, den Autoradiographieraum zu klimatisieren, ist das von Vorteil. Die Gelatine der Photoemulsion ist nämlich relativ empfindlich gegenüber klimatischen Einflüssen. Man sollte den Raum so klimatisieren, daß eine Raumtemperatur von 21°–22 °C eingehalten wird. Die Luftfeuchtigkeit sollte beim Trocknen von Photoemulsionen etwa 50% betragen. Um sie kontrollieren zu können, muß in dem Raum ein Hygrometer installiert werden. Hat man keine Möglichkeit den Autoradiographieraum zu klimatisieren, sollte man zumindest darauf achten, daß der Raum nicht direkter Sonneneinstrahlung ausgesetzt ist. Am besten eignen sich als Autoradiographieräume innenliegende, fensterlose Zimmer mit Be- und Entlüftungsmöglichkeiten.

Folgende Geräte werden zur Durchführung der Autoradiographie benötigt: Ein kleines Wasserbad (etwa 2 l Inhalt), das man auf Temperaturen zwischen 35° und 50 °C einstellen kann, mehrere kleine Bechergläser (20, 50, 100 ml) und Glasstäbe zum Umrühren der Photoemulsion. Die übrigen für die Autoradiographie noch speziell erforderlichen Geräte sind unter 2.5.5.5 beschrieben. Welche Geräte man im einzelnen benötigt, hängt davon ab, für welche der dort aufgeführten Beschichtungstechniken man sich entscheidet.

2.5.5.2 Auswahl der Photoemulsionen, Bedeutung für das Auflösungsvermögen

Etwas vereinfacht gesagt, bestehen Photoemulsionen aus Gelatine, in der sich Silber-(bromid-)körner befinden. Die verschiedenen Photoemulsionen unterscheiden sich in erster Linie in der Größe der Silberkörner und in dem Mengenverhältnis zwischen Silberkörnern und Gelatine. Diese Faktoren sind es auch, die im wesentlichen die Empfindlichkeit einer Photoemulsion bestimmen. Je größer die Silberkörner sind und je mehr davon in der Gelatine liegen, desto empfindlicher ist die Photoemulsion. Gerade für die elektronenmikroskopische Autoradiographie wäre es von großem Vorteil, wenn man möglichst empfindliche Photoemulsionen verwenden könnte, da in den sehr dünnen elektronenmikroskopischen Präparaten nur noch sehr wenig Radioaktivität vorhanden ist. Um ein befriedigendes autoradiographisches Auflösungsvermögen im elektronenmikroskopischen Bereich zu erzielen, muß man aber Schritte unternehmen, die die Empfindlichkeit der Photoschichten stark herabsetzen.

Nehmen wir den Fall an, eine mit Tritium radioaktiv markierte Verbindung ist innerhalb einer Zelle in einem Areal mit einem Durchmesser von 1 nm eingebaut. Gehen wir weiter davon aus, daß die Verbindung an der Oberfläche des elektronenmikroskopischen Schnitts liegt. Das Tritium sendet von dieser Position innerhalb der Zelle kugelförmig in alle Richtungen Elektronen aus (Abb. 2.27). Anhand der ausgesandten Elektronen möchte man mit Hilfe einer Photoemulsion den Ort dieser Strahlungsquelle genau bestimmen. Die einzelnen Reaktionsschritte, die die autoradiographische Lokalisation der Strahlungsquelle ermöglichen, sind dabei folgende: Die von der radioaktiven Verbindung ausgesandten Elektronen treffen zuerst auf die Silberbromidkristalle, die in ihrer nächsten Nähe liegen. Diese werden durch die Elektronen so reduziert, daß aus ihnen nach der photographischen Entwicklung metallisches Silber wird. Die Information über den Ort einer Strahlungsquelle im Gewebe erhält man also durch die Lokalisation entwickelter Silberkörner auf dem Gewebeschnitt.

Wollte man in dem vorliegenden Beispiel die 1 nm große Strahlungsquelle genau lokalisieren, müßten dazu zwei direkt über der Strahlungsquelle liegende Silberkörner entwickelt werden. Wären diese 0.5 nm groß, könnte die Strahlungsquelle anhand der entwickelten Silberkörner auch bei ungünstiger Position mit ausreichender Genauigkeit lokalisiert werden. Wären die Silberkörner der für die Autoradiographie verwandten Photoemulsion aber 2 nm, wäre die Lokalisation der 1 nm großen Strahlungsquelle anhand der entwickelten Silberkörner mit 4 nm deutlich schlechter (Abb. 2.27b). Je größer demnach die Silberkörner einer Photoemulsion sind, desto schlechter wird das Auflösungsvermögen der elektronenmikroskopischen Autoradiographie, d. h. um so ungenauer läßt sich eine radioaktive Verbindung im Gewebe lokalisieren. Um ein möglichst gutes Auflösungsvermögen zu erzielen, verwendet man in der elektronenmikroskopischen Autoradiographie nicht nur Photoemulsionen mit möglichst kleinen Silberbromidkristallen, sondern man versucht darüber hinaus, die Photoschicht, mit der man die Präparate überzieht, so dünn wie möglich zu halten. Das bedeutet in der Praxis, daß man versucht, eine Photoschicht herzustellen, die nur aus einer einzigen Lage dicht aneinandergereihter Silberbromidkristalle besteht (Monolayer). Verwendet man wegen des optimalen Auflösungsvermögens eine Photoschicht, die nur aus einer Lage möglichst klei-

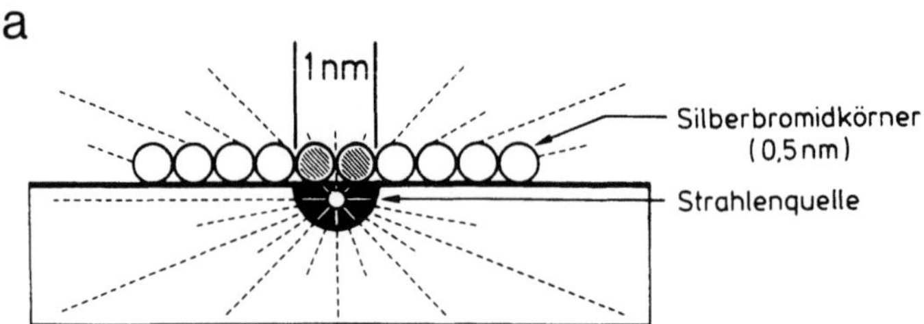

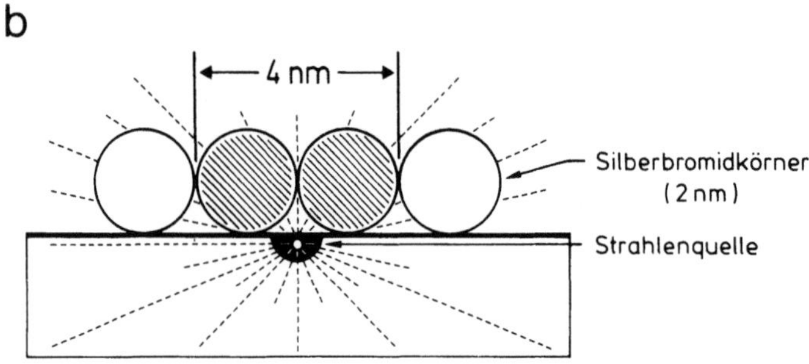

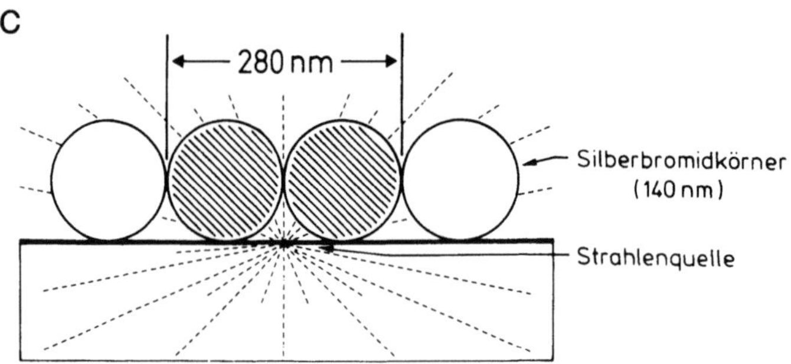

Abb. 2.27 a-c. Zusammenhang zwischen Größe der Silberbromidkörner und dem Auflösungsvermögen. Bei einem theoretischen Korndurchmesser von 0.5 nm **(a)** würden zwei nebeneinanderliegende Silberkörner *(gepunktet)* am stärksten von der Strahlung getroffen werden, d.h. das Auflösungsvermögen könnte 1 nm betragen. Bei einer Korngröße von 2 nm **(b)** würde das Auflösungsvermögen bei obiger Anordnung der Silberbromidkörner 4 nm betragen. Auflösungsvermögen einer elektronenmikroskopischen Autoradiographie bei einem Korndurchmesser von 140 nm (Ilford-L4-Emulsion) und obiger Anordnung = 280 nm **(c)**. Würde ein Silberkorn genau über der Strahlenquelle liegen, ergäbe sich ein Auflösungsvermögen von 140 nm

ner Silberbromidkristalle besteht, vermindert man dadurch deutlich die Empfindlichkeit der jeweiligen Photoemulsion. Andererseits muß man unbedingt alle möglichen Wege zur Erhöhung des autoradiographischen Auflösungsvermögens ausnutzen, weil dieses im Vergleich zum Auflösungsvermögen der TEM recht schlecht ist.

Die in dem Beispiel angeführte Größe der Silberbromidkörner von 0.5 nm, mit der man eine Auflösung von 1 nm oder im Idealfall von 0.5 nm erzielen könnte, wenn das Korn genau über der Strahlungsquelle läge, ist leider völlig unrealistisch. In der Praxis beträgt der kleinste Durchmesser von Silberbromidkristallen in käuflichen Photoemulsionen (Kodak NTE) 0.06 µm, d. h. 60 nm. Die Photoemulsion, die zumindest in Europa am häufigsten für die elektronenmikroskopische Autoradiographie benutzt wird, ist die Ilford-L4-Photoemulsion mit einem Silberbromidkorndurchmesser von 0.14 µm = 14 nm. Es existieren Berechnungen, nach denen das theoretisch zu erzielende Auflösungsvermögen etwa dem Silberkorndurchmesser entspricht, d. h. das theoretisch mögliche Auflösungsvermögen der elektronenmikroskopischen Autoradiographie würde zwischen 60 und 140 nm liegen (Abb. 2.27 c).

Geht man davon aus, daß das Auflösungsvermögen der lichtmikroskopischen Autoradiographie etwa bei 1 µm = 1000 nm liegt, so ist also das Auflösungsvermögen der elektronenmikroskopischen Autoradiographie nur um das 10fache höher. Der Hauptvorteil der elektronenmikroskopischen Autoradiographie liegt also nicht so sehr in einem guten Auflösungsvermögen, sondern vielmehr darin, daß man die Markierung z. B. bestimmten Zellorganellen zuordnen kann, die man normalerweise lichtmikroskopisch nicht erkennt.

Weiterführende Literatur

Bachmann L, Salpeter MM (1967) Absolute sensitivity of electron microscope autoradiography. J Cell Biol 33: 299–305
Caro LC (1962) High-resolution autoradiography II. The problem of resolution. J Cell Biol 15: 189–199

2.5.5.3 Herstellung der Gewebeschnitte

Die Herstellung der Gewebeschnitte für die elektronenmikroskopische Autoradiographie geht im wesentlichen so vor sich wie für die übliche TEM. Bewährt hat sich eine Schnittdecke von etwa 50 nm (goldene bzw. gelbe Schnitte). Es wird von einigen Autoren empfohlen, statt Kupfergrids Nickelgrids zu verwenden. Die Kupfergrids zeigen zwar nach den Entwicklungsschritten z. T. eine starke Verfärbung, das beeinflußt aber nicht die Qualität der Autoradiographien.

Ob man für die elektronenmikroskopische Autoradiographie als Präparatträger besser Einzelloch- oder aber Mehrlochgrids verwenden sollte, hängt davon ab, mit welcher Technik man die Präparate mit Photoemulsion befilmen will. Benutzt man Techniken, bei denen die Photoemulsion nicht direkt an den Grids abfließen soll, wie z. B. bei der Schlingentechnik, ist es ratsam, die Schnitte auf formvarbeschichtete Mehrlochgrids zu legen. Auf Mehrlochgrids liegende Präparate überstehen ganz einfach besser die Entwicklungs- und Fixierungsvorgänge, weil der Formvarfilm und damit auch die Präparate duch die Gitterstege gut stabilisiert werden.

Für das eine Verfahren der Dipping-Technik, bei der man die Präparate auf formvarbeschichteten Objektträgern befilmt, exponiert, entwickelt und fixiert und erst dann auf Grids überträgt, ist es völlig bedeutungslos, welche Grids man verwendet, weil die eigentliche autoradiographische Prozedur ja nicht auf den Grids vollzogen wird. Werden die Präparate dagegen mit der hier beschriebenen Ablauftechnik befilmt, empfiehlt es sich, statt Mehrlochgrids Einzellochgrids zu benutzen. Bei allen Techniken, bei denen die flüssige Photoemulsion an den Grids ablaufen muß, kommt es an den Grenzbereichen zwischen Stegen der Grids und Formvarfilm zu einer Verdichtung der Photoemulsion durch Adhäsionsvorgänge. Obwohl bei Verwendung von Einzellochgrids die Trägerfolien bei den Verarbeitungsvorgängen für die Autoradiographie erheblichen Belastungen ausgesetzt sind, da sie ungestützt eine relativ große Fläche überspannen müssen, vertragen sie das normalerweise problemlos. Eine Stabilisierung der Trägerfilme, z. B. durch eine Beschichtung mit Kohle, ist normalerweise nicht erforderlich.

2.5.5.4 *Technik der lichtmikroskopischen Autoradiographie*

Die Durchführung der elektronenmikroskopischen Autoradiographie ist ohne Kenntnisse der lichtmikroskopischen Autoradiographie nicht möglich (Tabellen 2.11 und 2.12). Für jedes elektronenmikroskopische Präparat sollte auch ein lichtmikroskopisches Autoradiographiepräparat zur Kontrolle der Expositionszeiten angefertigt werden. Im folgenden soll deshalb kurz darauf eingegangen werden, wie die lichtmikroskopische Autoradiographie strukturgebundener Substanzen vor sich geht. Wer sich genauer für die lichtmikroskopische Autoradiographie, besonders für den autoradiographischen Nachweis z. B. wasserlöslicher Verbindungen interessiert, dem ist die Lektüre der unten aufgeführten Autoradiographiebücher zu empfehlen.

Zur lichtmikroskopischen Autoradiographie werden von den in Kunststoff eingebetteten Präparaten 1 µm dicke Schnitte angefertigt, die auf mit Alkohol-Ehter (1:1) gesäuberte Objektträger aufgebracht werden. Es empfiehlt sich, von jedem Präparat etwa fünf verschiedene Objektträger mit mindestens je drei Schnitten anzufertigen. Man sollte markieren, auf welcher Seite des Objektträgers die Schnitte liegen. Die Objektträger werden dann mit einer Chromalaungelatineschicht verse-

Tabelle 2.11. Chemikalien für die lichtmikroskopische Autoradiographie

Reiner Alkohol	Ether
Chromalaun	Gelatine (Kapseln)
Photoemulsion	Kalziumchlorid oder vergleichbare Trocknungsmittel
Kodak-D19-Entwickler	Kodak Fixiermittel
Färbelösung (z. B. Toluidinblau)	Eindeckmittel (z. B. Euparal)

Tabelle 2.12. Geräte und Material für die lichtmikroskopische Autoradiographie

Objektträger	Deckgläser
Objektträgerhalter	Färbeküvette
Wasserbad	Kurzzeitwecker
etwa fünf Bechergläser (z. B. 2 × 50 und 3 × 100 ml)	
Drahtgestell zur Befestigung der Färbeküvette im Wasserbad	
Lichtdichte Kästen zur Exposition der Präparate	

hen. Diese Schicht ermöglicht eine bessere Haftung der Photoemulsion auf den Schnitten. Die Chromalaungelatine stellt man folgendermaßen her:

In 1000 ml Aq. dest., das auf 37 °C erwärmt wird, gibt man 0.5 g Chromalaun (Chrom-(III-)kaliumsulfatdodecahydrat). Hat sich das Chromalaun gelöst, gibt man 5 g Gelatine dazu (z. B. Gelatinekapseln, wie sie in einem EM-Labor für Einbettungen meist vorhanden sind).

Hat sich auch die Gelatine gelöst, werden die Objektträger in die Lösung eingetaucht und dann senkrecht auf Filterpapier zum Trocknen aufgestellt. Wichtig ist, daß dieser Vorgang in einer möglichst staubfreien Umgebung geschieht. Nach dem Trocknen der Gelatineschicht stellt man die Präparate in Objektträgerhalter und bewahrt sie staubfrei auf.

Zur Beschichtung der Präparate mit Photoemulsion empfiehlt sich die Dippingtechnik. Man braucht dazu eine Färbeküvette, die man in ein Wasserbad stellt. Die Färbeküvette sollte so groß sein, daß ein Objektträger gerade hineinpaßt. Bei Verwendung unnötig großer Küvetten oder Bechergläser, verbraucht man zu viel teure Photoemulsion. Außerdem benötigt man ein Becherglas (50 ml oder etwas mehr), auf dem man die 50 ml-Marke mit einem schwarzen Strich dick markiert. Das Wasserbad, in dem sich das Becherglas und Küvette befinden, erwärmt man auf 42 °C. Dann füllt man in das Becherglas 25 ml Aq. dest. Bei Rotlicht gibt man in das Becherglas so lange Photoemulsion (z. B. Ilford L4) hinein, bis der schwarze Strich (50 ml) erreicht ist. Unter gelegentlichem Umrühren mit einem Glasstab wartet man, bis sich die Photoemulsion gelöst hat. Dann wird die Küvette mit der Photoemulsion gefüllt und die Objektträger in sie eingetaucht. Jeder Objektträger, der auf diese Weise durch „Dipping" beschichtet wurde, wird danach auf Filterpapier senkrecht zum Trocknen aufgestellt. Die beschichteten Objektträger müssen mindestens 1 h, am besten bei absoluter Dunkelheit, getrocknet werden.

Zur Beschichtung der Objektträger kann man dieselbe Ablaufeinrichtung verwenden, mit der sich auch elektronenmikroskopische Präparate befilmen lassen. Einzelheiten dazu, insbesondere die Beschreibung der Apparatur, sind unter 2.5.5.5.3 beschrieben. Anschließend werden die Präparate (alles bei Rotlicht) in einen Präparatehalter gestellt, der wiederum in einer lichtundurchlässigen Box aufbewahrt wird. In die Boxen muß ein Trocknungsmittel (z. B. CaCl$_2$) gelegt werden. Dann werden die in den Boxen liegenden Objektträger in einem Kühlschrank bei 4 °C exponiert.

Etwa nach einer Woche kann man die erste Probeentwicklung durchführen. Dazu nimmt man einen exponierten Objektträger heraus und entwickelt ihn für 3 min bei Raumtemperatur in Kodak-D19-Entwickler in einer Küvette. Nach einer Zwischenwässerung (drei Bechergläser zu je 100 ml mit Aq. dest. gefüllt) wird der Objektträger für 15 min fixiert. Erst nach der Fixierung sollten entwickelte Objektträger Licht ausgesetzt werden. Danach empfiehlt es sich, die Objektträger etwa 30 min in fließendem Wasser zu spülen. Anschließend werden die Präparate gefärbt, (z. B. mit Toluidinblaulösung) und in Euparal mit einem Deckglas eingedeckt.

Sieht man nach einer Woche Expositionszeit noch keine positiven Reaktionen im Präparat, wartet man eine weitere Woche und wiederholt die Prozedur so lange, bis in dem Präparat eine deutliche Markierung zu erkennen ist.

Aus der Dauer der lichtmikroskopischen Expositionszeit läßt sich grob berechnen, nach welchem Expositionszeitraum die erste Kontrollentwicklung der elektronenmikroskopischen Autoradiographie sinnvoll erscheint. Beträgt die lichtmikroskopische Expositionszeit z. B. 2 Wochen, sollte man mindestens die 5fache Zeit bis zur ersten elektronenmikroskopischen Kontrollentwicklung warten.

Weiterführende Literatur

Amlacher E (1974) Autoradiographie in Histologie und Cytologie. Fischer, Stuttgart, 216 S
Fischer HA, Werner G (1971) Autoradiographie. De Gruyter, Berlin, 214 S

2.5.5.5 Technik der Beschichtung von Präparaten mit Photoemulsion

Wie schon erwähnt, ist es das Ziel der Beschichtung der Präparate mit Photoemulsion, die Schnitte mit einer möglichst gleichmäßigen Monolayer von Silberbromidkörnern zu überziehen. Da dieses Ziel schwer zu erreichen ist, sind in der Vergangenheit zahlreiche Beschichtungsmethoden vorgestellt worden, von denen allerdings nur ganz wenige eine größere Verbreitung erfahren haben. Die Methode, mit der sich die gleichmäßigsten Photoschichten herstellen lassen, ist die Schlingenmethode.

a) Die Schlingenmethode

Für die elektronenmikroskopische Autoradiographie empfiehlt sich die L4-Photoemulsion von Ilford. Für die Schlingenmethode muß diese Photoemulsion etwa 1:2 mit Aq. dest. verdünnt werden. Man markiert ein nicht zu schmales Gefäß, z. B ein Becherglas, mit einem dicken schwarzen Strich auf der Höhe, die der Menge der Photoemulsion entspricht, die man sich herstellen will. Das Becherglas muß eine so große Öffnung haben, daß man mit der etwa 30 mm großen Drahtschlinge noch gut hineinkommt.

Dieses Becherglas füllt man dann mit 20 ml Aq. dest. und erwärmt es in einem Wasserbad auf etwa 42 °C. Hat das Aq. dest. die Temperatur von 42 °C erreicht, muß man bei Rotlicht so lange L4-Photoemulsion in das Becherglas geben, bis der Flüssigkeitsspiegel die schwarze Markierung erreicht hat. Man läßt die so hergestellte Photoemulsion unter gelegentlichem Umrühren mit einem Glasstab am besten noch 15–30 min stehen, damit sie sich gut löst.

Damit man die Präparate nun mit der Photoemulsion befilmen kann, muß man sich eine Vorrichtung konstruieren, auf die man die Grids, die befilmt werden sollen, legen kann. Außerdem braucht man eine geeignete Drahtschlinge. Zur Aufnahme der Grids eignen sich z. B. Kunststoffstäbe, die man senkrecht auf eine Platte montiert. (Abb. 2.28). Die Kunststoffstäbe müssen etwa den Durchmesser der zu befilmenden Grids haben.

Die Drahtschlinge stellt man sich am besten aus einem dünnen (0.3–0.5 mm) Platindraht her, den man z. B. an einem Holzstab oder mit Wachs an einer Pipette befestigt. Als Form für die Drahtschlinge hat sich eine eher rechteckige Schlinge, die etwa 30 × 15 mm groß ist, bewährt (s. Abb. 2.28). Die Schlinge sollte gegenüber

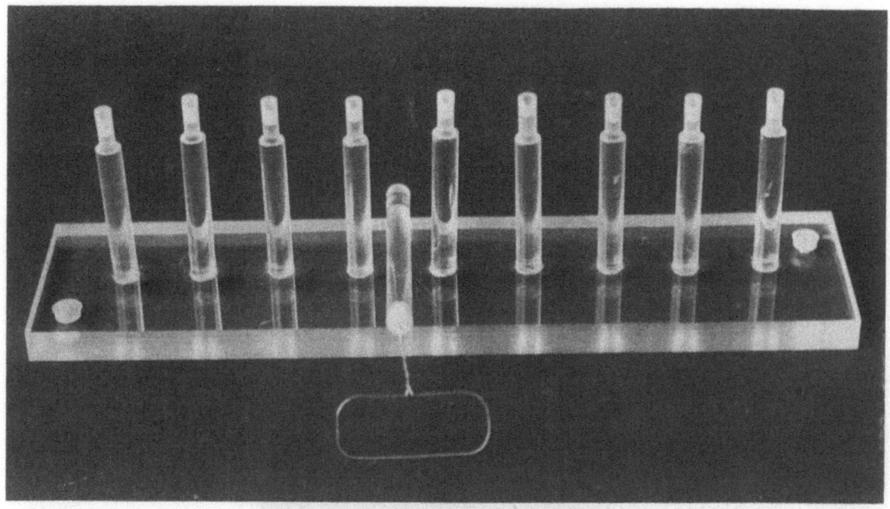

Abb. 2.28. Schlinge und Vorrichtung zur Aufnahme der Blenden für die Beschichtung mit der Loop-Methode

dem Befestigungsstab etwa im rechten Winkel abgebogen sein, damit man sie mit der ganzen Fläche etwa waagerecht in das Becherglas eintauchen kann.

Man befilmt am besten zuerst zur Kontrolle mit Formvar beschichtete Grids, auf denen keine Schnitte liegen. Diese Grids legt man auf die Kunststoffstäbe. Dann taucht man die Schlinge in die erwärmte Photoemulsion und zieht sie langsam wieder heraus. Die aus der Emulsion herausgezogene Schlinge hält man nun senkrecht, bis die Photoschicht zu gelieren beginnt. Dabei entsteht im oberen Drittel der Schlinge ein Bereich, in dem die Photoschicht besonders dünn und gleichmäßig ist (Abb. 2.29).

Platzen die Schichten innerhalb der Schlinge sofort, ist die Photoemulsion zu dünn, und man muß noch etwas L4-Emulsion dazugeben. Natürlich muß man dann wieder etwas warten, bis die Emulsion geschmolzen ist und erneut umrühren. Nach etwa 30–60 s ist die Filmschicht in der Schlinge fest. Dann stülpt man die Schlinge so über die Grids, daß sich ein dünner Teil der Photoschicht über die Grids legt. Die auf diese Weise befilmten Grids sieht man sich dann sofort im Elektronenmikroskop an, um die Verteilung der Silberkörner in der Photoschicht erkennen zu können. Liegen die Silberkörner zu weit auseinander, ist die Photoemulsion zu dünn (Abb. 2.30).

Hat man mit Hilfe von Vorversuchen einerseits die Verdünnung der Photoemulsion richtig eingestellt und andererseits ein Gefühl dafür entwickelt, in welchen Abschnitten der Schlinge die Photoschichten am homogensten sind, kann man in gleicher Weise die eigentlichen Präparate befilmen.

Während es für die Befilmung der meisten Präparate, wie später noch ausgeführt werden wird, methodische Alternativen gibt, ist man für die Befilmung von Ultrakryotomschnitten weitgehend auf die Loop-Technik angewiesen. Die Ultrakryotomschnitte, die man zur autoradiographischen Darstellung löslicher Verbindungen anfertigt, dürfen vor der Entwicklung nicht mit wäßrigen Lösungen in Kontakt tre-

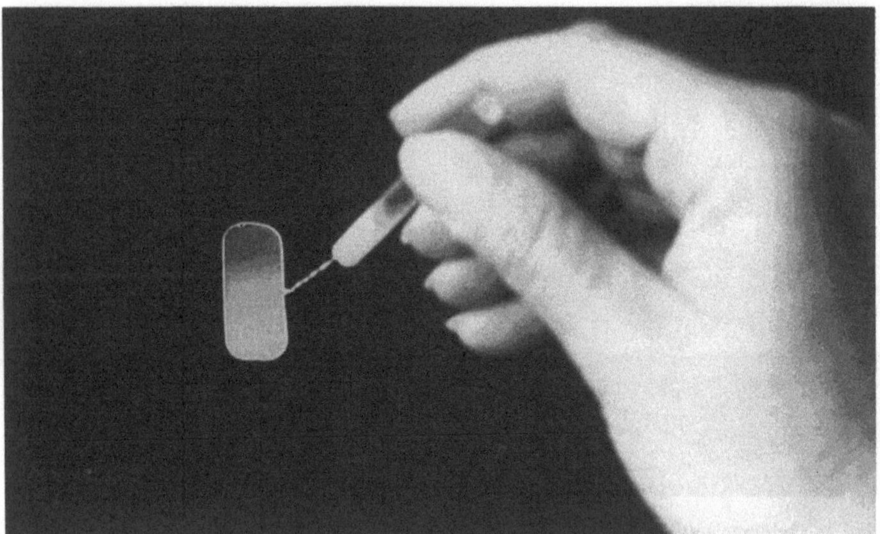

Abb. 2.29. In der Schlinge gelierende Photoemulsion. Im oberen, dunkleren Bereich ist die Photoschicht am dünnsten

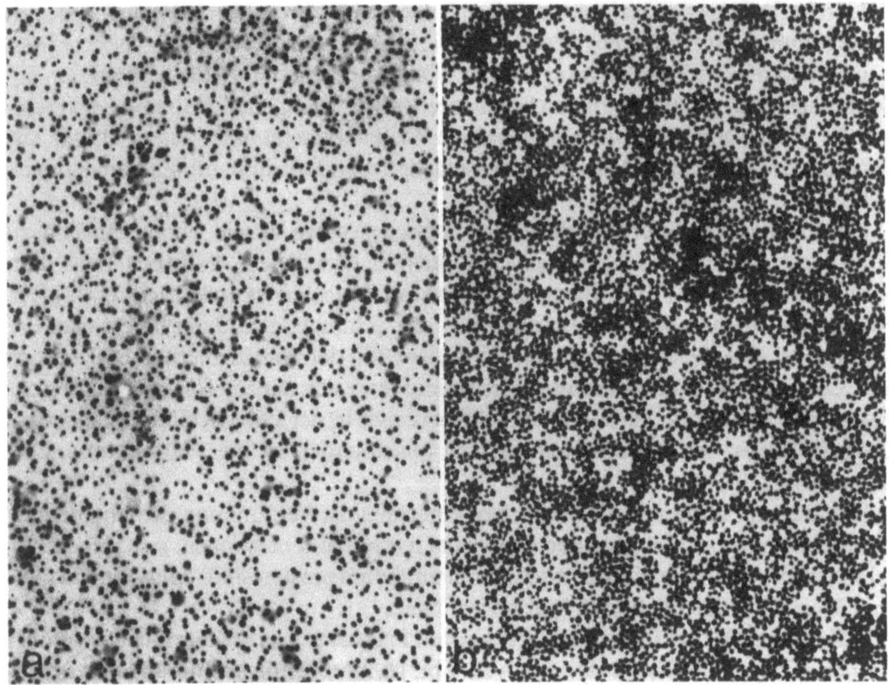

Abb. 2.30. a Schicht einer Ilford-L4-Photoemulsion nach zu starker Verdünnung der Emulsion (Abstände zwischen den Silberkörnern zu groß). **b** Schicht einer Ilford-L4-Photoemulsion nach zufriedenstellender Verdünnung der Emulsion (etwa 1 Teil Emulsion auf 4 Teile Aq. dest.)

ten. Man hat zwar versucht, das Eindringen von Feuchtigkeit aus der Photoemulsion in die Schnitte durch das Darüberlegen dünner Filme (z. B. Formvar, Celloidin) zu verhindern, die technisch beste und sicherste Lösung ist aber das trockene Befilmen mit Hilfe der Loop-Technik.

Bevor man die Präparate mit der Photoschicht, die sich in der Drahtschlinge gebildet hat, in Kontakt bringt, sollte man bei Gefrierschnitten immer abwarten, bis die Schicht nicht nur anfängt zu gelieren, sondern völlig trocken ist. Dabei passiert es zwar relativ leicht, daß die Photoschicht während des Trocknens noch platzt. Aber jede Feuchtigkeit auf den Präparaten könnte zu einer Dislokation der löslichen Verbindungen im Gewebe führen. Im Zweifelsfall ist es besser, eine zu dicke als eine zu feuchte Photoschicht auf den Präparaten zu haben. Die mit der Loop-Technik befilmten Blenden werden anschließend von den Kunststoffstäben genommen und mit ihren Rändern an den Rand eines Tesafilmstreifens geklebt. An diesen werden sie hängend, wie später noch beschrieben wird, exponiert, entwickelt und fixiert.

Weiterführende Literatur

Caro LG, Tubergen van RP (1962) High resolution autoradiography I. Methods. J Cell Biol 15: 173–188
Yoshida K, Murata F, Ohno S, Nagata T (1973) A modified wire-loop method for quantitative electron microscopic radioautography. Histochemistry 57: 93–96

b) Dipping-Technik

Auch wenn außer Frage steht, daß man mit der Schlingentechnik die homogensten und reproduzierbarsten Silberkornschichten erhält, ist diese Methode, wenn man eine größere Anzahl von Präparaten befilmen möchte, einfach zu aufwendig. Man hat deshalb in Abänderung der in der lichtmikroskopischen Autoradiographie üblichen Dipping-Technik auch für die elektronenmikroskopische Autoradiographie ein vergleichbares Verfahren entwickelt. Um die Stegeffekte möglichst gering zu halten, ist die Methode zu empfehlen, bei der die elektronenmikroskopischen Präparate nicht direkt auf Grids befilmt werden. Besser, wenn auch aufwendiger, ist es, die Präparate auf Glasobjektträgern liegend zu befilmen, zu entwickeln und zu fixieren und erst dann auf Grids zu übertragen.

Im einzelnen geht diese Technik folgendermaßen vor sich:
Man beschichtet Objektträger mit einem Formvarfilm (s. 1.4). Die für die elektronenmikroskopische Autoradiographie angefertigten Schnitte überträgt man dann auf den mit Formvar beschichteten Objektträger, z. B. mit einer an einem Glasstab mit Wachs befestigten Wimper. Wichtig ist, daß man möglichst wenig Wasser mit den Schnitten auf den Formvarfilm bringt. Überschüssiges Wasser auf dem Formvarfilm sollte man sofort mit Filterpapier entfernen. Es empfiehlt sich auf der Rückseite des Objektträgers die Position der Schnitte zu markieren. Weiter ist es ratsam, die Schnitte nicht direkt an die Ränder zu legen, sondern sie möglichst in das Zentrum des unteren Drittels eines Objektträgers zu plazieren. Die mit den Schnitten bestückten Objektträger werden danach zum Befilmen in die Photoemulsion getaucht („dipping").

Auch bei dieser Technik muß man zuerst einmal die optimale Verdünnung der
Photoemulsion ermitteln. Erfahrungsgemäß liegt das Optimum der Verdünnung
der L4-Photoemulsion bei 1:6 bis 1:8, d.h. 1 Teil Photoemulsion und 6–8 Teile Aq.
dest. Es ist in der Praxis allerdings besser, zu dicke als zu dünne Schichten zu produ-
zieren. Die Photoemulsion wird, wie schon für die lichtmikroskopische Autoradiographie und die Schlingenmethode beschrieben, bei Rotlicht im Wasserbad auf
42 °C erwärmt. Die mit den Schnitten bestückten Objektträger werden in die
Photoemulsion eingetaucht und langsam wieder herausgezogen. Dann werden die
Objektträger in senkrechter Stellung und am besten bei absoluter Dunkelheit mindestens 1h getrocknet. Es empfiehlt sich, die Objektträger zum Trocknen auf Filterpapier zu stellen. Dazu kann man die Objektträger, die getrocknet werden sollen,
z. B. an ein Becherglas anlehnen. Nach dem Trocknen werden die Objekträger wie
auch für die lichtmikroskopische Autoradiographie üblich, in Objektträgerhaltern
liegend, in lichtdichten Kästen exponiert.

Weiterführende Literatur

Kopriwa BM (1973) A reliable, standardized method for ultrastructural elctron microscopic radioautography. Histochemistry 37: 1–17

c) Ablauftechnik

Eine Methode, mit der man viele Grids in kurzer Zeit mit Photoemulsion überziehen kann, ist die Ablauftechnik. Wie schon erwähnt, ist es für diese Methode besser,
die Präparate auf Einzellochgrids statt auf Mehrlochgrids zu legen, um Stegeffekte
weitgehend zu verhindern. Die Grids werden an einem Tesafilm seitlich befestigt,
der wiederum auf ein Glas-T geklebt ist (Abb. 2.31a). Dieses T, an dem die Grids
befestigt sind, wird dann in ein trichterähnliches Ablaufgefäß gehängt (Abb. 2.31 b).
Die Apparatur, mit der die Grids befilmt werden, ist folgendermaßen konstruiert

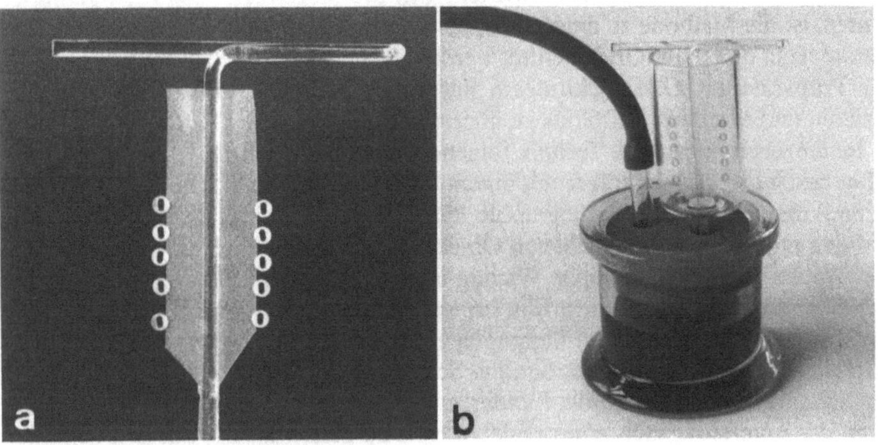

Abb. 2.31 a, b. Glas-T mit an Tesafilm befestigten Grids (**a**), Glas-T in das Ablaufgefäß hineinge-
hängt (**b**)

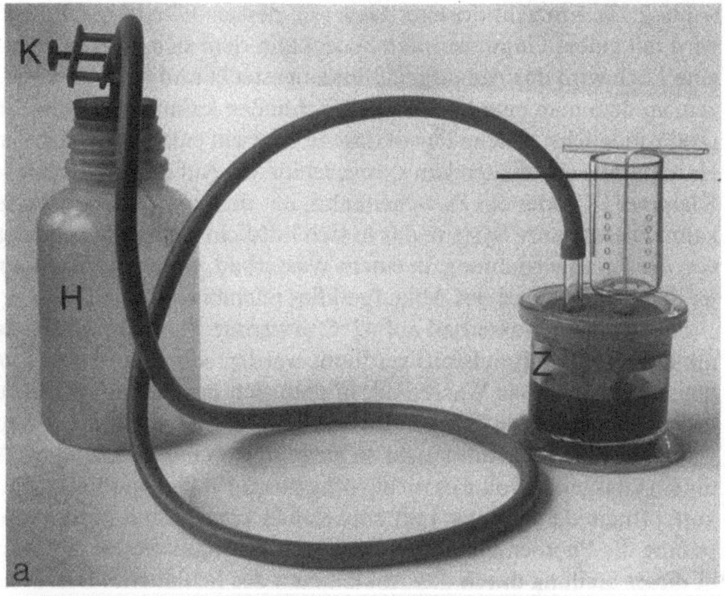

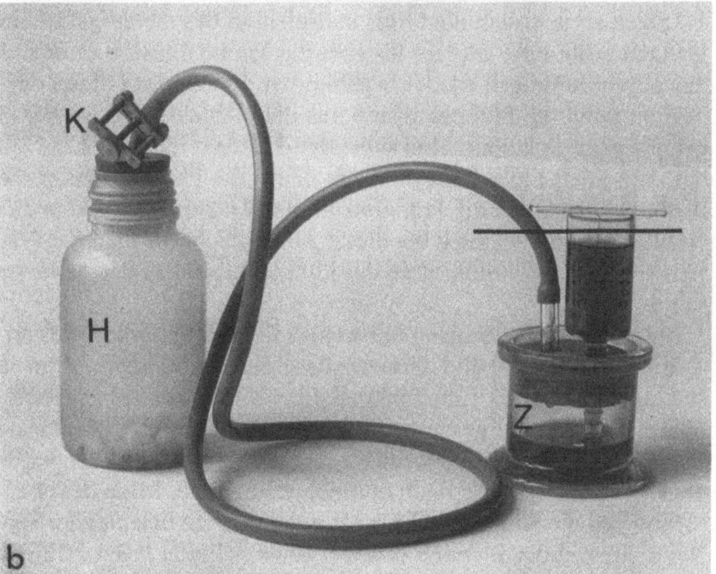

Abb. 2.32 a, b. Ablaufvorrichtung aus dem Wasserbad herausgenommen. **a** Strich = Markierung des Wasserpegels im Wasserbad. *Z* zylindrisches Glas; *H* Handpumpe; *K* Klammer zum Abklemmen des Schlauchs. **b** Ablaufvorrichtung. Durch Druck auf die Plastikflasche ist die Flüssigkeit in das Ablaufgefäß gedrückt worden

(Abb. 2.32). Ein zylindrisches Glas (Z), dessen Wände nicht zu dünn sein dürfen, wird mit einem Gummistopfen bcdeckt, in dem sich zwei Löcher befinden. In das eine Loch wird das Ablaufgefäß hineingesteckt und in das andere kommt ein Stutzen, an dem man einen Schlauch anschließen kann. An diesen Schlauch wird eine große, möglichst weiche Plastikflasche oder ein entsprechender Gummiball, der als Handpumpe (H) dienen kann, angeschlossen. Auf dem Schlauch befindet sich eine Klammer (K) oder ein Zwischenhahn, mit dem man das Schlauchlumen schließen kann. Dieses ganze System, das in sich luftdicht sein muß, befindet sich, abgesehen von der Pumpvorrichtung, in einem Wasserbad, wobei der Wasserpegel bis kurz unter den oberen Rand des Ablaufgefäßes reichen sollte.

Die in einem Wasserbad auf 42 °C erwärmte Photoemulsion, die für diese Technik etwa 1:4 (L4-Emulsion) verdünnt werden sollte, wird nun in das Ablaufgefäß hineingegossen. Das Wasserbad, in dem sich das Ablaufsystem befindet, muß natürlich ebenfalls eine Temperatur von etwa 42 °C haben. Die Photoemulsion fließt, wenn der Luftwiderstand nicht zu groß ist, durch das Ablaufgefäß hindurch in das untere Glasgefäß. Sollte es nicht völlig hineinfließen, muß man das Schlauchsystem kurz öffnen, damit etwas Luft entweichen kann. Dann pumpt man mit der Handpumpe die Photoemulsion aus dem unteren Gefäß in das Ablaufgefäß und hält es in dieser Stellung durch das Abklemmen des Schlauches fest. Nun hängt man den T-Träger, an dem sich die Grids befinden, in das Ablaufgefäß hinein (Abb. 2.32b). Danach sollte man warten, bis sich die Photoemulsion in dem Ablaufgefäß nach den Erschütterungen wieder beruhigt hat. Durch das Öffnen der Schlauchklemme beginnt dann die Photoemulsion aus dem Ablaufgefäß wieder in das darunterliegende Gefäß zu laufen. Man sollte den T-Träger mit den daran befestigten Präparaten etwa noch 1 min hängenlassen, damit die Photoemulsion möglichst völlig abfließt. Dann werden die Präparate an den Trägern hängend in einer Box exponiert. Natürlich muß man auch bei dieser Methode, bevor man die Präparate befilmt, testen, ob der Verdünnungsgrad der Photoemulsion zu den erwünschten Ergebnissen führt.

Man sollte deshalb zuerst nur wenige formvarbefilmte Grids an dem Tesafilm des T-Trägers befestigen und diese wie beschrieben befilmen. Dann sollte man sich diese Präparate im Elektronenmikroskop ansehen, um das Ergebnis der Befilmung zu überprüfen. Die vorgeschlagene Verdünnung hängt natürlich von der Größe der Durchflußöffnung des jeweiligen Auslaufgefäßes und der jeweiligen Temperatur ab. Die Verdünnung ist dann optimal, wenn in der Mitte der oberen Hälfte der Einlochblende die Silberkörner als Monolayer dicht beieinanderliegen. Da man in die Randbereiche der Blenden sowieso keine Schnitte legen sollte, darf es einen nicht stören, daß in diesen Bereichen die Qualität der Photoemulsion nicht so gut ist.

2.5.6 Exposition, Entwicklung und Fixierung

2.5.6.1 *Exposition*

Für die Exposition im Rahmen der elektronenmikroskopischen Autoradiographie gelten die gleichen Kriterien, die auch bei der lichtmikroskopischen Autoradiographie zu beachten sind. Kurz gesagt müssen die Präparate vor Licht geschützt, trok-

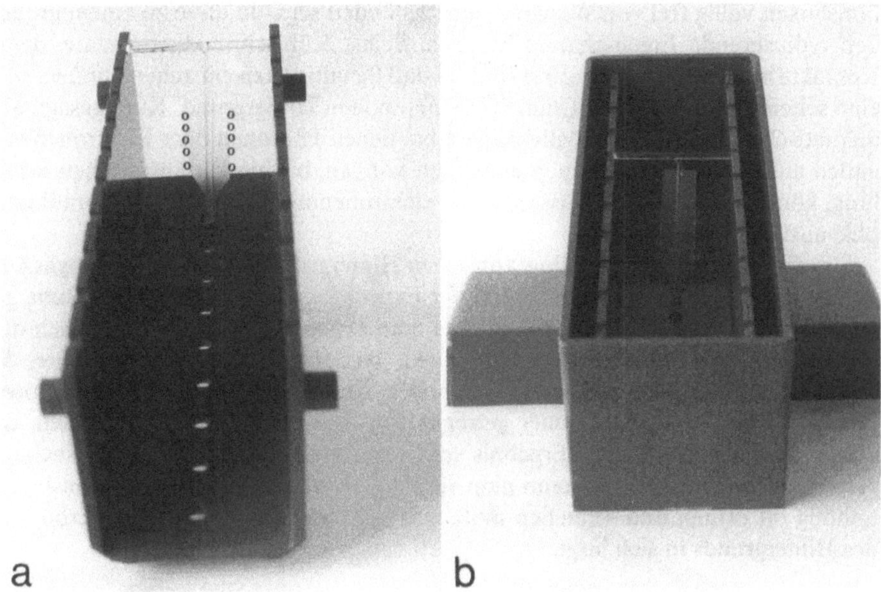

Abb. 2.33. a Aufnahmevorrichtung für die Aufnahme der Glas-T's, an denen die Blenden hängen.
b Expositionsbox, in der die Blenden im Kühlschrank aufbewahrt werden

ken und bei etwa 4 °C aubewahrt werden. Für diesen Zweck eignen sich lichtdichte Kästen aus PVC. In diese kann man die Glas-T-Träger, an denen die Grids, an Tesafilm klebend, exponiert werden sollen, einhängen (Abb. 2.33a, b). In die Kästen wird als Trocknungsmittel in Zellstoff eingewickeltes $CaCl_2$ gegeben. Die Expositionsboxen werden dann bei 4 °C in einem in einer Dunkelkammer stehenden Kühlschrank gelagert.

Für die Dauer der Exposition lassen sich keine allgemeingültigen Zeiträume festlegen. Wie schon unter 2.5.5.4 erwähnt, sollte man die Zeitdauer bis zur ersten Probeentwicklung vom Ausfall der lichtmikroskopischen Kontrolle abhängig machen. Als grobe Faustregel kann gelten, daß elektronenmikroskopische Autoradiographien etwa 10mal so lange zu exponieren sind wie lichtmikroskopische Autoradiographien. Eine lichtmikroskopische Autoradiographie, die nach 14 Tagen fertig exponiert ist, braucht demnach für den elektronenmikroskopischen Bereich fast 5 Monate. Selbst wenn man diese langen Expositionszeiten dadurch verkürzen kann, daß man die Präparate entsprechend höher radioaktiv markiert, wird man sich damit abfinden müssen, daß 2–3 Monate durchaus normale Expositionszeiten sind. Bei so langen Expositionszeiten nimmt die Gefahr des autoradiographischen Hintergrunds, d.h. eine nicht durch Radioaktivität im Präparat bedingte Reduktion der Silberbromidkörner, stark zu. Man muß deshalb alle möglichen Störfaktoren noch penibler ausschalten als das schon für die lichtmikroskopische Autoradiographie erforderlich ist.

Daß der Bereich, in dem die Präparate aufbewahrt werden sollen, absolut lichtdicht sein muß, ist eine Selbstverständlichkeit. Darüber hinaus müssen die Expositionsboxen völlig frei von Waschmittelrückständen sein, da diese zu einem großen Teil reduzierende Eigenschaften besitzen. Selbst Kühlschrankthermostate, deren Kontakte nicht mehr einwandfrei sind, so daß Schaltfunken entstehen können, sind eine seltene, aber mögliche Quelle für einen hohen Hintergrund. Kurz gesagt, alle theoretisch vorstellbaren Möglichkeiten, bei denen Photonen oder Elektronen von außen auf die Photoemulsionen einwirken können, bis hin zur kosmischen Strahlung, können störende Einflüsse auf die elektronenmikroskopische Autoradiographie ausüben.

Um die Gefahr des autoradiographischen Hintergrunds so gering wie möglich zu halten, sollten die Präparate während der Expositionsdauer möglichst in Ruhe gelassen werden. Der Kühlschrank, in dem man exponiert, sollte ausschließlich den autoradiographischen Expositionen dienen. Weiter muß man die Präparate, die man als autoradiographische Kontrollen, d. h. zur Kontrolle der richtigen Expositionsdauer benutzen will, immer getrennt von den Präparaten aufbewahren, die man später als eigentliches Ergebnis seiner autoradiographischen Untersuchung verwenden möchte. Nur so kann man verhindern, daß man die Expositionsboxen unnötig oft öffnen und schließen muß, was jedesmal die Gefahr einer Erhöhung des Hintergrunds in sich birgt.

2.5.6.2 Entwicklung und Fixierung

Nachdem die Präparate einen ausreichend langen Zeitraum exponiert worden sind, muß man die Präparate entwickeln. Wie schon erwähnt, entstehen bei der Entwicklung aus allen Silberbromidkörnern, die durch Elektronen getroffen wurden, metallische Silberkörner. Es gibt zwei grundsätzlich verschiedene Möglichkeiten zur Entwicklung von Photoemulsion, die chemische Entwicklung und die physikalische Entwicklung. Bei der chemischen Entwicklung entstehen aus den Silberbromidkristallen Silberfilamente, d. h. Knäule von Silberfäden. Je nach verwendetem Entwickler entstehen dabei Knäule unterschiedlicher Größe. Die chemische Entwicklung ist die allgemein in der Photographie übliche Entwicklungsform. Die physikalische Entwicklung hat für die Photographie keine Bedeutung, sondern ist lediglich für die elektronenmikroskopische Autoradiographie von gewissem Interesse. Bei der physikalischen Entwicklung entstehen, verglichen mit den ursprünglichen Silberbromidkristallen (Ilford-L4-Emulsion = 0.14 µm), sehr kleine Silberkörner (0.02–0.06 µm, d. h. 20–60 nm). Man hoffte dadurch, das Auflösungsvermögen der elektronenmikroskopischen Autoradiographie deutlich verbessern zu können. Bei genauerer Betrachtung war das jedoch ein Trugschluß, weil das Auflösungsvermögen immer durch das größte Silberkorn bestimmt wird, das während des autoradiographischen Vorgangs entsteht. Ist das nach der Entwicklung entstehende Silberkorn kleiner als das ursprünglich in der Photoemulsion vorhandene Silberbromidkorn, bestimmt die Silberbromidgröße (im obigen Fall 0.14 µm) das Auflösungsvermögen. Wird dagegen nach der Entwicklung das entwickelte Silberkorn größer als das ursprünglich vorhandene Silberbromidkorn, wird das Auflösungsvermögen durch das entwickelte Silberkorn geprägt.

Die ideale Entwicklungsmethode für die elektronenmikroskopische Autoradiographie ist die, bei der das ursprünglich in der Photoemulsion vorhandene Silberbromidkorn und das später daraus bei der Entwicklung entstehende Silberkorn etwa die gleiche Größe hat. Diesem Ideal kommt eine Sonderform der chemischen Entwicklung, die sog. Kompaktentwicklung, am nächsten. Der Kompaktentwickler setzt sich aus folgenden Komponenten zusammen:

In 75 ml Aq. dest. löst man nacheinander:
- 1.5 g Ascorbinsäure
- 0.25 g Phenidon (Geigy oder Tetenal)
- 0.6 g Kaliumbromid
- 1.3 g Kaliumcarbonat
- 3.0 g Kaliumrhodanid

Dann füllt man die Lösung mit Aq. dest. bis 100 ml auf. Die Lösung muß immer frisch angesetzt und vor dem Gebrauch filtriert werden.

Für die chemische Entwicklung kann man Kodak-D19-Entwickler verwenden. Ebenso gute Ergebnisse erhält man durch die Entwicklung mit Amidol. Der Vorteil des Kodak-D19-Entwicklers ist, daß man ihn gebrauchsfertig kauft, während man den Amidolentwickler nach folgendem Rezept selbst herstellen muß:

In 250 ml Aq. dest. werden gelöst:
- 1.125 g Amidol (Diaminophenal)
- 4.5 g Natriumsulfit (wasserfrei)
- 2 ml 10%ige Kaliumbromidlösung

Findet man, daß die Silberfilamente zu sehr auseinandergehen, kann man die chemischen Entwickler durchaus etwas (z. B. 1:1) mit Aq. dest. verdünnen. Ob man seine Autoradiographien mit dem Kompaktentwickler oder aber mit einem chemischen Entwickler behandelt, ist mehr oder weniger eine persönliche Geschmacksfrage. Das Auflösungsvermögen der Autoradiographie ist in beiden Fällen gleich groß.

Zur Entwicklung nimmt man die zur Exposition am Tesafilm hängenden Grids aus den Expositionsboxen heraus und taucht sie in die Entwicklerflüssigkeit. Dabei wird der Tesafilm weiter an den T-förmigen Glasstäben gelassen. Zum einen sind die Filme dadurch leichter anzufassen, und zum anderen verhindert man auf diese Weise, daß sich der Tesafilm aufrollt und sich dabei möglicherweise Grids ablösen.

Es hat sich bewährt, die Präparate bei Zimmertemperatur (20°–22 °C) für 3 min zu entwickeln. Hat man einmal Präparate, bei denen auch nach längerer Expositionszeit keine entwickelten Silberkörner zu sehen sind, kann man durchaus den Versuch machen, die Entwicklungszeit zu verlängern. Man muß dann allerdings damit rechnen, daß die Silberkörner, die man nun im Präparat erkennt, nicht durch Radioaktivität im Gewebe entstanden sind, sondern autoradiographischer Background sind.

Nach der Entwicklung werden die Präparate zum Stoppen des Entwicklungsvorgangs kurz in Aq. dest. gestellt. Einige Autoren empfehlen, dem Stoppbad 2%ige Essigsäure zuzusetzen, was jedoch nicht unbedingt erforderlich ist, da der Entwicklungsprozeß spätestens im darauffolgenden Fixierungsbad sowieso sofort beendet wird. Wichtig ist lediglich, daß man auch die nachfolgenden Fixierungsschritte sicherheitshalber noch bei Rotlicht durchführt und die Präparate frühestens bei den Spülschritten mit Licht in Kontakt bringt. Für die Fixierung der Präparate kann man die für Photoarbeiten üblichen Negativfixierbäder verwenden (z. B. Kodak Fixierungsmittel bei Zimmertemperatur für 10 min).

Anschließend müssen die Präparate sorgfältig gespült werden. Das erreicht man dadurch, daß man sich fünf mit Aq. dest. gefüllte Gefäße nacheinander aufstellt und die Präparate jeweils unter mehrmaliger leichter Bewegung im Wasser langsam vom einen Gefäß in das andere überführt. Man sollte dabei die Präparate in jedem Gefäß einige Minuten (2–3 min) stehenlassen, damit sich abgelöste Partikel absetzen können.

Anschließend kann man die Präparate, nachdem sie getrocknet sind, vom Tesafilm abnehmen und in der für die TEM üblichen Weise kontrastieren.

Während die mit der Loop- und Ablauftechnik befilmten Präparate schon von Anfang an auf den in der EM üblichen Grids liegen, befinden sich die mit Hilfe der Dipping Methode (2.5.5.5.2) befilmten Präparate bis zum Ende der Entwicklungs- und Fixationsvorgänge auf Objektträgern.

Zur Erzielung eines guten elektronenmikroskopischen Kontrasts ist es erforderlich, diese Präparate noch auf den Objektträgern liegend, d. h. vor ihrer Übertragung auf die Grids, zu kontrastieren. Nach dem Kontrastieren ritzt man den Formvarfilm, auf dem die Schnitte liegen, an den Kanten der Objektträger an, bringt ihn auf die Oberfläche einer Wasserschicht (floaten), und legt die Grids auf die Schnitte. Dieser Vorgang des Übertragens der auf den Objektträgern liegenden Schnitte auf Grids beruht im Prinzip genau auf der Technik, mit der Grids befilmt werden (s. 1.4).

Beim anschließenden Betrachten der autoradiographischen Präparate im Elektronenmikroskop sollte man sich angewöhnen, so schnell wie möglich zu photographieren. Wartet man nämlich zulange oder betrachtet man sich die Präparate bei einem zu starken Elektronenstrahl, kann es leicht passieren, daß sich die Silberkörner aufgrund der starken Wärmeentwicklung vom Präparat ablösen.

2.5.6.3 Ausblick auf neue Techniken

Es gibt drei Problembereiche der elektronenmikroskopischen Autoradiographie, die den Wunsch nach technischen Verbesserungen aufkommen lassen. Das erste Problem ist das des relativ schlechten Auflösungsvermögens im Vergleich zu den Möglichkeiten, die die TEM theoretisch bieten kann. Es existieren z. Z. keine methodischen Ansätze, dieses Problem zufriedenstellend zu lösen. Das Auflösungsvermögen der elektronenmikroskopischen Autoradiographie wird durch die Größe der Silberbromidkörner in der Photoemulsion bestimmt. Die Silberbromidkörner lassen sich ohne starke Einbußen der autoradiographischen Empfindlichkeit kaum noch kleiner machen. Es erscheint deshalb unwahrscheinlich, daß mit dem Nachweis der Elektronenstrahlung mit Hilfe der Reduktion von Silberbromidkörnern noch eine wesentliche Verbesserung des Auflösungsvermögens möglich ist. Vielmehr müßten, um das Auflösungsvermögen der elektronenmikroskopischen Autoradiographie entscheidend verbessern zu können, grundsätzlich neue Methoden gefunden werden, mit denen Elektronenstrahlung in Geweben sichtbar gemacht werden kann.

Der zweite Bereich, den es zu verbessern gilt, sind die langen Expositionszeiten der elektronenmikroskopischen Autoradiographie. Im Gegensatz zum Problem des begrenzten Auflösungsvermögens, zu dem keine Lösung in Sicht ist, existieren zu diesem Problem einige Lösungsansätze. Durch die Beschichtung der elektronenmikroskopischen Präparate auf beiden Seiten, wie das z. B. bei der Anwendung der Ablauftechnik der Fall ist, in Verbindung mit einer Überentwicklung der Präparate (6 min statt 3 min), läßt sich nach Aussage einiger Autoren die Expositionszeit um das 8- bis 10fache vermindern.

Ein anderes, allerdings noch umstrittenes Verfahren, die Expositionszeiten zu verkürzen, ist die Anwendung von Szintillationsflüssigkeiten in der licht- und elektronenmikroskopischen Autoradiographie. Diese auch als Fluorographie bekannte Methode arbeitet nach dem Prinzip der Szintillationszählung. Dabei werden aus dem Gewebe als Strahlung austretende Elektronen durch Szintillationsflüssigkeit in Photonen umgewandelt. Eine besondere Bedeutung hat diese Methode z. B. beim Nachweis von Tritium in Schichten, die deutlich dicker als 3–5 μm sind (z. B. Nachweis von ^{3}H mit Röntgenfilmen). Da Tritium durchschnittlich nur etwa 3–4 μm weit strahlt, wird in dickeren Schichten ein großer Teil der β-Energie absorbiert. Die Photonen dagegen, die mit Hilfe der Szintillationsflüssigkeit aus den von Tritium ausgesandten Elektronen entstehen, haben eine sehr viel größere Reichweite und lassen sich deshalb noch in größerem Abstand von der Strahlungsquelle nachweisen. Wegen der geringen β-Energie von Tritium sind allerdings etwa drei Elektronen nötig, um ein Photon zu erzeugen, d. h. man erfaßt nur etwa ein Drittel der tatsächlich im Gewebe vorhandenen Strahlung. Gleichzeitig wird durch die größere Reichweite der Photonen gegenüber den von Tritium ausgesandten Elektronen das Auflösungsvermögen verschlechtert. Wegen dieses schlechten Auflösungsvermögens, der Einschränkung der Nachweisempfindlichkeit und wegen der Tatsache, daß man in der elektronenmikroskopischen Autoradiographie nur mit Schichtdicken arbeitet, die auch von durch Tritium ausgesandte Elektronen problemlos durchstrahlt werden, dürfte die Fluorographie theoretisch an sich kein Verfahren sein, mit dem sich in der elektronenmikroskopischen Autoradiographie die Expositionszeiten sinnvoll verkürzen lassen. Dennoch berichten einige Autoren, daß sie mit Hilfe von Szintillationsflüssigkeit die Expositionszeit der elektronenmikroskopischen Autoradiographie von 3 Monaten auf 1 Woche reduzieren konnten.

Ein drittes technisch noch nicht zufriedenstellend gelöstes Problem ist der Nachweis wasserlöslicher Verbindungen in Geweben mit Hilfe der elektronenmikroskopischen Autoradiographie. Die heutzutage mit dem größten Erfolg angewandte Methode der Gefriertrocknung der Gewebe mit anschließender Einbettung der Gewebe unter Vakuum, wird nur von wenigen Spezialisten gut beherrscht. Der methodische und apparative Aufwand bei der Durchführung dieser Methode setzt z. Z. noch einer größeren Verbreitung dieses Verfahrens Grenzen. Eine andere, theoretisch ebenfalls zum autoradiographischen Nachweis wasserlöslicher Substanzen geeignete Methode, die Ultrakryotomie, ist von dem Ziel eine Routinemethode zu werden z. Z. ebenfalls noch relativ weit entfernt.

Weiterführende Literatur

Gregg M, Reznik-Schüller HM (1984) An improved method for rapid electron microscopic autoradiography. J Microsc 135: 115–118
Mizuhira V, Shiihashi M, Fugicka T (1979) High speed autoradiography in elctron microscopy. Acta Histochem Cytochem 12: 490

2.6 Gefrier-(bruch-)ätztechnik

2.6.1 Einleitung

Die Gefrierätztechnik stellt eine Alternative zur herkömmlichen Präparationsmethodik dar. Statt einer chemischen Fixierung mit anschließender Entwässerung, Einbettung und Dünnschnitten wird hier eine physikalische Fixierung, die Gefrierfixation, durchgeführt. Die letztlich erhaltenen Abdrücke der Probe geben im Vergleich zu Ultradünnschnitten wesentliche zusätzliche Information über die Struktur von Biomembranen und anderen Zell- oder Gewebekomponenten.

Das Grundverfahren dieser Präparationstechnik wurde in den 50er Jahren entwickelt. Die Methode ist also ebenso „alt" wie z. B. die Fixierung mit Aldehyden bzw. die Eponeinbettung. Allerdings war sie wegen der hohen Anschaffungskosten bis Mitte der 70er Jahre in den cytologischen Laboratorien nicht sehr verbreitet.

Die Gefrierätzmethode läßt sich in fünf aufeinanderfolgende Schritte unterteilen, von denen der erste und der letzte, das Einfrieren und die Reinigung des Abdrucks, ohne Gefrierätzanlage durchzuführen sind. Von den anderen drei ist die Ätzung (Vakuumsublimation) nicht obligatorisch: Ohne diesen Schritt ist die Technik Gefrierbruch zu nennen.

Weiterführende Literatur

Mühlethaler K (1973) History of freeze etching. In: Benedetti EL, Farvard P (eds) Freeze-etching: techniques and applications. Soc Fr Microsc Electron, Paris, pp 1–10
Rash JE, CS Hudson (eds) (1979) Freeze fracture: methods, artifacts, and interpretations. Raven Press, New York, pp 1–204
Willison JHM, AJ Rowe (1980) Replica, shadowing and freeze-etching techniques. In: Glauert AM (ed) Practical methods in electron microscopy, vol VIII. Elsevier/North-Holland, Amsterdam, pp 1–301

2.6.2 Einfrieren

2.6.2.1 Theoretische Hintergründe

Beim Einfrieren von biologischem Material muß darauf geachtet werden, daß die Beschädigung von Organellen durch Eiskristallbildung minimal bleibt. Wenn eine Lösung gefriert (das Cytoplasma darf ruhig als solches betrachtet werden), entstehen zwei Phasen: einmal die aus Wasser bestehenden Eiskristalle und zum anderen die sog. Eutektik, welche aus Wasser und verschiedenen gelösten Substanzen besteht. Die Letztere ist fest, dabei aber amorph („vitrös"). Um die Bildung von Eiskristallen zu verhindern, muß die Entstehung eines Eutektikums schnellstens erreicht werden.

Sowohl die endgültige Temperatur des eingefrorenen Materials als auch die Gefriergeschwindigkeit bestimmen die erfolgreiche Gefrierfixation. Mit reinem Wasser ist das Wachstum von Eiskristallen nur von 0 °C bis zu einer Temperatur von $-130\,°C$ möglich. Wenn jedoch gelöste Substanzen anwesend sind, wird diese Temperatur (der „Rekristallisationspunkt") heraufgesetzt. Im Falle des Cytoplasmas liegt sie bei etwa $-80\,°C$. Dieses bedeutet, daß ein Kühlmittel mit einer Temperatur von mindestens $-100\,°C$ zum Einfrieren benutzt werden muß.

Die Gefriergeschwindigkeit bestimmt die Zahl der Eiskristalle und Art der Eiskristallbildung. Bei geringen Einfrierraten dienen sowohl Partikel der gelösten Substanzen als auch die Wassermoleküle selber als Kerne der Eiskristallbildung. Bei höheren Einfrierraten üben nur die Wassermoleküle diese Funktion aus. Es bilden sich viele kleine und homogene Eiskristalle. Der Wechsel von der heterogenen zur homogenen Eiskristallbildung passiert schlagartig beim Überschreiten einer bestimmten „kritischen Gefriergeschwindigkeit". Für Wasser sind das $10^6\,°C\ s^{-1}$, für Cytoplasma etwa $10^4\,°C\ s^{-1}$. Diese Werte beziehen sich auf Schichten mit einer Dicke von wenigen µm. Bei tröpfchenförmigen biologischen Proben erhöht sich die Größe der Probe aber auf etwa 20 µm. Nur durch Änderung ihrer physikalischen Eigenschaften können größere Proben vollständig vitrös werden. Eine Möglichkeit hierzu bietet die Erhöhung des hydrostatischen Drucks. Bei einem Druck von etwa 2000 bar wird die kritische Gefriergeschwindigkeit für Wasser um 10 °C gesenkt. Zur Vermeidung von Schäden dürfen Zellen nur für den Bruchteil einer Sekunde solchen Drücken ausgesetzt werden. Kommerzielle Druckgefriergeräte sind von der Fa. Balzers erhältlich. Eine andere Möglichkeit ist die Verwendung von Frostschutzmittel (s. unten).

Weiterführende Literatur

Moor H (1964) Die Gefrierfixation lebender Zellen und ihre Anwendung in der Elektronenmikroskopie. Z Zellforsch 62: 546–580
Moor H (1973) Cryotechnology for the structural analysis of biological material. In: Benedetti EL, Favard P (eds) Freeze-etching: techniques and applications. Soc Fr Microsc Electron, Paris, pp 11–19
Moor H, Bellin G, Sandri C, Akert K (1980) The influence of high pressure freezing on mammalian nerve tissue. Cell Tissue Res 209: 201–216
Nei T (1973) Growth of ice crystals in frozen specimens. J Microsc 99: 227–233
Sitte H (1979) Cryofixation of biological material without pretreatment – a review. Mikroskopie 35: 14–20

2.6.2.2 Anwendung von Frostschutzmitteln

Durch Behandlung mit Frostschutzmitteln kann die kritische Gefriergeschwindigkeit erheblich herabgesetzt werden. Für Cytoplasma in Gegenwart von 20% Glyzerin beträgt sie z. B. nur $10^2\,°C\ s^{-1}$. Aufgrund des hohen Anteils an osmotisch aktiven Teilchen wird darüber hinaus der Gefrierpunkt um mehrere Grad Celsius erniedrigt und der Rekristallisationspunkt deutlich erhöht. Damit wird der Temperaturbereich, in dem die Eiskristallbildung stattfindet, erheblich reduziert.

Man unterscheidet Frostschutzmittel, die frei in die Zellen hineindiffundieren, und solche, die nicht permieren können. Bekannte Vertreter der ersten Gruppe sind Glyzerin und Dimethylsulfoxid (DMSO). Gewöhnlich werden gepufferte Lösungen bei 4 °C mit stufenweise erhöhter Konzentration dieser Substanzen den Zellen bzw. dem Gewebe angeboten. Bei tierischem Material ist eine Dauer für die Überführung in 20%ige Lösungen unter 90 min völlig ausreichend. Frostschutzmittel dieser Art sind mit Vorsicht zu gebrauchen, nicht nur weil sie für den menschlichen Körper gefährlich sind, sondern weil durch sie eine Reihe von Artefakten in dem zu untersuchenden Material hervorgerufen werden können:

- eine Segregation an membranintergrierte Proteine (MIP) durch eine Umverteilung von Membranlipiden,
- eine Vesikulierung von Endomembranen,
- die Plasmolyse in Pflanzen.

Deshalb wird häufig eine chemische Stabilisierung (Fixierung) mit Glutaraldehyd im voraus durchgeführt. Sie ist mit einer Konzentration von 1% (v/v) und weniger und Zeiten von maximal 1 h „milder" als eine normale Fixierung (s. 2.1.2). Obwohl dadurch viele der oben erwähnten Effekte der Frostschutzmittel in Grenzen gehalten werden können, ist eine solche Vorfixierung selbst nicht ohne Artefakt. Eine Reihe von Änderungen in den Membraneigenschaften von verschiedenen Organismen durch Glutaraldehydfixierung sind inzwischen bekannt, was die kombinierte Aldehydfixierung und Imprägnierung mit Frostschutzmittel als Vorbehandlung zur Gefrierfixierung nicht unbedingt zu einer Methode erster Wahl macht.

Polymere, wie z. B. Polyvinylpyrrolidon, Stärke und Dextran, sind als nichtpermierende Frostschutzmittel mit mäßigem Erfolg benutzt worden. Obwohl ihre genaue Wirkung unklar ist, sind wegen ihren niedrigen osmotischen Werten nur kurze Inkubationszeiten nötig. Allerdings wurde berichtet, daß ihre Anwendung zu veränderten Bruchebenen in den Membranen führen kann. Bis jetzt gibt es – besonders bei tierischen Organismen – wenig Erfahrung mit diesen Substanzen.

Weiterführende Literatur

Franks F (1977) Biological freezing and cryofixation. J Microsc 119: 3–10
Plattner H, Bachmann L (1982) Cryofixation: a tool in biolobical ultrastructural research. Int Rev Cytol 79: 237–304
Richter H (1968) Die Reaktion hochpermeabler Pflanzenzellen auf drei Gefrierschutzstoffe (Glyzerin, Ethylenglykol, Dimethylsulfoxid). Protoplasma 65: 155–166
Skaer H le B, Franks F, Asquith MH, Echlin PH (1977) Polymeric cryoprotectants in the preservation of biological ultrastructure III. Morphological aspects. J Microsc 110: 257–270

2.6.2.3 Objektträger

Wegen der hohen thermischen Leitfähigkeit werden Gefrierobjektträger aus Gold oder Kupfer hergestellt. In einfacher Form sind es 3 × 0.5 mm messende Scheib-

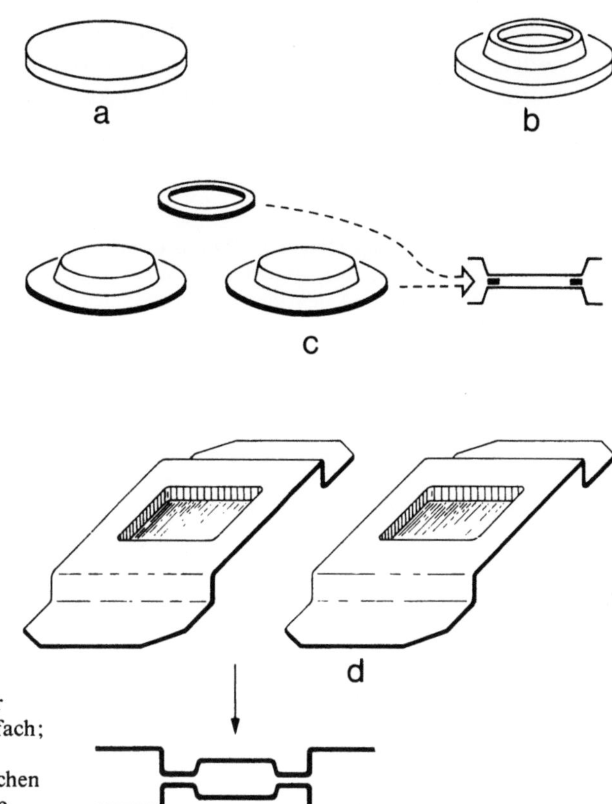

Abb. 2.34 a–d. Objektträger für
Gefrierätzpräparationen: **a** einfach;
b mit Vertiefung (beide 3 mm
Durchmesser); **c, d** Trägerplättchen
für die Doppelabdruckmethode

chen, welche im Zentrum zerkratzt sind, um eine bessere Haftung der Probe zu ermöglichen, (Abb. 2.34a). Für Gewebestückchen (Größe etwa 0.5 mm³ oder kleiner)
ist ein Objektträger mit erhöhtem Mittelteil und innerer Vertiefung (Abb. 2.34b)
häufig im Gebrauch. Zur Befestigung des Materials können 4% (g:v) Gummi arabi-
cum oder eine dicke Paste von Hefezellen verwendet werden. Diese Objektträger
sind relativ groß (ungefähr 50 mg) und können nur für die konventionelle Gefriermethode (s. 2.2.2.4) gebraucht werden.

Für die ultraschnellen Gefrieremthoden sind erheblich kleinere Objektträger (ca.
10 mg) notwendig. Diese werden normalerweise aus dünnen (0.1 mm) Kupferfolien
in Form eines Hütchens (Abb. 2.34c) oder Rechtecks gestanzt. In der Regel werden
solche dünnen Objektträger paarweise für eine der verschiedenen „Sandwich"-
Gefrierverfahren verwendet. Eine gleichmäßige Dicke der Probe (normalerweise
1–3 µl einer Zell- bzw. Membransuspension) kann gleichmäßig erreicht werden, indem man einen sog. Spacer zwischen die Objektträger legt. Häufig werden hierfür
gelochte EM-Grids benutzt (Maschenweite 300–12 µm; 150–20 µm; 75–30 µm;
1–50 µm; Werte für VeCo-Grids).

Sowohl Spacer als auch Objektträger müssen kurz vor Gebrauch zunächst in me-
thanolischer Salzsäure (20 Teile absolutes Methanol:1 Teil 1 N HCl) beschallt wer-

den (2–5 min), dann in Aq. dest. gespült und anschließend mit Filterpapier getrocknet werden. Proben sollten wegen der Austrocknungsgefahr bzw. des O_2-Defizits in konzentriertem Zustand einzeln montiert und sofort eingefroren werden.

Weiterführende Literatur

Gulik-Krzywicki T, Costello MI, (1978) The use of low temperature X-ray diffraction to evaluate freezing methods used in freeze-fracture electron microscopy. J Microsc 1112: 103–114
Müller W, Pscheid P (1978) A new inexpensive specimen carrier for freeze-fracturing. J Microsc 115: 113–116
Staehelin LA (1982) Freeze-fracture and freeze-etch electron microscopy of chloroplast membranes. In: Edelman M, Hallick RB, Chua N-N (eds) Methods in chloroplast molecular biology. Elsevier Biomedical Press, Amsterdam, pp 821–833

2.6.2.4 Gefriermittel und Gefriermethoden

Als Gefriermittel (Kryogen) können nur verflüssigte Gase eingesetzt werden, die kein Leidenfrost-Phänomen aufweisen (beeinträchtige Abkühlungsgeschwindigkeit durch die Bildung eines Schutzmantels aus Gas). Flüssiger N_2 kommt hierfür nicht in Frage; stattdessen benutzt man entweder die Frigene (Freon) 12 (Dichlorodifluoromethan, Schmelzpunkt −158 °C), 22 (Monochlorodifluoromethan, Schmelzpunkt −160 °C) oder Propan (Schmelzpunkt −187 °C). Letzteres ist aber wegen seiner explosiven Natur nur unter einem Abzug zu benutzen.

Bei der sog. Eintauchmethode werden die Gase durch vorsichtiges Ausströmen aus einem Gaszylinder in einem mit flüssigem N_2 vorgekühlten Behälter verflüssigt (Abb. 2.35a). Nach kurzer Zeit gehen die flüssigen Gase in den festen Zustand über und müssen daher unmittelbar vor Gebrauch wieder erwärmt werden. Dieses geschieht am einfachsten durch Einführen eines Metallstabs in das feste Gas. Mit feinen Uhrmacherpinzetten werden dann konventionell- oder sandwichmontierte Proben rasch in das Kryogen eingetaucht; nach wenigen Sekunden können die eingefrorenen Proben in flüssigen Stickstoff überführt werden. Die Gefriergeschwindigkeit beträgt bei Benutzung der größeren Objektträger hiernach höchstens $10^3 °C\ s^{-1}$. Die Eiskristallbildung ist in Proben ohne Frostschutzmittel nicht unerheblich; dennoch bleibt die Plasmamembran unversehrt. Selbstverständlich können Proben mit dünnen Objektträgern im Sandwichverfahren schneller eingefroren werden (einige $10^3 °C\,s^{-1}$).

Erheblich höhere Einfrierraten ($10^4 °C\ s^{-1}$) sind durch die sog. Kryojetmethode zu erzielen (Abb. 2.35b). Hierbei wird das Kryogen (gewöhnliches Propan) aus einem mit flüssigem Stickstoff gekühlten Druckgefäß mit Hilfe einer Preßluftpistole (betrieben mit N_2-Gas, 4 bar) herausgeschossen. Die in Sandwichform montierte Probe kann entweder ein- oder gleichzeitig zweiseitig besprüht werden (Entfernung von der Düse ca. 1 cm). Hierfür sind kommerzielle Geräte erhältlich (z. B. von der Fa. Balzers-Union, Liechtenstein).

Statt das Kryogen auf eine dünne Probe zu schießen, kann man umgekehrt die Probe in das Kryogen hineinsprühen; dieses Verfahren bezeichnet man als „Sprühmethode" (Abb. 2.35c); sie ist nur für Suspensionen von Zellen bzw. Organellen ge-

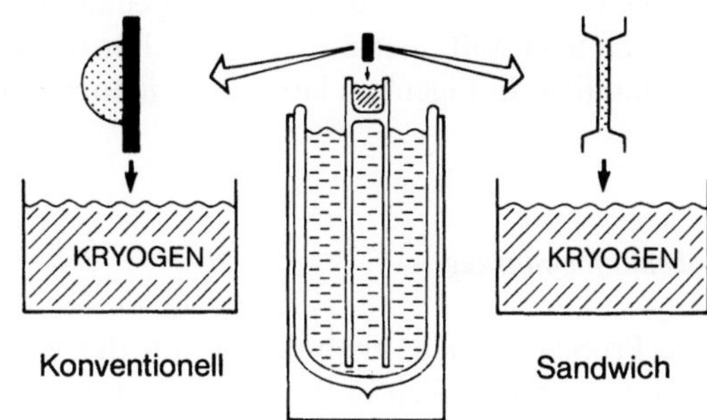

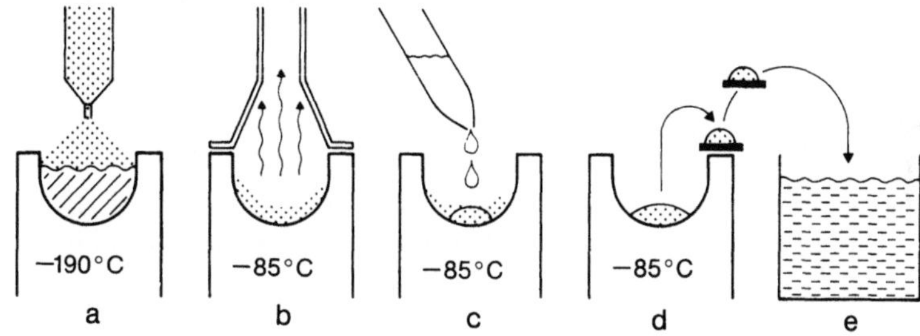

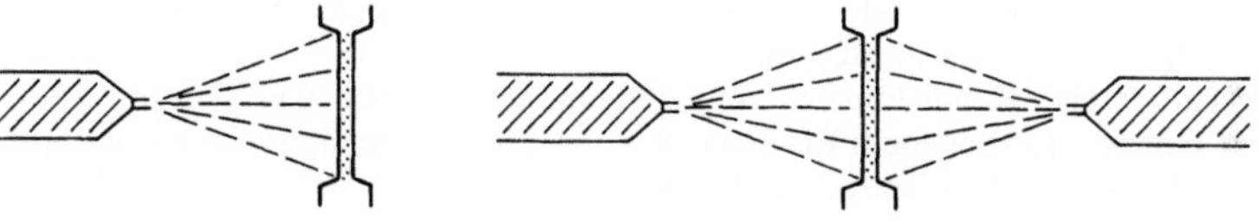

Abb. 2.35. Gefriermethoden in der Gefrierätztechnik. Einzelheiten s. Text

eignet. Bis zu 30 µm große Tropfen können von einer Suspension mit Hilfe einer einfachen Sprühvorrichtung entstehen. Weil sich oberhalb des verflüssigten Kryogens eine kalte Gasphase befindet, müssen die Tropfen diesen Bereich mit hoher Geschwindigkeit passieren. Hierfür reicht der Druck der Preßluftpistole normalerweise aus. Größere Objekte wie Einzeller und Ciliaten können aus einer Spritze mit einer feinen Düse (hierzu kann eine Elektronenmikroskopblende dienen) in das Kryogen hineingeschossen werden. Nach dem Einfrieren der Probe wird unter Vakuum verdampft, wobei die Temperatur des Sprühbads auf −85 °C erhöht wird. Ein paar Tröpfchen vorgekühltes n-Butylbenzol oder Toluol, welche bei dieser Temperatur dickflüssig sind und als Klebstoff dienen, werden den gefrorenen Partikeln beigemischt. Durch Rühren mit einer kalten Präpariernadel stellt man eine Paste her, die auf einen kalten Objektträger gebracht wird (die Nadel wird durch häufiges Eintauchen in flüssigen Stickstoff kaltgehalten). Die Objektträger können dann in flüssigen Stickstoff überführt werden. Für diese Methode ist ein Gerät der Fa. Balzers erhältlich; in Eigenbau lassen sich jedoch einfachere Versionen herstellen.

2.6.2.5 Probenaufbewahrung

Eingefrorene Proben können, unabhängig von der verwendeten Gefriermethode, für beinahe unbeschränkte Zeit in flüssigem Stickstoff aufbewahrt werden. Erfolgt das Aufbrechen am Tag des Einfrierens, läßt man die Proben in einem Dewargefäß mit Haltevorrichtung liegen. Für die länger dauernde Aufbewahrung größerer Probenmengen sollten spezielle Behälter angeschafft bzw. gebaut werden. Diese passen in großvolumige Flüssigstickstoffgefäße, deren Füllstand regelmäßig kontrolliert wird.

Weiterführende Literatur

Bachmann L, Schmitt-Fumian WW (1973) Spray-freezing and freeze-etching. In: Benedetti EL, Farvard P (eds) Freeze-etching: techniques and applications. Soc Fr Microsc Electron, Paris, pp 73–79
Knoll G, Oebel G, Plattner H (1982) A simple sandwich-cryogen-jet procedure with high cooling rates for cryofixation of biological materials in the native state. Protoplasma 111: 161–176
Krah S, Staehelin LA, Nettesheim E (1973) A new type of storage container for freeze-etch specimens. J Microsc 99: 349–352
Lang RDA, Corsby P, Robards AW (1976) An inexpensive spray-freezing unit for preparing specimens for freeze-etching. J Microsc 108: 101–104
Müller M, Meister N, Moor H (1980) Freezing in a propane jet and its application in freeze-fracturing. Mikroskopie 36: 129–140
Plattner H, Schmitt-Fumian WW, Bachmann L (1973) Cryofixation of single cells by spray-freezing. In: Benedetti EL, Farvard P (eds) Freeze-etching: techniques and applications. Soc Fr Microsc Electron, Paris, pp 81–100

2.6.3 Aufbrechen

2.6.3.1 Überführung des Objekts in die Vakuumanlage

Nach dem Einfrieren werden die Proben in die Hochvakuumanlage gebracht; dieses geschieht nicht wegen des Aufbrechens, sondern weil die nachfolgenden Schritte (Ätzung, Bedampfung) eine saubere, nicht kontaminierte Bruchfläche voraussetzen.

Bei der sehr einfachen „Bullivant-Ames"-Methode wird die Probe nicht im Vakuum, sondern in einer Vertiefung einer mit flüssigem Stickstoff gekühlten Messingplatte aufgebrochen. Nachdem die Probe mit einem langen Skalpell unter flüssigem Stickstoff aufgebrochen wurde, bringt man den Behälter samt Stickstoff sofort in eine Vakuumanlage. Zunächst wird sich der Stickstoff unter den herrschenden Vorvakuumbedingungen verfestigen; nach kurzer Zeit sublimiert er jedoch. Die Bruchflä-

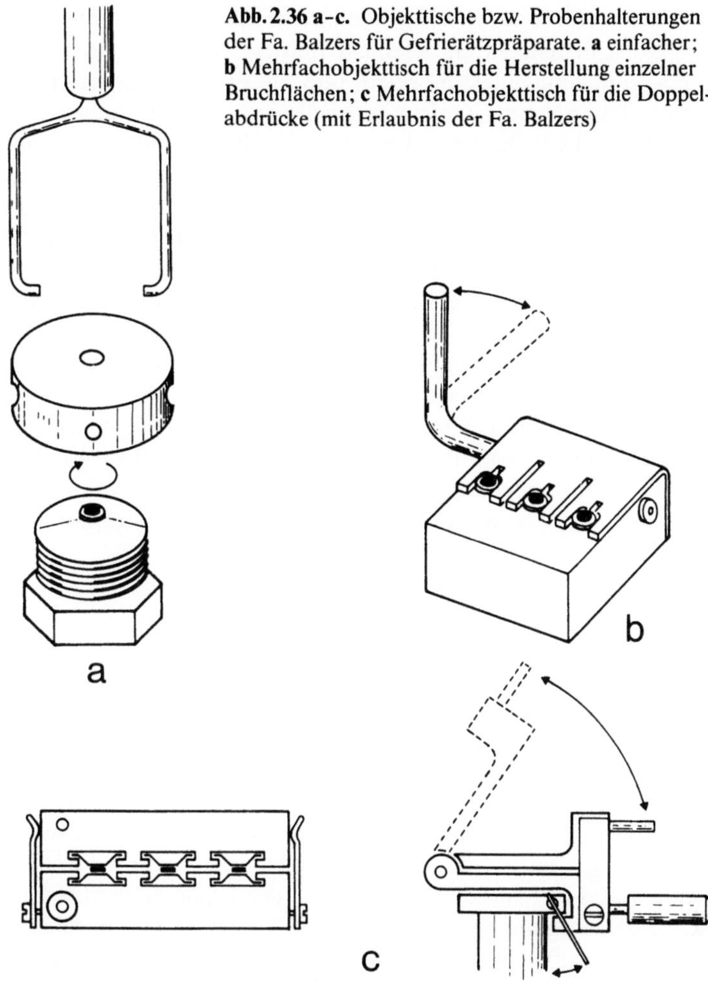

Abb. 2.36 a–c. Objekttische bzw. Probenhalterungen der Fa. Balzers für Gefrierätzpräparate. **a** einfacher; **b** Mehrfachobjekttisch für die Herstellung einzelner Bruchflächen; **c** Mehrfachobjekttisch für die Doppelabdrücke (mit Erlaubnis der Fa. Balzers)

che kann, nachdem der Stickstoff abgepumpt wurde, bedampft werden. Hervorzuheben ist die preiswerte Natur dieser Methode (im Eigenbau kann leicht ein kleiner Zusatz zur konventionellen Bedampfungsanlage hergestellt werden); nachteilig sind jedoch die unkontrollierbaren Bruch- und Ätzbedingungen.

Mit allen anderen Gefrierätzanlagen (von den Firmen Balzers, Edwards High Vacuum, Leybold-Heraeus) wird das Aufbrechen unter Hochvakuum durchgeführt. Den Geräten entsprechend werden hierfür Rotations-, Öldiffusions- bzw. Turbomolekularpumpen eingesetzt. Die eingefrorenen Proben werden so schnell wie möglich auf den mit flüssigem Stickstoff vorgekühlten Objekttisch ($-150\,^{\circ}$C) gebracht. Es gibt hierfür zwei Gründe: Da die Anlage bereits unter Vakuum steht, dürfen einerseits die Proben wegen der Gefahr der Eiskristallbildung nicht über $-80\,^{\circ}$C erwärmt werden, andererseits muß man die Kondensierung der Luftfeuchtigkeit an der kalten Tischfläche in Grenzen halten, um die Pumpen nicht zu überfordern. Das Letztere kann durch Anbringen einer Vakuumschleuse, durch die die

Probe eingeführt wird, weitgehend vermieden werden. Der Objekttisch kann auf zwei verschiedene Arten beschickt werden. Nach der einen ist der Objekttisch in der Vakuumanlage fest montiert, und die Proben müssen eingebracht werden. In diesem Fall wird der Objekttisch während der Belüftung der Vakuumanlage zunächst mit etwas flüssigem Frigen bepinselt. Einzelne, konventionell eingefrorene Proben werden dann mit einer kalten Pinzette aus dem Flüssigstickstoffbehälter sofort zum Objekttisch gebracht und befestigt, was mit einer vorgekühlten Schraub- oder Klemmvorrichtung entsprechend der Art des Objekttisches geschieht (Abb. 2.36 a, b). Bei der Gegenstrombeschickung werden Proben (entweder konventionelle oder Sandwichtypobjektträger) in eine Mehrfachhalterung oder Doppelabdruckeinrichtung eingeführt (Abb. 2.36 b, c). Dieses geschieht unter flüssigem N_2 und außerhalb der Vakuumanlage. Der Transfer zum vorgekühlten Objekttisch erfolgt mit Hilfe einer Greifzange oder einem -stift.

Nach Beschickung des Objekttisches wird der Rezipient der Vakuumanlage sofort ausgepumpt; es muß ein Vakuum von mindestens 5×10^{-5} torr erreicht werden, bevor das Aufbrechen erfolgen darf. Anlagen, die ein Vakuum von 10^{-8}-10^{-9} torr erreichen, ermöglichen die Erzeugung kontaminationsarmer Bruchflächen.

2.6.3.2 Erzeugung von Bruchflächen

Entsprechend der Art der Objektträger stellt man einzelne oder doppelte Bruchflächen her. Im ersten Fall wird eine konventionell montierte Probe mit einer beliebigen Messervorrichtung aufgebrochen. Als Messer dient eine einschneidige Rasierklinge, welche vorher mit Aceton entfettet werden muß und mit der gesamten Vorrichtung auf die Temperatur des flüssigen Stickstoffs vorgekühlt wird. Für den Schneidevorgang sind sowohl mechanische als auch thermische Vorschubmöglichkeiten in den Balzers-Anlagen vorhanden, die letzte wird jedoch selten benötigt. Um ein Zerbrechen oder Wegspringen der Probe zu vermeiden, ist eine langsame Schneidebewegung bei einem geringen Vorschub zu empfehlen. Nur so wird eine gleichmäßig „flache" Bruchfläche erreicht. Erfahrungsgemäß zerbrechen mit Glyzerin behandelte Proben weniger als die in Wasser eingefrorenen. Beim letzten Schneidegang ist unbedingt darauf zu achten, daß der Vorschub nicht zu gering ist, da sonst Messerstreifen bzw. -kratzer entstehen. Nach Beendigung des letzten Schneidevorgangs postiert man das Messer der verwendeten Technik entsprechend. In jedem Fall muß gesichert sein, daß das Messer nicht die Bruchfläche berührt, nicht in den Strahlengang der Bedampfungsvorrichtungen hereinragt und auch nicht über dem Schwingquarz der Schichtdickenmessungseinrichtung liegt.

Der Umgang mit der Doppelabdruckvorrichtung ist wesentlich leichter und geht vor allem schneller als mit einzelnen Proben, da sie durch einen mechanischen oder elektrischen Steuerungsmechanismus auseinandergeklappt wird. Die entstandenen Bruchflächen sind komplementär, müssen aber als solche nicht unbedingt verwertet werden. Häufig ist die doppelte Anzahl der Abdrücke erwünscht. Wenn jedoch die Komplementarität zwischen exponierten Zellbestandteilen interessiert, müssen Orientierungsmarkierungen in den Bruchflächen bzw. den späteren Abdrücken vorhanden sein. Hierfür gibt es zwei verschiedene Möglichkeiten: Entweder klebt man zwei Indexgrids mit Vaseline genau übereinander, oder man benutzt nur ein Indexgrid, dessen Metallfläche mit Lecithin befilmt wurde (dieses wird durch Eintauchen in eine 0.5 %ige, w:v, Lecithin-Chloroform-Lösung erreicht. Überschüssige Flüssigkeit wird mit einem Filterpapier abgesaugt. Es soll jedoch darauf aufmerksam gemacht werden, daß hierbei kein Film im Sinne von Formvarfolien hergestellt wird!). Die Indexgrids (bzw. das einzelne Indexgrid) werden zwischen zwei Objektträger gelegt und mit der Probe im Sandwichverfahren eingefroren. Beim Auseinanderreißen der Objektträger sollte die Bruchfläche entweder zwischen den gepaarten Indexgrids oder durch die hydrophobe Mitte der Lecithindoppellage verlaufen. Die auf diese Art exponierten Indexziffern bzw. -buchstaben werden mitbedampft und sind später im Elektronenmikroskop leicht erkennbar.

Bruchflächen, die später dem Ätzen ausgesetzt werden sollen, werden bei einer Objekttischtemperatur von − 100 °C hergestellt. Sollte das Ätzen nicht beabsichtigt sein, wird stattdessen bei − 110 °C gearbeitet (s. unten). Aufbrechen bei noch niedrigeren Temperaturen sollte wegen der erhöhten Kontaminationsmöglichkeiten nur unter Ultrahochvakuumbedingungen durchgeführt werden (s. 2.6.4).

2.6.3.3 Bruchflächen in biologischem Material

Bei Benutzung einer Messer- oder Doppelabdruckeinrichtung werden entlang der Bruchfläche einer Probe sog. Schwachstellen verlaufen. In der Regel sind das die hydrophoben inneren Teile der Membran. Entsprechend dieser Tatsache bezeichnet man solche internen Bruchflächen als P für protoplasmatisch (was bedeutet, daß sich hinter der untenliegenden Lipidschicht entweder Cytoplasma oder – im Falle von Plastiden und Mitochondrien – das Stroma befindet) oder E für exoplasmatisch (d.h. hinter der untenliegenden Lipidschicht befinden sich das Zelläußere

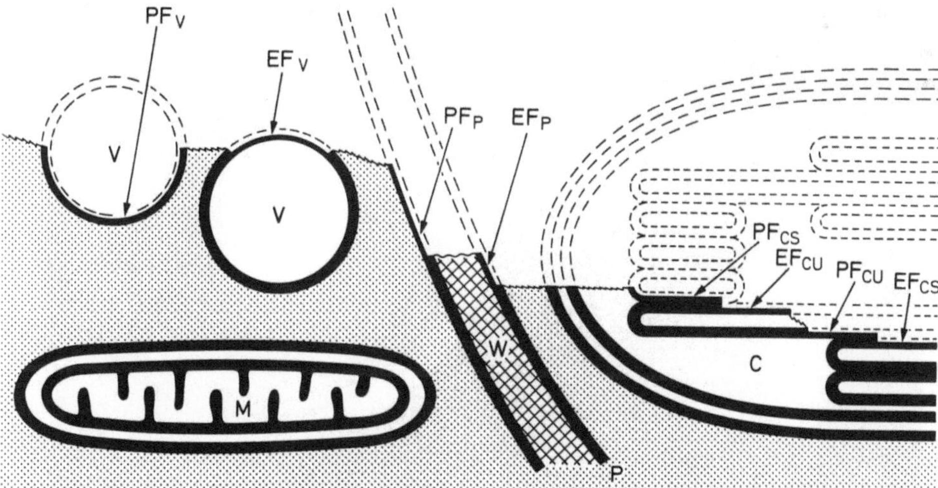

Abb. 2.37. Schematischer Verlauf einer Bruchfläche durch zwei benachbarte pflanzliche Zellen. *PF* „protoplasmatische" Bruchflächen; *EF* „exoplasmatische" Bruchflächen; *W* Zellwand; *P* Plasmamembran; *C* Chloroplast; *V* Vakuole; *M* Mitochondrien; *CS/CU* „stacked" (gestapelte) / „unstacked" (nicht gestapelte) Thylakoide

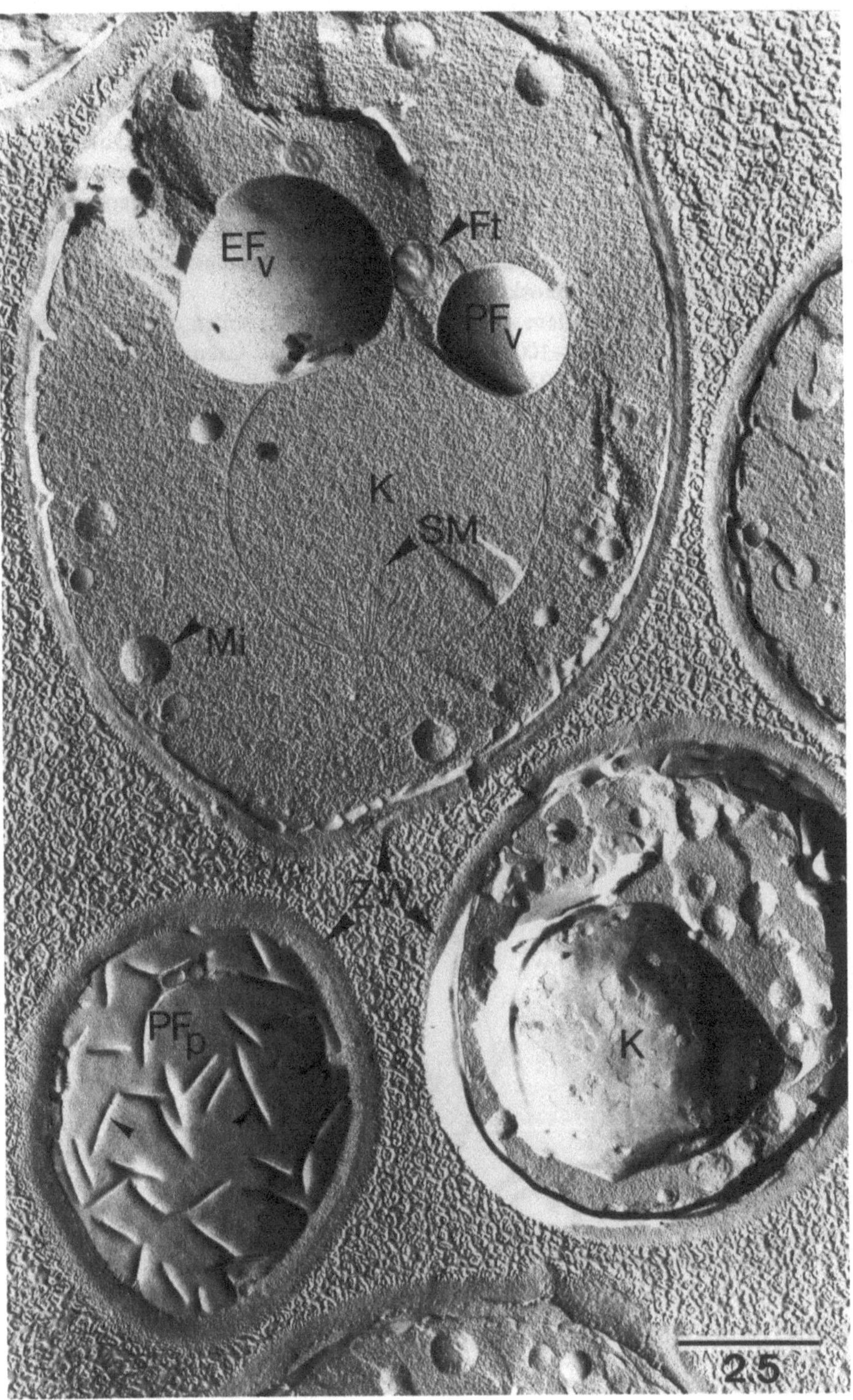

Abb. 2.38

bzw. Luminalräume). Abbildung 2.37 zeigt die Entstehung dieser Bruchflächen; zum Vergleich werden in Abb. 2.38 verschiedene Bruchflächen in EM-Aufnahmen dargestellt. Mit wenigen Ausnahmen sind Membranbruchflächen mit Partikeln übersät, welche membranintegrierte Proteine darstellen.

Weiterführende Literatur

Branton D, Bullivant S, Gilula NB, Karnovsky MJ, Moor H, Mühlethaler K, Northcote DH, Pakker L, Stair B, Satir P, Spetz V, Staehelin LA, Steere RL, Weinstein RS (1975) Freeze-etching nomenclature. Science 190: 54–56

Bullivant S, Ames A (1966) A simple freeze-fracture replacation method for electron microscopy. J Cell Biol 29: 435–447

Gross H Bas E, Moor H (1978) Freeze-etching in ultrahigh vacuum at −196 °C. J Cell Biol 76: 712–728

Mühlethaler K, Hauenstein W, Moor H (1973) Double fracturing method for freeze-etching. In: Benedetti EL, Farvard P (eds) Freeze-etching: techniques and applications. Soc Fr Microsc Electron, Paris, pp 73–79

Pinto da Silva P, Branton D (1972) Membrane intercalated particles. The plasma membrane as a planar fluid domain. Chem Phys Lipids 8: 265–278

Sleytr UB, Umrath W (1974) A simple fracturing device for obtaining complementary replicas of freeze-fractured and freeze-etched suspensions and tissue fragments. J Microsc 101: 177–186

2.6.4 Ätzen

2.6.4.1 Zweck des Ätzens

Da die Bruchebene einer Biomembran zwischen der Lippiddoppellage verläuft, können nach der Gefrierbruchmethode keine äußeren Oberflächen in Erscheinung treten. Um solche Flächen freizulegen, muß daher das umliegende Eis spezifisch entfernt werden; das Eis wird also weggeätzt. Nach erfolgreicher Ätzung (Abb. 2.39 und 2.40) sind entweder exo- bzw. protoplasmatische Ansichten der Membranen zu sehen.

2.6.4.2 Theorie und Praxis

Das Ätzen ist eine oberflächliche Gefriertrocknung, die unmittelbar nach dem Aufbrechen durchgeführt wird. Es ist also eine Vakuumsublimation. Die Voraussetzung hierfür liegt darin, daß der Partialdruck des Wasserdampfs im Vakuumrezipienten niedriger ist als der des Eises. Die Sublimationsrate und damit die Ätztiefe hängen bei konstanten Vakuumbedingungen im wesentlichen von der Probentemperatur ab. Die optimale Temperatur hierfür liegt bei −100 °C, wobei bis zu 90 nm Eis von

---

Abb. 2.38. Aufnahme eines Gefrierbruchabdrucks von Zellen der Bäckerhefe (*Saccharomyces* sp.). Bruchflächennomenklatur entspricht Abb. 2.37. *Ft* Fetttröpfchen; *K* Kern (der obere sich in der Mitose befindliche Kern ist quer aufgebrochen; der untere ist in Aufsicht freigelegt); *Mi* Mitochondrium; *SM* Spindelapparatmikrotubuli; *ZW* Zellwand. Vergrößerungsangabe in μm

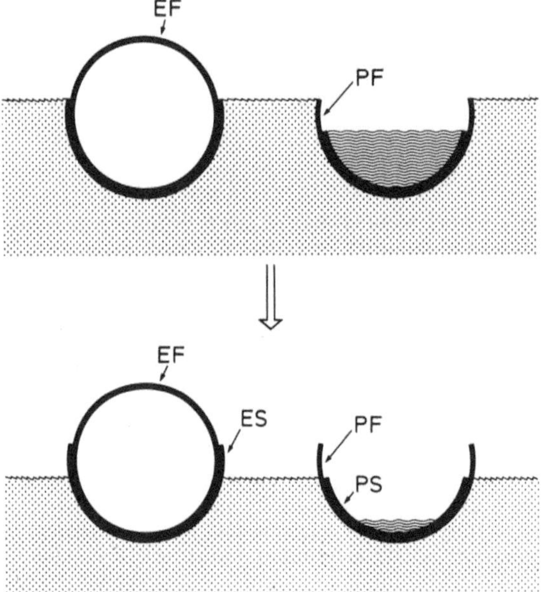

Abb. 2.39. Schematische Darstellung der Ätzwirkung anhand einer Vakuole. *Oben:* die Lage unmittelbar nach Erzeugung der Bruchfläche; *unten:* nach der Ätzung. *ES/PS* exoplasmatische „surface" (Oberfläche) / protoplasmatische „surface" (Oberfläche). *Punktierte Teile:* umliegendes Eis

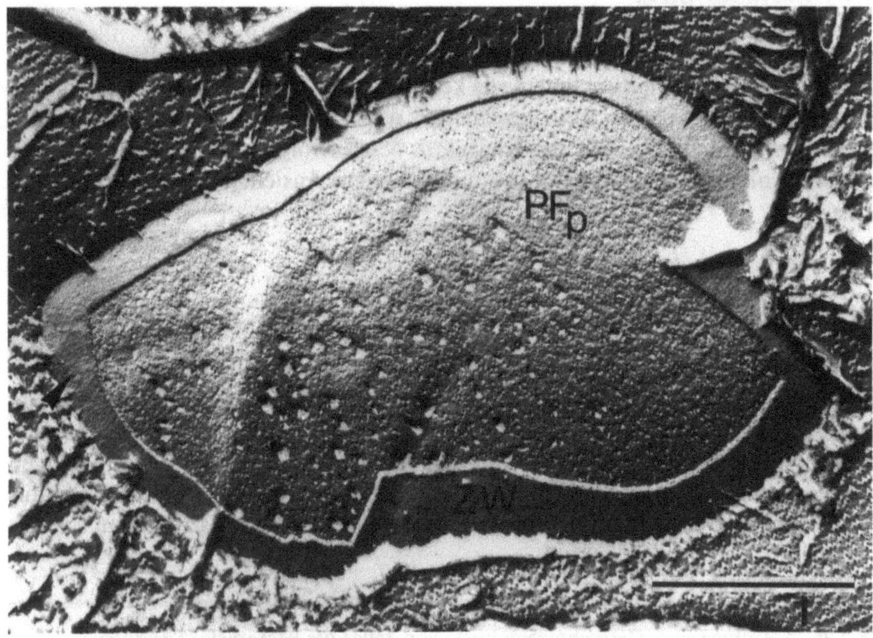

Abb. 2.40. Aufnahme eines Gefrierätzabdrucks von einer Chlamydomonaszelle. Nomenklatur entspricht den Abb. 2.37 und 2.39. Aufgrund des Ätzens ist die Feinstruktur der Zellwand jetzt zu erkennen *(Pfeile)*. Vergrößerungsangabe in μm

der Bruchfläche verdampfen. Als Faustregel kann man sagen, daß sich die Ätztiefe bei gleichbleibender Ätzzeit um den Faktor 10 verändert, wenn eine Temperatur von 10 °C ober- oder unterhalb von − 100 °C eingestellt wird.

Die Temperatur von − 100 °C ist aufgrund der Ätzrate günstig; außerdem wird hierbei die Druckkondensation von Wasserdampf auf die Bruchfläche während der Ätzperiode auf ein Minimum reduziert. Bei − 100 °C sind Partial- und Sättigungsdampfdruck von Wasserdampf etwa gleich, und es kommt nur zu einer geringen Kondensation. Mit sinkender Temperatur nimmt jedoch der Sättigunsdruck erheblich ab, und eine Kondensation ist somit unvermeidlich. Nur bei sehr hohem Vakuum (ca. 10^{-9} torr) ist eine Kontamination von niedrig temperierten Bruchflächen mit kondensierenden Wassermolekülen effektiv unterbunden. Im Arbeitsbereich von − 100 °C werden üblicherweise Vorkehrungen gegen die Rückkondensation von Wasserdampf getroffen. Man stellt den auf − 196 °C vorgekühlten Mikrotomarm für die Dauer des Ätzvorgangs etwa 1-2 mm über die Bruchfläche. Der Arm fungiert als Kühlfalle für den Wasserdampf. Dieses Vorgehen ist auch bei einer Doppelabdruckeinrichtung für die Herstellung der Bruchflächen zu empfehlen.

Die Ätzung hat in der Praxis nur Sinn, wenn die Probe in Wasser suspendiert wird, da die niedrigen Dampfdrücke der verschiedenen Frostschutzmittel stören. Eine Resuspension in Wasser geht nicht immer ohne Verlust an membranperipheren Proteinen vor sich. Ein solcher Verlust kann jedoch mit einer kurzen Vorbehandlung (15-30 min) mit Glutaraldehyd (0.5-1%ig, v:v) verhindert werden. Die Ätzdauer variiert von Probe zu Probe und muß jedesmal optimiert werden; auch im Extremfall sind aber kaum längere Zeiten als 20 min notwendig.

Weiterführende Literatur

Gross A (1979) Advances in ultrahigh vacuum freeze-fracturing at very low specimen temperature. In: Rash JE, Hudson CS (eds) Freeze-fracture: methods, artifacts, and interpretations. Raven Press, New York, pp 127-139
Pinto da Silva P, Branton D (1970) Membrane splitting in freeze-etching. Covalently bound ferritin as a membrane marker. J Cell Biol 45: 598-605

2.6.5 Bedampfen

Für die Herstellung des Abdrucks gelten die gleichen Prinzipien, die schon unter 2.3.1.3 beschrieben wurden. Allerdings reicht hier wegen der mangelnden Stabilität keineswegs die Stärke der schräg aufgedampften Platin-Kohle-Schicht (ca. 2 nm dick) für die folgenden Reinigungsschritte aus. Sie muß daher mit einer zweiten, senkrecht von oben auffallenden Bedampfung mit reiner Kohle verstärkt werden. Diese Schicht (20-30 nm dick) ist mit dem Elektronenstrahl des Elektronenmikroskops immer noch durchdringbar. In den meisten Fällen bleibt die aufgebrochene Probe während der Bedampfung unverändert auf dem Objekttisch liegen. Es sind jedoch spezielle Objekttische mit externer Steuerung für eine Rotationsbedampfung erhältlich.

2.6.5.1 Widerstandsverdampfer

In den älteren Gefrierätzanlagen werden sowohl die Kontrast- als auch die Verstärkungsmaterialien durch einen Widerstandsverdampfer abgegeben. Als Elektroden dienen in beiden Fällen Paare angespitzter Graphitstäbe (normalerweise mit einem Durchmesser von 0.65 cm), deren Berührungsstellen von dem durchfließenden Strom erhitzt werden. Die Verdampfungseinrichtungen sind für beide Bedampfungsarten identisch und haben sowohl eine festsitzende als auch eine gefederte Elektrode, um die Kontaktstelle zwischen beiden Elektroden während des Bedampfungsvorgangs immer unter gleichbleibendem mechanischen Druck zu halten. Der Kohlestab der Pt-C-Verdampfer wird so gespitzt, daß ein Zylinder von etwa 2 mm Länge und 1 mm Durchmesser herausragt. Die Elektroden der C-C-Verdampfer werden stattdessen etwas abgeflacht, um eine Berührungsfläche von etwa 2 mm Durchmesser zu erreichen. Das Platin für die Verdampfung ist ein Draht mit einem Durchmesser von 0.1 mm, von dem etwa 6 cm Länge auf einen Metalldorn (Durchmesser: 1 mm) eng aufgewickelt werden. Diese Pt-Wendel wird dann mit Hilfe einer Pinzette auf die zylindrische Spitze des festen Kohlestabs gebracht. Beide Kohlestäbe werden nun so zusammengeschoben, daß sie sich berühren; jetzt wird die Pt-Wendel über die Kontaktstelle geschoben (Abb. 2.41 a).

Die Bedampfung selber wird unter Hochstrombedingungen (50–70 Amp) durchgeführt; die Spannungswerte sind dagegen relativ niedrig (7 V für die Pt-C-Verdampfer und 8 V für die C-C-Verdampfer) und werden mit Hilfe eines Regeltransformators im voraus eingestellt. Die Verdampfungszeiten betragen 5 bzw. 10 s für die Pt-C- bzw. C-C-Elektroden. Die beiden Bedampfungen sind ohne Pause nacheinander durchzuführen.

2.6.5.2 Elektronenstrahlverdampfer

Die modernen Gefrierätzanlagen sind mit Elektronenstrahlverdampfern ausgestattet. Gegenüber der Widerstandverdampfung sind Reproduzierbarkeit und mehrere nacheinanderfolgende Bedampfungen ohne Neuladung der Verdampfungseinrichtung als wesentliche Vorteile zu verzeichnen (etwa 15 Bedampfungen mit dem Pt-C-Verdampfer, 5 mit dem C-C-Verdampfer).

Das Prinzip ist – wie bereits erwähnt (s. 2.3.1.3) – die Erhitzung des als Anode dienenden Verdampfungsmaterials mit Elektronen aus einer Wolframkathode. Die Kathode liegt wendelförmig um die Anode, welche in einem Bolzenhalter befestigt ist (Abb. 2.41 b); sie muß entsprechend den Spezifikationen genau justiert sein. Die Elektronen, welche die erhitzte Kathode verlassen, werden durch Hochspannung auf die Anode beschleunigt. Die Anode wird dadurch so stark erhitzt, daß sie kontrolliert verdampft. Der entstandene Dampfstrahl geht zunächst durch die darüberliegende Wehnelt-Blende, bevor er Bremsblende und Abdeckplatte passiert. Letztere fungieren als Ablenksystem, um Streuelektronen aus dem Dampfstrahl zu entfernen. Bei der Bedampfung mit reiner Kohle ist das Elektronenablenksystem allerdings nicht unbedingt erforderlich.

Im Falle der Pt-C-Bedampfung ist die Anode ein aufgebohrter Kohlestab, in dessen Bohrung sich ein Stück Platin befindet. Zwischen den einzelnen Bedampfungen

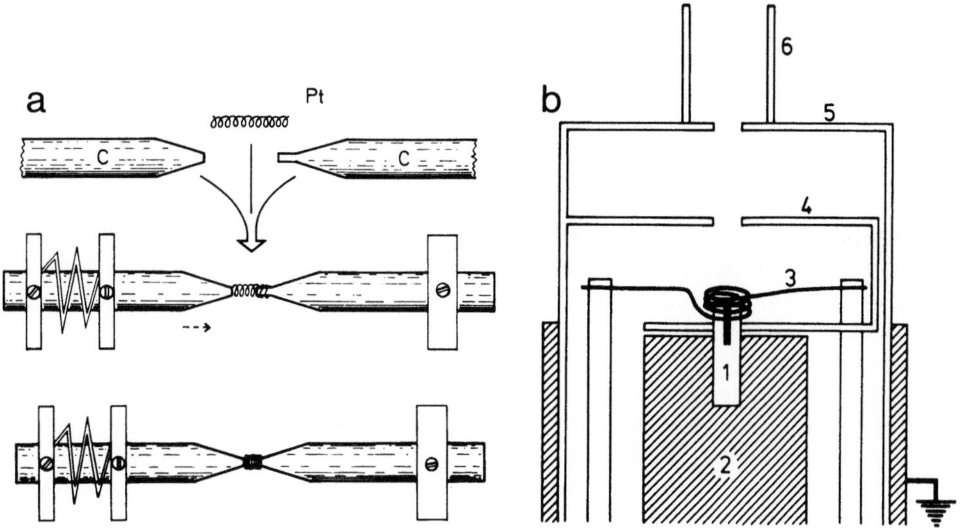

Abb. 2.41 a, b. Bedampfungseinrichtung in der Gefrierätztechnik. **a** Wiederstandsverdampfer (*Pt* Platindraht; *C* Kohlestab). **b** Elektronenstrahlverdampfer (*1* Anode; *2* Bolzenhalter; *3* Heizwendel (Kathode); *4* Wehneltblende; *5* Bremsplatte; *6* Ablenkungsplatte)

bedarf es bei guter Justierung keiner Korrektur. Bei den reinen Kohlebedampfungen muß jedoch korrigiert werden, da bei jeder Bedampfung ein erheblicher Teil der Masse des Kohlestabs entfernt wird. Unter optimalen Bedingungen beträgt die Aufdampfzeit für beide Arten etwa 4–8 s.

2.6.5.3 Schichtdickenmessung

Vor der Einführung des Schwingquarzdickenmeßgeräts war es üblich, die Quantität und Qualität der aufgedampften Schicht mit einem Stück weißen Kartons abzuschätzen. Dieser wurde mit einem Ausschnitt versehen und an dem Objekttisch unterhalb der Probe(n) angebracht. Bei guter Bedampfung war darauf ein leicht gebräunter silbergrauer Belag zu erkennen.

Das Wirkungsprinzip eines modernen Schichtdickenmeßgeräts beruht darauf, daß sich die Frequenz einer in Schwingungen versetzten dünnen Quarzscheibe durch Aufdampfung einer Schicht vergrößert. Das Quarzplättchen wird in einer Halterung neben dem Objekttisch so aufgestellt, daß der Dampfstrahl rechtwinklig zu seiner Oberfläche auftrifft. Frequenzänderungen von 150 Hz bzw. 200 Hz entsprechen der optimalen Schichtdicke für Pt-C- bzw. C-Bedampfungen.

Weiterführende Literatur

Margaritis LH, Elgsaeter A, Branton D (1977) Rotary replication for freeze-etching. J Cell Biol 72: 47–56

Moor H (1971) Recent progress in the freeze-etching technique. Philos Trans R soc London Ser B
    261: 121-131
Zingsheim HP, Abermann R, Bachmann L (1970) Apparatus for ultrashadowing of freeze-etched
    electron microscopic specimens. J Phys E 3: 39-42

2.6.6 Reinigung des Abdrucks

Nachdem der Abdruck hergestellt wurde, belüftet man den Vakuumrezipienten.
Mit einer Uhrmacherpinzette werden die Objektträger samt Probe und Abdruck
vorsichtig vom Objekttisch abgehoben und nach dem Auftauen schräg in eine Uhr-
glasschale mit Wasser eingetaucht. Dabei wird der Abdruck auf die Wasseroberfläche flottieren.

Die Reinigung der Abdrücke von tierischem Material ist relativ einfach: 20-40
%ige (g:v) Chromsäure bei 40 °C für 2-4 h reichen normalerweise aus. Pflanzliche
Zellen - besonders solche mit einer dicken Zellulosewand - müssen 12 h mit
70%iger Schwefelsäure behandelt werden. Diese hohe Konzentration erreicht man
durch stufenweise Steigerung innerhalb mehrerer Stunden; anschließend geht man
ebenso wieder bis zum Wasser zurück. Danach folgt eine 1- bis 2stündige Behandlung mit 20%iger Chromsäure. Nach 3maligem Waschen in Aq. bidest. können die
Proben auf EM-Grids von unten aufgenommen werden. Befilmte Grids eignen sich
dafür in der Regel besser, da die Gefahr des Auseinanderplatzens der Abdrücke
beim Trockenen (durch Abtupfen mit Filterpapier) geringer ist als bei Grids ohne
Folie.

Die Reinigungsschritte sind entweder in Block- oder Tüpfelschalen durchzuführen; der Transfer von einer zur anderen Lösung wird mit Hilfe einer Platinöse vorgenommen. Sollte ein Abdruck, statt auf der Oberfläche einer Lösung zu flottieren,
absinken und sich zusammenrollen, so bringt man ihn zunächst in 100%iges Aceton
oder Ethanol und dann zurück in Wasser.

Wenn komplementäre Abdrücke mit Hilfe einer Doppelabdruckeinrichtung angefertigt wurden und die Bruchebene zwischen zwei Indexgrids verläuft, bleiben
die Grids zusammen mit den Abdrücken zunächst an den Objektträgern haften. Die
zwischen Objektträger und Grid anhaftende Vaseline wird durch 20minütiges Eintauchen in Chloroform entfernt. Mit etwas Glück bleiben Abdruck und Indexgrid
zusammen und können wie oben beschrieben zusammen gereinigt werden. Das
Grid muß aus Gold oder Nickel bestehen, um während der Reinigungsschritte
nicht aufgelöst zu werden. Wenn sich anstelle von zwei Indexgrids ein einziges mit
Lecithin befilmtes Grid zwischen den Objekträgern befindet (s. 2.6.3.2), werden die
Abdrücke nicht an den Objektträgern festhaften. Um die Erkennungsziffern, welche in Abdrücken erkenntlich sind, nach der Reinigung gut sehen zu können, sollten solche Abdrücke mit befilmten Einzellochgrids aufgenommen werden.

2.6.7 Präparationsfehler bei der Gefrierätzung

Es gibt zahlreiche Artefakte, die bei der Herstellung eines Gefrierätzabdrucks entstehen können. Generell wurden sie nach den verschiedenen Arbeitsgängen grup-
piert:

1. durch Frostschutzmittel hervorgerufene Artefakte,
2. Einfrierungsartefakte,
3. Schneide- bzw. Aufbruchartefakte,
4. Ätzungs- bzw. Kondensationsartefakte,
5. Bedampfungsartefakte,
6. Reinigunsartefakte.

Es gibt zu viele Fehlermöglichkeiten, um alle in diesem kurzen Kapitel vollständig abhandeln zu können. Ausgezeichnete Artikel zu diesem Thema mit vielen Abbildungen sind unten angegeben. Anhand dieser Angaben kann man leicht die verschiedenen Präparationsfehler erkennen.

Weiterführende Literatur

Böhler S (1975) Artefacts and specimen preparation faults in freeze-etch technology. Balzers AG Publ FL-9496 DN6573. Balzers, Liechtenstein
Böhler S (1979) Artifacts and defects of preparations in freeze-etch technique. In: Rash JE, Hudson CS (eds) Freeze fracture: methods, methods, artifacts, and interpretations. Raven Press, New York, pp 19–29
Miller KR (1979) Artifacts associated with the deep-etching technique. In: Rash JE, Hudson CS (eds). Raven Press, New York, pp 31–36
Staehelin LA, Bertand WS (1971) Temperature and contamination dependent freeze-etch images of frozen water and glycerol solutions. J Ultrastruct Res 37: 146–148
Willison JHM, Brown RM (1979) Pretreatment artifacts in plant cells. In: Rash JE, Hudson CS (eds) Freeze fracture methods, artifacts, and interpretations. Raven Press, New York, pp 51–57

2.6.8 Ablauf eines Gefrierätzgangs

Die überwiegende Zahl der Gefrierätzanlagen in cytologischen Laboratorien sind Produkte der Fa. Balzers. Aus diesem Grund halten wir es für nützlich, die folgende stichwortartige Beschreibung eines Gefrierätzablaufs zu geben, wie er regelmäßig in einem unserer Labors durchgeführt wird. Das hier angesprochene Gerät ist die Gefrierätzanlage BA 360M, ausgestattet mit den Elektronenstrahlverdampfern EVM 052 und der Schwingquarzdickenmeßeinrichtung Q8G 201D. Der flüssige Stickstoff wird von einem Dewargefäß in die Anlage geführt. Hierzu dient der Druck eines Stickstoffzylinders. Es wird ein Lauf mit einem Dreierobjekttisch mit Messervorrichtung beschrieben:

A. Inbetriebnahme der Anlage

Ausgangsposition: Ventilsteuerung: 0.
- am Steuergerät Taste „ON/OFF" drücken
- Ventil des Preßluftzylinders aufdrehen, Druck auf ca. 3 bar einstellen
- Rotationspumpe an
- Ventilsteuerung auf „2", Meßzellenschalter auf „2"
- wenn der Druck kleiner als 0.01 torr ist, Diffusionspumpe einschalten
- beim Klingeln Wasserhahn für die Kühlung aufdrehen, bis das Geräusch aufhört
- mindestens 30 min pumpen lassen

B. Anschließen der Stickstoffkühlung und Kühlen des Objekttisches

- Ventilsteuerung auf „1", Meßzellenschalter auf „1".
  Wenn der Druck kleiner als 0.01 torr, Ventilsteuerung auf „3". Mit dem Meßzellenschalter „3"
  wird das Vakuum kontrolliert (sollte kleiner als 10^{-5} torr sein)
- an der linken Seite flüssigen Stickstoff anschließen (Dewargefäß)
- Ventil durch Drücken der Taste „Temp/Adjust" öffnen, der Drehknopf steht auf „0"
- Stickstoffzufuhr durch Hochdrehen des Knopfes am Dewargefäß öffnen; zu Beginn reicht meist
  der Eigendruck des Gefäßes aus
- Temperaturwahlbereichstaste „ − 150/50" drücken
- warten, bis eine Temperatur von − 150 °C erreicht ist

C. Präparat einsetzen

- Kleines Dewargefäß mit den Proben und dem flüssigen Frigen neben die Vakuumglocke stellen
- Ventilsteuerung auf „0"
- Belüften, „Vent" entarretieren und Glocke öffnen, anschließend „Vent" auf „0"
- Ventilsteuerung auf „2". Kohlebedampfer ausschwenken, Messer in die hintere Stellung bringen.
  Mit einem Haarpinsel flüssiges Freon auf den Objekttisch pinseln und dabei den Reif entfernen.
  Präparat mit kalter Pinzette aus dem Dewargefäß entnehmen und auf den Objekttisch setzen.
  Der Hebel am Objekttisch muß hierbei waagerecht stehen; zeigt er nach unten, können keine
  Proben eingesetzt werden.
  Es muß schnell gearbeitet werden, um ein Auftauen des Präparats zu vermeiden.
  Metallkappe vom Schwingquarz nehmen!
  Messer zurückstellen
- Glocke schließen
- Ventilsteuerung auf „1", Meßzellenschalter auf „1"
- wenn der Druck kleiner als 0.01 torr: Ventilsteuerung auf „3", Meßzellenschalter auf „3"
- den Temperaturreglerknopf so einstellen, daß − 110 °C erreicht werden (ungefähr 2.9-3.2), mit
  höherer Zahl wird auch eine höhere Temperatur eingestellt.
  Der Objekttisch hat eine Temperatur von − 150 °C und soll auf − 110 °C erwärmt werden
- Ventil „Cooling" drücken (das Messer wird hierdurch auf − 192 °C gekühlt)
- 15 min auf eine konstante Temperatur von Mikrotomarm und Objekttisch warten und das Vakuum weniger als 10^{-5} torr
- die Stickstoffzufuhr kann am Dewargefäß so reguliert werden, daß man das Ventil während des
  Einsetzens der Proben schließt und es anschließend nur soweit öffnet, daß die Temperatur des
  Objekttisches nicht unter − 110 °C fällt

D. Präparat aufbrechen

- nach 15 min die Taste „Lamp" drücken
- anhand der Anzeige kontrollieren, ob sich das Messer in der obersten Stellung befindet. Messer
  unter Sichtkontrolle dicht über das Präparat bringen, dieses jedoch nicht berühren. Das rechte
  Handrad (Messerbewegung) gegen den Uhrzeigersinn um jeweils 360° drehen (eine Drehung um
  45° ergibt einen Messervorschub um 5 μm). Mit Hilfe des Messers bei allen Proben eine glatte
  Oberfläche schaffen

E. Präparat ätzen

- nach der letzten Messerbewegung den Messervorschub um 3 × 360° zurückdrehen
- Messer genau oberhalb der Probe postieren, für die gewünschte Zeit stehenlassen
- Messer in die hinterste Stellung bringen

F. Herstellen eines Abdrucks

- Taste „Lamp" drücken
- „Power" am Quarzmeßgerät drücken

- Platinbedampfung:
  - Filament mit „1" einschalten
  - „Power High, Voltage On"-Schalter bis zum Anschlag drehen (er springt dann leicht zurück)
  - „High voltage" auf 1800 V
  - Filament auf 70 mA
  - „Range" immer auf „0.3"
  - „Frequency": 0-Punkt ist auf 50 Hz geeicht, Ausschlag je nach Objekt verschieden (150–200 Hz)
  - „Filament", „High Voltage" auf „0" zurückstellen
  - „Frequency" auf 0-Punkt eichen.
- Kohlebedampfung:
  - Filament „2" einschalten
  - „Power High, Voltage On"
  - „High Voltage" auf 2400 V
  - Filament auf 90 mA,
  - „Range" auf „0.3",
  - „Frequency": kurz vor 200 Hz aufhören, da Kohle noch $+/-$ 50 Hz nachdampft,
  - alle Regler auf 0 stellen

G. Entnahme der Präparate

- Ventilsteuerung auf „0"
- Belüften, „Vent" sofort wieder auf „0"
- Glocke entarretieren und hochheben
- Ventilsteuerung auf „2"
- Hebel am Objekttisch in die waagerecht Stellung bringen
- Trägerplättchen mit Pinzette vom Objekttisch nehmen
- Stickstoffzufuhr unbedingt schließen, da sonst Rückstau erfolgt!

H. Vorbereitung für den nächsten Durchlauf

- „Cooling" aus
- Temperautrreglerknopf auf „10.0", Temperaturwahlbereichsstaste auf $-150/+50$
- Kappe auf den Schwingquarz setzen
- „Heating" drücken
- wenn die Temperatur größer als 0 °C ist ($+10$ °C), den Temperaturreglerknopf auf „0" stellen
- „Cooling" an, einige Zeit warmen Stickstoff durchlaufen lassen
- zusätzlich mit einem Fön abtauen; neue Messerklinge einsetzen (vorher mit Aceton säubern), Messer sowie Kohle- und Platinverdampfer in die richtige Stellung bringen
- Taste „Heating" aus
- Glocke schließen

I. Anlage evakuieren

- Ventilsteuerung auf „1", Meßzellenschalter auf „1"
- wenn der Druck kleiner als 0.01 torr: Ventilsteuerung auf „3", Meßzellenschalter auf „3"

J. Ausstellen der Anlage

- Ventilsteuerung auf „2"
- Diffusionspumpe aus
- 30 min kühlen lassen (Wasserkühlung) bei laufender Rotationspumpe
- Ventilsteuerung auf „0"
- Rotationspumpe aus
- Stickstoffgaszufuhr schließen
- Wasserkühlung schließen
- Hauptschalter „ON/OFF" aus

3 Methoden für die REM

Die Oberfläche eines im Rasterelektronenmikroskop zu untersuchenden Objektes muß mehrere Eigenschaften aufweisen (Reimer und Pfefferkorn 1977): Die Fläche muß frei sein von störenden Auflagerungen (z. B. von Staubpartikeln, Drüsensekreten etc.), sie muß hochvakuumbeständig sein, und sie darf sich bei einem Beschuß mit Elektronen nicht verändern. Die Oberfläche muß weiterhin ausreichend Sekundärelektronen (s. 1.1.2) emittieren und sollte möglichst keine Aufladungserscheinungen zeigen.

Biologische Strukturen, deren Oberflächen diesen Anforderungen von vornherein genügen können, sind harte Exoskelette wie die Flügeldecken von Käfern oder Molluskenschalen, ferner Zähne, Knochen, Diatomeenschalen, Pollen und verschiedene pflanzliche Gewebe.

In aller Regel genügen die zu untersuchenden biologischen Objekte bzw. ihre Oberflächen jedoch nicht den zuvor genannten Voraussetzungen; diese müssen erst durch geeignete präparative Maßnahmen geschaffen werden. Die durchzuführende Präparation kann je nach Objektbeschaffenheit und nach Fragestellung (Abbildung mit Sekundär- und/oder Rückstreuelektronen, Materialanalyse) sehr unterschiedlich sein; in jedem Fall empfiehlt es sich, vor Beginn einer Präparation die reichlich vorhandene Spezialliteratur heranzuziehen (Präparationsübersichten mit weiterführenden Literaturangaben u. a. bei Murphy 1982, Nowell und Pawley 1980, Postek et al. 1980, Rosenbauer und Kegel 1978, Übersichten für mikrobiologische Objekte bei Watson et al. 1980, für pflanzliche Gewebe bei Falk 1980).

Liegen über das zu untersuchende Objekt transmissionselektronenmikroskopische Befunde vor, so sollten die dort eingesetzten und bewährten präparativen Techniken zur Isolierung, Reinigung und Stabilisierung des Objekts weitestgehend für die REM übernommen werden. In allen anderen Fällen, auch wenn bisher lichtmikroskopische Studien am ausgewählten Objekt durchgeführt wurden, ist eine Kontrolle der eigenen rasterelektronenmikroskopischen Präparation nur dann möglich, wenn verschiedene präparative Techniken eingesetzt und die Ergebnisse miteinander verglichen werden.

Sollte sich nach Abschluß der Präparation bei einer Betrachtung im Rasterelektronenmikroskop herausstellen, daß eine Oberfläche noch gröbere Verunreinigungen aufweist oder die interessierende Struktur nicht wie gewünscht freigelegt wurde, so lassen sich diese Mängel zumindest partiell durch den Einsatz eines eingebauten Mikromanipulators beseitigen (Pawley et al. 1975).

Das Rasterelektronenmikroskop liefert ein Abbild der Objektoberfläche, das einen starken dreidimensionalen Eindruck vermittelt. Demzufolge neigt ein Betrachter sehr leicht dazu (nicht nur bei einer schwachen Vergrößerung der Objekte im noch makroskopischen Bereich), das Abbild genauso zu interpretieren wie die im täglichen Leben visuell dreidimensional wahrgenommenen Gegenstände. Es darf zu keiner Zeit vergessen werden, daß sich das rasterelektronenmikroskopische Abbild der Objekte in wichtigen, präparations- und darstellungsbedingten Aspekten von der lebenden Struktur unterscheidet; die Aufdeckung artifizieller Phänomene ist generell schwieriger als in der TEM. Bei der photographischen Auswertung ist eine sorgfältige dreidimensionale Analyse der abgebildeten Strukturen häufig nur anhand von Stereobildpaaren möglich (Chatfield 1978).

Weiterführende Literatur

Chatfield EJ (1978) Introduction to stereo scanning electron microscopy. In: Hayat MA (ed) Principles and techniques of scanning electron microscopy, vol VI. Biological applications. Van Nostrand-Reinhold New York, pp 47–88
Falk RH (1980) Preparation of plant tissues for SEM. Scanning Electron Microsc 1980/II: 79–88
Goldstein JJ, Newbury DE, Echlin P, Joy DC, Fiori C, Lifshin E (1981) Scanning electron microscopy and x-ray microanalysis. Plenum Press, New York London, pp 1–673
Haggis GH (1982) Contribution of scanning electron microscopy to viewing internal cell structure. Scanning Electron Microsc 1982/II: 751–763
Maugel TK, Donar DB, Creegan WJ, Small EB (1980) Specimen preparation techniques for aquatic organismens. Scanning Electron Microsc 1980/II: 57–78
Murphy JA (1982) Considerations, materials, and procedures for specimen mounting prior to scanning electron microscopic examination. Scanning Electron Microsc 1982/II: 657–696
Nowell JA, Pawley JB (1980) Preparation of experimental animal tissue for SEM. Scanning Electron Microsc 1980/II: 1–20
Pawley JB, Hayes TL, Nowell JA (1975) Microdissection. In: Hayat MA (ed) Principles and techniques of scanning electron microscopy, vol III. Biological applications. Van Nostrand-Reinhold, New York, pp 17–34
Postek, M, Howard K, Johnson A, McMichael K (1980) Specimen preparation. In: Scanning electron microscopy: a student's handbook. Ladd Res Ind, Burlington, VT, pp 115–240
Reimer L, Pfefferkorn G (1977) Raster-Elektronenmikroskopie, 2. Aufl Springer, Berlin Heidelberg New York, S 1–282
Revel J-P, Barnard T, Haggis GH (1984) The science of biological specimen preparation for microscopy and microanalysis. Scanning Electron Microscopy Inc, AMF O'Hare, Il, pp 1–245
Rosenbauer KA, Kegel BH (1978) Rasterelektronenmikroskopische Technik. Präparationsverfahren in Medizin und Biologie. Thieme, Stuttgart, S 1–241
Watson LP, McKee AE, Merrell BR (1980) Preparation of microbiological specimens for scanning electron microscopy. Scanning Electron Microsc 1980/II: 45–56

3.1 Konventionelle Präparation

Im folgenden werden präparative Techniken dargestellt, die sich bei vielen Fragestellungen in der Medizin und Biologie anwenden lassen, insbesondere bei Untersuchungen an Geweben und Organen von Vertebraten sowie anderer zoologischer Objekte wie auch botanischer Organismen; diese Techniken sind weitgehend standardisiert. Häufig läuft eine Präparation nach folgendem Schema ab:

a) Auswahl und Entnahme des Objektes mit anschließender Vorreinigung;
b) Stabilisierung des Präparates (Fixation);

c) bei chemischer Fixation: Spülen des Präparates und Entwässerung;
d) Trocknung;
e) Montage des Präparates auf geeigneten Trägern;
f) Erhöhung bzw. Herstellen der Oberflächenleitfähigkeit.

Erfolgt die Stabilisierung eines geeigneten und gegebenenfalls vorgereinigten Präparates durch eine Fixierung, so empfiehlt sich für kleine Objekte in der Regel eine Immersionsfixierung, für größere Präparate wie Gewebe von Vertebraten dagegen eine Perfusionsfixierung.

Der Vorgang des Spülens nach einer Fixation dient nicht nur zum Auswaschen der Stabilisierungsmedien, sondern auch einer erneuten gründlichen Reinigung des Präparates. Auch während der nachfolgenden Entwässerung, z. B. in einer aufsteigenden Ethanolreihe, lassen sich noch auf der zu untersuchenden Oberfläche anhaftende Verunreinigungen beseitigen.

Fixierte und entwässerte Präparate werden dann in der Regel in einem Kritischen-Punkt-Trocknungsgerät getrocknet, auf geeignete, d. h. für das zu benutzende Rasterelektronenmikroskop passende Träger (zumeist Aluminiumhalter) übertragen und dort befestigt.

Die Erhöhung der Oberflächenleitfähigkeit erfolgt durch Auftragen einer Metallschicht in einer Bedampfungs- oder einer Kathodenzerstäubungsanlage. Wurde bereits während der Fixation durch geeignete Maßnahmen (OsO_4-Fixation, s. unten) die Leitfähigkeit des gesamten Präparats auf chemischem Wege ausreichend verstärkt, so kann von einer Oberflächenbeschichtung der getrockneten Probe abgesehen werden.

Auf Trägern montierte wasserfreie Präparate, deren Oberfläche eine hinreichende Leitfähigkeit aufweist, können sofort nach Abschluß der Präparation im Rasterelektronenmikroskop untersucht werden. Werden die fertigen Proben in einem Exsikkator über Silikagel oder in anderen trockenen und staubfreien Behältnissen aufbewahrt, kann eine Untersuchung auch später erfolgen.

Bei jeder Präparation ist zu bedenken, daß mit jeder Methode, nach der insbesondere eine Stabilisierung, Entwässerung, Trocknung und Erhöhung der Leitfähigkeit erfolgt, die Struktur der Präparatoberfläche unterschiedlich verändert wird. Das Ausmaß der Veränderung hängt vom jeweiligen Zell- oder Gewebetyp und seinem augenblicklichen metabolischen oder pathologischen Zustand ab (Boyde et al. 1977). Auch bei einer konventionellen Präparation müssen daher die einzelnen präparativen Maßnahmen – zumindest in gewissen Grenzen – modifiziert und die dann erzielten Ergebnisse miteinander verglichen werden.

Die zu einer Standardpräparation benötigten Geräte entsprechen jenen in der TEM (s. 2.1), insbesondere für die ersten Schritte mit Fixation und Entwässerung. Für eine Trocknung der Präparate und eine Erhöhung der Leitfähigkeit stehen kommerziell erhältliche Apparaturen zur Verfügung (s. 3.5 und 3.7).

Hinsichtlich der Reinheit und Behandlung der Präparierwerkzeuge, der Glas-, Kunststoff- und Metallgeräte sowie aller Chemikalien gelten die für die TEM genannten strengen Anforderungen. Gerade makroskopisch oder lichtmikroskopisch nicht erkennbare Verunreinigungen in Fixations- und Entwässerungsgefäßen, Pipetten etc. können nachhaltige Beeinträchtigungen bewirken, die u.U. erst nach Abschluß der Präparation bei der Darstellung der Oberfläche im Rasterelektronenmikroskop erkennbar sind. Im Labor ist daher auf größtmögliche Sauberkeit zu achten; die Präparation sollte, soweit möglich, in einer staubfreien Atmosphäre unter einem Abzug erfolgen.

Bei allen präparativen Maßnahmen bis hin zur Trocknung ist bei im nativen Zustand sehr feuchten Präparaten (tierische und pflanzliche Gewebe, aquatische Organismen u. ä.) besonders sorgfältig darauf zu achten, daß die zu untersuchenden Oberflächen stets ausreichend von Flüssigkeit bedeckt bleiben. Fallen z. B. mit Cilien versehene Epithelien auch nur kurzfristig trocken, so verkleben die Cilien sofort; eine solche Probe ist unbrauchbar und zu verwerfen.

Es empfiehlt sich generell, lieber einzelne Arbeitsschritte während der Reinigung in Pufferlösungen, einer Immersionsfixierung, einer nachfolgenden Spülung sowie der Entwässerung mehrfach zu wiederholen, dabei die Objekte stets in einer reichlich bemessenen Flüssigkeitsmenge zu belassen und nur geringe Mengen des auszutauschenden Mediums abzupipettieren, als einen möglichst vollständigen und raschen Austausch einer Flüssigkeitsmenge über nahezu vollständiges Abpipettieren oder Abgießen anzustreben.

Auch bei einem Wechsel feuchter Objekte aus einem Gefäß in ein anderes ist auf vollständige Bedeckung des Objektes mit Flüssigkeit zu achten. Kleinere Objekte sind mit einer Pipette oder im „hängenden Tropfen" an einer Nadel zu überführen. Bei größeren Präparaten, die mittels einer Pinzette o. ä. transportiert werden, ist eine Überführung schnellstmöglich vorzunehmen. Im allgemeinen empfiehlt es sich, das zu untersuchende Objekt von vornherein in ein Gefäß einzubringen, in dem das Präparat bis zur Trocknung verbleiben kann, und die bei den durchzuführenden Präparationsschritten benötigten Lösungen jeweils neu zuzugeben bzw. abzupipettieren.

Weiterführende Literatur

Boyde A, Bailey E, Jones SJ, Tamarin A (1977) Dimensional changes during specimen preparation for scanning electron microscopy. Scanning Electron Microsc 1977/I: 507–518

3.2 Materialhandhabung, Freilegen der Oberfläche und Vorreinigung

Bei der Gewinnung geeigneter Präparate sind die unter 2.1 für verschiedene biologische Objekte grundsätzlich dargestellten Maßnahmen anzuwenden.

Zunächst wird die Frage nach der Präparationsgröße von Bedeutung sein bzw. die Größe, welche das jeweilige Rasterelektronenmikroskop bei verwendetem Tisch maximal zuläßt.

Ältere Geräte nehmen standardmäßig Proben auf, deren Größe den Verschiebungen in x- bzw. y-Richtung (z. B. je 15 mm) entspricht. Mit Makrotischen können Bewegungen von 100/100 mm gefahren werden.

Moderne Geräte gestatten derartige Objektbewegungen ohne jeden Tischwechsel; entsprechend können Präparate bis Kinderfaustgröße ohne Probleme auf demselben Tisch untersucht werden. Mit Spezialtischen können an modernen Geräten Bewegungen von 200/200 mm gefahren werden.

Allgemein gilt jedoch: Das Objekt sollte jene Größe nicht überschreiten, die zur Darstellung der zu untersuchenden ultrastrukturellen Gegebenheiten ausreicht.

Das Rasterelektronenmikroskop weist gegenüber dem Transmissionselektronenmikroskop zwar den Vorteil auf, daß selbst große Objekte bei sehr unterschiedlichen Vergrößerungen untersucht werden können, so daß Vergleichsmöglichkeiten sowohl mit lichtmikroskopischen als auch mit transmissionselektronenmikroskopischen Befunden bestehen. Soll das Objekt jedoch z. B. mittels einer Immersionsfixierung unter Einsatz von OsO_4 stabilisiert werden, so ist eine möglichst geringe Größe anzustreben (s. 1.2.2). Diese Aussage gilt auch für eine Kryofixation (s. 3.3.2): Bei wasserhaltigen Proben nehmen die Beeinträchtigungen der Oberfläche durch Eiskristalleinwirkungen mit zunehmendem Objektvolumen zu; größere Proben aus nichtpolaren Lösungen neigen zu verstärkter Rißbildung infolge unterschiedlicher thermischer Kontraktionen im Objekt.

Für eine Untersuchung äußerer (Körper-)Oberflächen an tierischen und pflanzlichen Organismen, Einzellern etc. sind daher kleinere Individuen besser geeignet. Zum Studium einer erst freizulegenden, d. h. sekundären inneren Oberfläche (s. 3.10) z. B. bei Geweben oder Zellen größerer Organismen, insbesondere bei Vertebraten, muß das Gewebe oder Organ zerkleinert werden. Dabei können bei weichen Objekten Deformationen durch Stauchung beim Einsatz nicht geeigneter Geräte (Scheren, Skalpelle u. ä.) auftreten; vorzuziehen ist eine Zerkleinerung mittels Rasierklingen, deren Schneiden nicht mehr als einmal benutzt werden. Erleichtert wird die Zerkleinerung, wenn sie nicht am nativen, sondern am stabilisierten Präparat erfolgt, z. B. bei einer Perfusionsfixation oder einer Immersionsfixation jeweils nach einer Aldehydvorfixierung. Schnittflächen, die bei tierischen Organismen am nativen Material durchgeführt wurden, weisen in aller Regel wesentlich größere artifizielle Veränderungen auf als erst zu einem späteren Zeitpunkt der Präparation hergestellte Schnittflächen (Boyde 1976). Bewährt hat sich auch ein Schneiden in der 50–70%igen (v/v) Ethanolentwässerungsstufe, da hier das Objekt leicht gehärtet ist. Beim Schneidevorgang sollte sich das Präparat stets auf einer weichen Unterlage (Dentalwachs, Paraffin, u. U. auch Kork) befinden (s. 3.10).

Isolierte dünnere Epithelien oder Gewebeschnitte neigen leicht dazu, sich während der Präparation aufzurollen; interessierende Oberflächenstrukturen können dadurch verdeckt werden. Es empfiehlt sich daher, die entsprechenden Präparate mit Hilfe feinster Nadeln auf Korkplättchen o. ä. auszuspannen; die so befestigten Objekte verbleiben auf ihrem Träger bis nach der Trocknung. Während der Entwässerung und vor allem der Trocknung können Quellungs- bzw. Schrumpfungsprozesse auftreten; daher ist auf eine ausreichend starke Vernadelung zu achten.

Mikroobjekte wie z. B. Blutzellen werden auf mit Eiweiß überzogenen Trägern (bewährt haben sich Deckgläschen oder Glasobjektträgerstückchen) oder auf mit einer Gelatineschicht bedeckten Plastikfolie vor oder nach einer Immersionsfixation aufgetragen. Methoden für andere sehr kleine Objekte finden sich in der unter 3 genannten weiterführenden Literatur.

Reinigung. In den wenigsten Fällen wird die zu untersuchende Oberfläche frei von unerwünschten, weil störenden Auflagerungen sein. Bei aquatischen oder terrestrischen Organismen kann es sich um Detritus handeln; tierische Objekte sind häufig partiell mit Schleimsekreten bedeckt, isolierte Gewebe von proteinhaltigen Flüssigkeitsfilmen, Blut u. ä. überdeckt.

Sehr grobe Verunreinigungspartikel lassen sich manuell mit einiger Übung unter dem Stereomikroskop vermittels einer feinen Nadel oder eines Pinselhaares o. ä. entfernen.

Eine Reinigung kann bei aquatischen Organismen in der Regel durch sauberes, mehrfach filtriertes Süß- oder Seewasser erfolgen, mit dem rechtzeitig vor Beginn der Präparation das Kulturmedium mehrmals ausgetauscht wird. Bei parasistischen tierischen Organismen ist entsprechend vorzugehen. Zur Reinigung von Geweben oder Organen empfiehlt sich der Gebrauch physiologischer isotonischer und besonders isoionischer Lösungen; diese können auch noch nach der Fixation eingesetzt werden. Im Anschluß an eine Perfusionsfixation kann auch mit Aq. bidest. gereinigt werden.

Eine allgemein anzuwendende physiologische Lösung gibt es nicht; gebräuchliche physiologische Kochsalzlösungen weisen eine überhöhte Konzentration von Chloridionen auf und führen bei längerer Einwirkung zu Gewebsveränderungen.

Aber auch nahezu isoionische Elektrolytlösungen wie Krebs-Ringer-Lösungen bewirken Zellschwellungen. Es empfiehlt sich daher, die Spülungen sehr vorsichtig und nur für kurze Zeit bei mehrfachem Wechsel der Lösung vorzunehmen.

Im Anschluß an die chemische Fixation kann eine Reinigung auch mit gepufferten, isotonischen 1–10%igen (v/v) HCl-Lösungen (pH 7.2) zum Entfernen von noch vorhandenen Sekreten erfolgen. Serumproteine lassen sich mit den während der Fixation benutzten Puffern (Phosphatpuffer, Cacodylatpuffer) beseitigen. Ausführliche Angaben über einzusetzende Spüllösungen finden sich bei Rosenbauer und Kegel (1978).

Bei kleinen biologischen Objekten wie Protozoen, Mikroorganismen oder Zellsuspensionen bewirkt ein Zentrifugieren in der Regel eine Trennung der Objekte von der überstehenden Lösung, die dann dekantiert oder abpipettiert wird. Nach Zugabe einer geeigneten physiologischen Lösung wird erneut zentrifugiert. Diese Schritte sind je nach Bedarf mehrfach zu wiederholen. Zentrifugieren während nachfolgender Präparationsschritte (Immersionsfixation, Entwässerung) führt ebenfalls zu einer Reinigung der Probe.

Weniger bewährt haben sich viele mechanische Verfahren, wie eine Reinigung des Präparats durch ein Abblasen mit einem Treibgas oder eine Behandlung im Ultraschallbad. Diese Techniken führen bei vielen biologischen Objekten – ausgenommen bei sehr harten Strukturen wie Zähnen (s. unten) – zu gravierenden Strukturveränderungen; bei Ultraschallbehandlung brechen sehr leicht Zellen auf bzw. lösen sich einzelne Zellen oder ganze Zellverbände aus einem Epithel oder Gewebe.

Daß auch Ätzverfahren mit Gewinn an biologischen Objekten zum Einsatz gebracht werden können, wird mit der Darstellung von Schmelzprismen eines Zahnes von Homo sapiens demonstriert (Abb. 3.1 a).

Hierzu wird die Zahnoberfläche mit Tonerde hochglanzpoliert, anschließend in Aceton ultraschallgereinigt. Nach Lufttrocknung erfolgt ein Anätzen mit 0.074 molarer H_3PO_4 (1 min). Danach wird mit Aq. dest. gespült, in Ethanol/Aceton entwässert und nach Lufttrocknung bedampft bzw. besputtert.

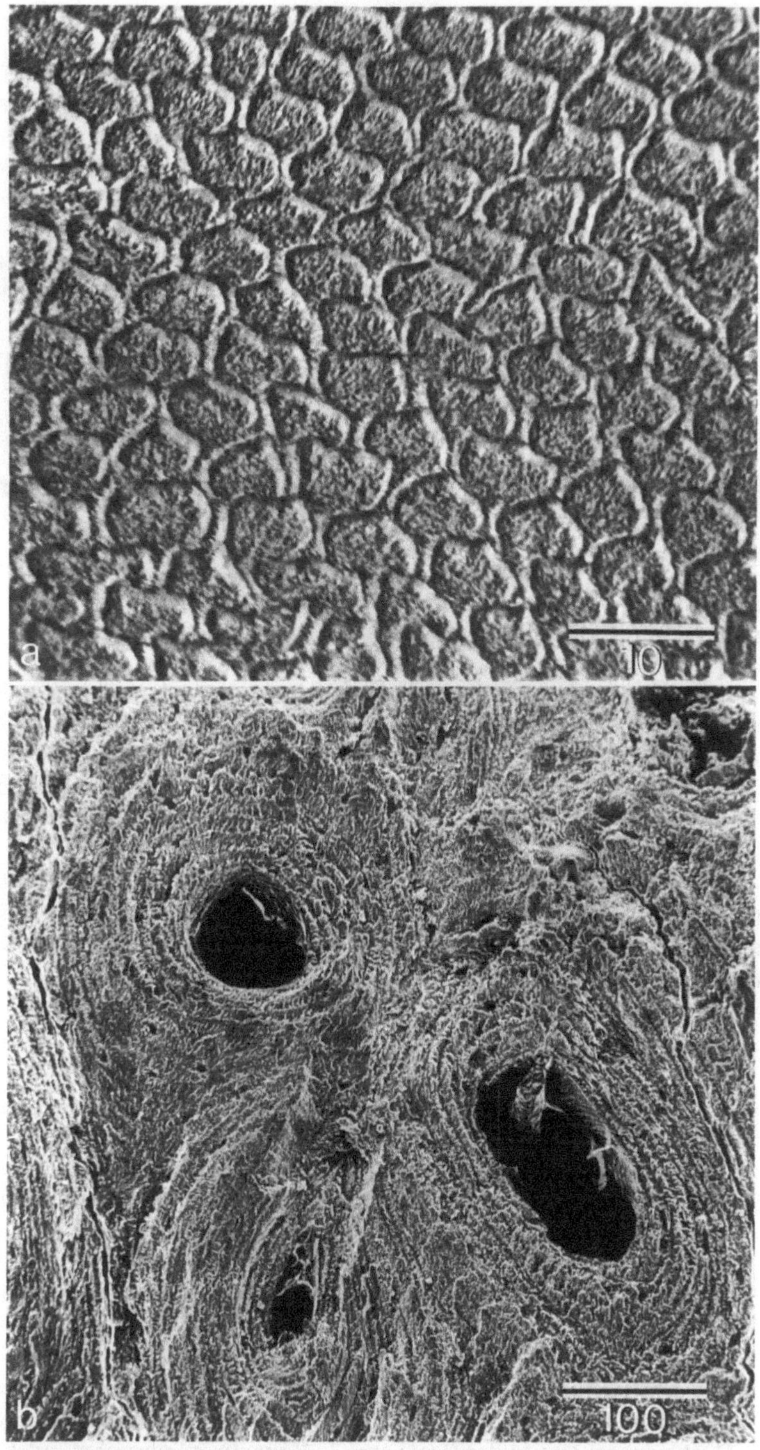

Abb. 3.1. a Schmelzprismen eines Praemolaren von Homo sapiens sapiens. **b** Bruch durch einen Haversschen Knochen. Homo sapiens sapiens, Femurkompakta. Vergrößerungsangabe in μm

Eine einfache Methode zur Darstellung von Knochenstrukturen (Abb. 3.1 b) besteht darin, den mazerierten Knochen für ca. 60 min einer Temperatur zwischen 105° – 120 °C auszusetzen. Nach Abkühlung wird der Knochen mit leichten Schlägen eines Hammers auf einer festen Unterlage (Metall- bzw. Hartkeramikplatte) gebrochen. Der Bruchstaub wird mit Druckluft abgeblasen und anschließend das Bruchstück auf dem Träger montiert und mit einer leitenden Oberfläche überzogen. Der Nachteil besteht darin, daß dieses Verfahren für die Beobachtung des nativen Knochens ungeeignet ist und zudem keine reproduzierbaren Bruchebenen zuläßt.

Weiterführende Literatur

Boyde A (1976) Do's and don'ts in biological specimen preparation for the SEM. Proc Ann Scan Electr Micros 9/1: 683–690
Rosenbauer KA, Kegel BH (1978) Rasterelektronenmikroskopische Technik. Präparationsverfahren in Medizin und Biologie. Thieme, Stuttgart, S 1–241

3.3 Stabilisierung

In aller Regel müssen biologische Proben vor einer Untersuchung im Rasterelektronenmikroskop entwässert und getrocknet werden. Damit die Präparate, abgesehen von primär sehr festen Objekten, wie Zähnen, Knochen etc., diese Vorgänge möglichst unverändert überstehen, muß zunächst eine Stabilisierung der Strukturen erfolgen. Bewährte Methoden hierfür sind chemische Fixierungen; mitunter empfiehlt sich auch eine physikalische Fixierung (Kryofixation).

Steht das Objekt für eine weitergehende Präparation nicht zur Verfügung, so können hiervon Abdrücke angefertigt werden, bei Vertebraten u. a. von äußeren Strukturen wie Zähne oder Haut oder von inneren Strukturen wie Blutgefäßsystem, Trachea u. a. (s. 3.9).

3.3.1 Chemische Fixation

Für eine chemische Fixierung sind die für die TEM erprobten und unter 2.1 dargestellten Methoden grundsätzlich heranzuziehen.

Durch die chemische Fixation werden nicht nur die Strukturelemente in den Zellen des Objektes gefestigt, sondern auch Strukturveränderungen durch postmortale Autolysevorgänge verhindert. Das Fixativ muß daher in einer möglichst geringen Zeitspanne durch das Präparat diffundieren können, und zwar unter nahezu isotonischen Bedingungen sowie einer mit dem Proben-(Zell-)inneren abgeglichenen Temperatur.

Perfusionsfixierung und Mikroinjektion. Für Vertebraten und größere Wirbellose (u. a. Articulata) empfiehlt sich wie in der TEM die Perfusionsfixierung (s. 2.1.1.4). Dabei eignet sich in der Regel eine 1–4%ige (w/v) phosphat- oder natriumcacodylatgepufferte Glutaraldehydlösung (pH 7.2–7.5), deren Temperatur derjenigen des Objektes entspricht. Zum Ansetzen des Fixativs s. 2.1.2 und 2.1.3.

Bei der Einführung des Fixativs ist besonders auf einen den physiologischen Gegebenheiten des Objektes entsprechenden (nicht zu hohen) Druck zu achten. Wird über das Blutgefäßsystem perfundiert, kann - wie unter 2.1.1.4.1 geschildert - das Blut zuvor mit Pufferlösung o. ä. aus dem Gefäßsystem ausgetrieben werden. Werden Antikoagulantien eingesetzt, so können diese dem Fixativ auch direkt beigefügt werden, d. h. das Blut wird dann zusammen mit dem Fixativ entfernt. Dadurch verringert sich die Gefahr von autolytischen Prozessen, die bei einem der Fixierung vorausgehenden Spülen eintreten können. Die Dosierung von Antikoagulantien ist je nach Typ des zu untersuchenden Gewebes bzw. der Tierart unterschiedlich vorzunehmen; eingehende Hinweise finden sich in den entsprechenden Lehrbüchern.

Kann eine Perfusion aus objektspezifischen Gründen nicht erfolgen, so läßt sich das Fixativ auch vermittels einer Mikroinjektion in interessierende Gewebeteile oder Körperbereiche einspritzen. Diese Methode hat sich z. B. bei der Fixierung von Vertebratenaugen oder dem Mixocoel von Insekten bewährt. Auch hierbei gilt es besonders, schädigende Druckbelastungen zu vermeiden: Es darf immer nur so viel Fixationslösung eingespritzt werden, wie gleichzeitig an Körper-(Gewebs-) Flüssigkeit aus dem behandelten Objekt(-bereich) austreten kann.

Der Aldehydfixation schließt sich in jedem Fall eine gründliche Spülung mit Pufferlösung (Phosphatpuffer, Cacodylatpuffer) an. Einerseits kann eine Nachfixierung mit einer 1–2%igen (w/v) OsO_4-Lösung wie bei der Aldehydfixation als Perfusions- oder Injektionsfixierung durchgeführt werden; andererseits besteht die Möglichkeit, nach vorsichtigem Öffnen des aldehydfixierten Objektes eine OsO_4-Immersionsfixation durchzuführen. Da OsO_4-Lösungen schlecht penetrieren, ist im Einzelfall zu prüfen, inwieweit sich eine Zerkleinerung des zu untersuchenden Objektes anbietet. Ist sie nicht oder nur im eingeschränkten Rahmen möglich, sind bei größeren Präparaten längere Nachfixierungszeiten (von 2–24 h) angebracht.

Nur für reine Routineuntersuchungen kann gegebenenfalls auf eine OsO_4-Nachfixation verzichtet werden - allerdings ist dann das Auftragen einer gut leitenden, d. h. nicht zu feinen Oberfläche (s. 3.7) unumgänglich.

Eine Nachfixierung mit OsO_4 erhöht die Leitfähigkeit des fixierten Präparates und führt zudem zu einer wesentlich besseren Sekundärelektronenausbeute, so daß u. U. sogar auf das Auftragen einer leitenden Oberfläche ganz verzichtet werden kann. Daneben verhindert OsO_4 eine übermäßige Extraktion von Lipiden während der Entwässerung (s. 3.4); auch verbessert OsO_4 die Stabilisierung des aldehydfixierten Objektes.

Die Konzentration des Osmiums sollte nicht größer als 1–2% (w/v) sein; jede höhere Konzentration kann eine Zerstörung von Mikrofilamenten und damit Verformungen von Zellen bewirken.

Will man an den durch eine Perfusion oder Injektion fixierten Geweben eine Untersuchung an Bruchoberflächen (s. 3.10) durchführen, so empfiehlt sich stets eine Aldehyd-OsO_4-Fixation, da bei so fixierten Präparaten auch der intrazelluläre Raum aufbricht (bei allein mit OsO_4 fixierten Objekten kommt es dagegen häufig zu interzellular verlaufenden Bruchlinien).

Immersionsfixierung. Kleine oder zerkleinerte Objekte werden fixiert, indem man sie mit dem Fixativ überschüttet (vgl. hierzu die Ausführungen unter 2.1). Dazu sind die Objekte zunächst in geeignete Behältnisse zu überführen, lebende Organismen zusammen mit ihrem Kulturmedium. Als Behältnisse können z. B. Schnappdeckelgläschen oder Wägeschälchen (s. Abb. 3.3) dienen. Die Behältnisse dürfen nicht zu klein gewählt werden, da das Volumen der Fixationslösung wenigstens 20mal größer sein muß als das der zu bearbeitenden Objekte.

Besonders agile Organismen, die vor der Fixierung nicht betäubt werden sollen, sind einer möglichst niedrigen Temperatur (ca. 4 °C) auszusetzen; dadurch kommt es zu einer Immobilisierung der Objekte. Steht keine Kühlkammer zur Verfügung, so läßt sich eine Temperaturerniedrigung durch Peltierelemente oder einfach durch das Einstellen der Behältnisse in das Schmelzwasser auftauender Eisblöcke erreichen.

Vor Zugabe des Fixativs ist bei aquatischen Organismen möglichst viel Kulturmedium abzupipettieren; allerdings müssen die Objekte stets allseitig (!) von Flüssigkeit bedeckt bleiben. Grundsätzlich gilt: lieber etwas mehr Flüssigkeit im Behältnis belassen und damit ein Trockenfallen von Objekten auf jeden Fall ausschließen. Ist man der Meinung, vor Zugabe des Fixativs zuwenig Medium entfernt zu haben, so pipettiert man kurzfristig erneut ab und gibt weitere Fixationslösung hinzu.

Fixiert wird wie bei der Perfusion mit einer möglichst isotonischen, 1–4%igen (v/v), mit Cacodylat- oder Phosphat-gepufferten Glutaraldehydlösung bei pH 7.2–7.5; die Osmolarität der Lösung wird dabei über das Fixationsvehikel eingestellt. Die Dauer der Aldehydfixation richtet sich nach der Größe und der Beschaffenheit der Objekte; bei „weichen" (durchlässigen) Präparaten von unter 1 mm Kantenlänge dürfte eine Zeitspanne von 2 h ausreichen. Ist die Zugänglichkeit der Fixationslösung herabgesetzt (z. B. bedingt durch ein hartes Exoskelett wie bei Arthropoden), so ist die Zeitspanne zu verlängern. Von einer übermäßig langen Aldehydfixation ist abzuraten: So treten bei Säugetiergeweben mit zunehmender Dauer sich verstärkende Artefakte in Form von Rissen und kleinen Löchern in den Zellmembranen auf (Boyde und Maconnachie 1981).

Aldehydfixation führt, soweit bekannt, generell zu einer leichten Quellung der Objekte und damit zu einer mehr oder minder starken Veränderung der zu untersuchenden Oberfläche. Diese Schwellungen sind jedoch bei einer Standarduntersuchung zu vernachlässigen (im Gegensatz zu jenen Schwellungen, die während der Entwässerung auftreten können, s. 3.4); zudem treten bei der Trocknung (s. 3.5) Schrumpfungsphänomene auf, durch die vorhergehende Quellungen kompensiert werden können.

Nach Abschluß der Fixation wird der Aldehyd ausgewaschen; hierzu verwendet man zweckmäßigerweise das zuvor eingesetzte isotonische Fixationsvehikel.

In isotonischem Cacodylatpuffer lassen sich Gewebe von Metazoen über längere Zeit (nach eigenen Erfahrungen über mehrere Monate) bei 4 °C aufbewahren, ohne daß erkennbare Strukturveränderungen eintreten; allerdings empfiehlt sich gelegentliches Wechseln des Puffers, um das Wachstum von Mikroorganismen zu unterbinden. Bei in Phosphatpuffern gelagerten Objekten ist bereits nach kurzer Zeit das Wachstum von Mikroorganismen zu beobachten; dieser Puffer stellt daher für REM-Präparate kein ideales Aufbewahrungsmedium dar.

Eine OsO_4-Nachfixierung empfiehlt sich aus den zuvor für die Perfusionsfixierung geschilderten Gründen. Hinzu kommt, daß bei ausschließlich aldehydfixierten Objekten während der Entwässerung wesentlich stärkere Quellungen auftreten als bei einer Doppelfixierung. Soll sich der Entwässerung eine Kritische-Punkt-Trocknung anschließen (s. 3.5.1), so können bei nur mit Glutaraldehyd fixierten Objekten die äußeren Zellmembranen aufreißen, wahrscheinlich bedingt durch die Extraktion bestimmter Membrankomponenten während der Entwässerung. Mit OsO_4 nachfixierte Proben zeigen diese artifiziellen Veränderungen nicht.

Für viele biologische Objekte hat sich eine zusätzliche Behandlung mit verschiedenen Beizmitteln (vor allem Thiocarbohydrazid und Tanninsäure, s. 2.1.1.3.4) bewährt. Schließt sich dieser Behandlung eine erneute OsO_4-Fixation an (OTO-Methode), so wird weiteres Osmium gebunden.

Diese Methode führt zu geringen Veränderungen während der Entwässerung und der Trocknung; zudem wird die Gefahr von Präparatschädigungen während einer Metallbedampfung und der Untersuchung im Rasterelektronenmikroskop herabgesetzt. Infolge einer intensiveren Osmifizierung erhöht sich aber vor allem die Leitfähigkeit der Probe, so daß sich das zusätzliche Auftragen einer leitenden Oberfläche (s. 3.7) weitgehend oder sogar vollständig erübrigt.

Zur Methode: Nach einer konventionellen Glutaraldehyd- oder OsO_4-Fixation werden die Proben zunächst sorgfältig gespült (mit Aq. bidest. oder Pufferlösung) und dann in einer 1–7%igen (w/v) (zumeist 2%igen) Tanninsäurelösung (angesetzt mit Aq. bidest. oder mit dem zuvor eingesetzten Puffer) oder in eine gesättigte Thiocarbohydrazidlösung eingebracht, jeweils für 10 min oder länger (beide Lösungen sind vor Gebrauch zu filtrieren, um ungelöste Bestandteile zu entfernen); die Behandlung kann bei Raumtemperatur erfolgen. Vor einer erneuten OsO_4-Fixation (1%ig (w/v)) muß wiederum sorgfältig mit Aq. bidest. oder Puffer gespült werden (20 min oder länger); die Fixierung erfolgt bei Raumtemperatur und kann 10 min oder länger dauern. Danach ist erneut für 20 min oder länger zu spülen. Der Vorgang kann mehrfach wiederholt werden (OTOTO-Methode, z.B. Tanninsäure – Spülen – OsO_4 – Spülen – Tanninsäure – OsO_4 oder Tanninsäure – Spülen – OsO_4 – Spülen – Thiocarbohydrazid – Spülen – OsO_4 – Spülen). Soll nur die Präparatoberfläche mit OsO_4 angereichert werden, reichen jeweils 10 min für Beize und OsO_4. Ist jedoch eine Behandlung des gesamten Präparats erwünscht (z.B. um später nach einem Aufbrechen eine innere Oberfläche zu untersuchen oder wenn Teile des Präparats für TEM-Untersuchungen benötigt werden – letzteres ist jedoch nur bei der OTO-Methode angebracht), so sind die Zeiten zu verlängern, bei $2 \times 2 \times 4$ mm großen Gewebeblöcken der Katzenniere auf 1 h Tanninsäure, 1 h OsO_4, 2 h Thiocarbohydrazid und 2 h OsO_4 (Murakami et al. 1983).

Bei nach der OTO- oder OTOTO-Methode behandelten Objekten kann sehr häufig ganz auf eine Nachbehandlung mit Metall zur Erhöhung der Leitfähigkeit (s. 3.7) verzichtet werden; zudem ist die Gefahr von Aufladungen, vor allem bei Objekten mit einer stark zerklüfteten Oberfläche, sehr herabgesetzt. Allerdings ist zu beachten, daß eine intensive Osmifizierung zu einer Verdickung von Zellmembranen führt; auch kann sich auf der Präparatoberfläche ein Niederschlag (hierbei handelt es sich wahrscheinlich um eine Anreicherung von Osmium in der Glykokalyx) von mehreren Nanometern Mächtigkeit bilden.

Für Protozoen hat sich vor allem die OsO_4-Sublimat-Fixierung nach Parducz (1967) bewährt, die u.a. eine ausgezeichnete Erhaltung des metachronen Cilienschlags bei Ciliaten bewirkt. Das Fixationsgemisch besteht aus einer 2%igen (w/v) wäßrigen OsO_4-Lösung und einer gesättigten $HgCl_2$-Lösung, die im Mischungsverhältnis von 6:1 kurz vor Gebrauch bei Raumtemperatur zusammengegeben werden. Zur Fixierung (Dauer 15 min, Raumtemperatur) wird das mit Protozoen angereicherte Kulturmedium mit der 4fachen (oder einer höheren) Menge des Fixativs versetzt; danach ist sorgfältig mit Aq. bidest. zu waschen.

Fixierung in Dämpfen. Diese Fixierungsmethode kann bei Objekten angewandt werden, die bereits trocken sind. Fixiert wird v. a. mit OsO_4-Dämpfen; dazu wird das Präparat zusammen mit OsO_4-Lösung (bei stark hygroskopischen Präparaten nach Reimer u. Pfefferkorn besser mit OsO_4-Kristallen) in ein Schliffglasbehältnis gebracht. Geeignet ist diese Methode z. B. auch zur Fixierung von auf Agarstückchen gewachsenen Bakterien (Rosenbauer und Kegel 1978).

Weiterführende Literatur

Boyde A, Maconnachie E (1981) Morphological correlations with dimensional changes during SEM specimen preparation. Scanning Electron Microsc 1981/IV: 27–34
Kelley RO, Dekker RAF, Bluemink JG (1975) Thiocarbohydrazide-mediated osmium binding: a technique for protecting soft biological specimens in the scanning electron microscope. In: Hayat MA (ed) Principles and techniques of scanning electron microscopy, vol IV. Biological applications. Van Nostrand-Reinhold, New York, pp 34–44
Murakami T, Iida N, Taguchi T, Oktani O, Kikuta A, Ohtsuka A, Itoshima T (1983) Conductive staining of biological specimens for scanning electron microscopy with special reference to ligand-mediated osmium impregnation. Scanning Electron Microsc 1983: 235–246
Murphy JA (1980) Non-coating techniques to render biological specimens conductive / 1980 update. Scanning Electron Microsc 1980/I: 209–220
Parducz B (1967) Ciliary movement and coordination in ciliates. Int Rev Cytol 21: 91–128
Rosenbauer KA, Kegel BH (1978) Rasterelektronenmikroskopische Technik. Präparationsverfahren in Medizin und Biologie. Thieme, Stuttgart, S 1–241

3.3.2 Kryofixation

Für bestimmte Fragestellungen ist eine Stabilisierung des Objektes durch eine chemische Fixation nicht vorteilhaft, so insbesondere für eine Materialanalyse (Panessa-Warren 1983, Zierold 1983).

Hier bietet sich als Ausweg die Stabilisierung der nativen Struktur vermittels Gefrierschock. Das Objekt kann dann direkt im Rasterelektronenmikroskop auf einem Kühltisch (zumeist nach partieller Absublimation des Eises zur Darstellung eines Oberflächenreliefs) oder aber nach einer Gefriertrocknung (s. 3.5.2) untersucht werden.

Für morphologische Untersuchungen von Oberflächen ist die Gefrierfixierung nativer Strukturen nach den bisher gewonnenen Erkenntnissen in der Regel weniger geeignet; eine chemische Fixation führt zu einer besseren Strukturerhaltung.

Bei einem Gefrierschock ist nur dann eine zufriedenstellende Strukturerhaltung gegeben, wenn das Objekt innerhalb weniger Millisekunden auf unter $-140\,°C$ eingefroren wird und dabei eine Vitrifikation des Wassers erfolgt. Nur dann läßt sich die Bildung von Eiskristallen und damit verbunden die Gefahr von artifiziellen Strukturveränderungen im Objekt verhindern.

Zur Vermeidung des Leydenfrost-Phänomens werden die Objekte nicht direkt in verflüssigten Gasen (z. B. Stickstoff), sondern in durch flüssigen Stickstoff herabgekühlten Kühlmitteln wie Frigen 12, Frigen 22 oder Propan eingefroren. Allerdings friert dabei nur eine dünne Oberflächenschicht von wenigen Mikrometern schlagartig durch. Bei aquatischen Organismen, die zusammen mit anhaftendem Wasser gefroren werden, sind somit die Oberflächen der Objekte nicht hinreichend schnell gefroren.

Weiterführende Literatur

Aldrian AF (1980) Studies on frozen specimen in the SEM. Micron 11: 261–265
Panessa-Warren BJ (1983) Basis biological x-ray microanalysis. Scanning Electron Microsc 1983/II: 713–723
Zierold K (1983) X-ray microanalysis of frozen-hydrated specimens. Scanning Electron Microsc 1983/II: 809–826

3.4 Entwässerung

Auf chemischem Wege fixierte Objekte werden vor einer Trocknung entwässert. Eine Trocknung wasserhaltiger Präparate nach der Kritischen-Punkt-Methode (s. 3.5.1) ist nicht möglich. Bei einer Lufttrocknung aus dem wasserhaltigen Zustand heraus treten infolge von Oberflächenspannungen sehr starke Artefaktbildungen auf. Nur bei einer Gefriertrocknung (s. 3.5.2) kann gegebenenfalls auf eine Entwässerung verzichtet werden.

Das Wasser in der Probe wird schrittweise durch Flüssigkeiten mit geringerer Oberflächenspannung ausgetauscht. Bei der Wahl des Entwässerungsmittels sind zu beachten:

1. gute Penetration,
2. geringes Extraktionsvermögen,
3. gute Mischbarkeit mit dem Trocknungs-(Übergangs-)mittel.
Diese Forderungen werden z. B. von Ethanol oder Aceton erfüllt.

In der Regel erfolgt die Entwässerung stufenweise in einer aufsteigenden Alkoholreihe. Bei Objekten von 1 mm Kantenlänge hat es sich als zweckmäßig erwiesen, das Präparat in 20–30%igen (v/v) Alkohol zu überführen und die Konzentration des Ethanols um jeweils 10% bis zum 90%igen (v/v) und dann über 96%igen (v/v) zum absoluten Alkohol zu steigern; der 100%ige (v/v) Alkohol wird 2- bis 3mal gewechselt.

Die Verweildauer in jeder Stufe richtet sich nicht nur nach der Größe, sondern auch nach der Strukturbeschaffenheit des Objektes und beträgt in der Regel 10–60 min; insbesondere in den höheren Konzentrationen kann die Zeit verlängert werden.

Bei besonders empfindlichen Präparaten sind die einzelnen Konzentrationsabstufungen des Ethanols noch kleiner zu halten, oder es ist sogar einer kontinuierlichen Entwässerung der Vorzug zu geben, so mit der im Handel erhältlichen Apparatur nach Peters.

Bei der Entwässerung ist wie bei der chemischen Fixation zu beachten: Die Präparate dürfen zu keiner Zeit trockenfallen (sonst tritt augenblicklich der Effekt einer Lufttrocknung ein)!

Während der niedrigen Entwässerungsstufen treten bei Aldehyd-OsO_4-fixierten Objekten Schwellungen auf, die mitunter zu Rissen in den Präparaten führen. Diese Schwellungsphänomene lassen sich durch Zugabe von di- (oder poly-)valenten Kationen, z. B. 0.001–0.1 M Ca^{2+}, während der Fixation weitgehend unterdrücken.

In den höheren Ethanolstufen schrumpfen die Präparate bzw. ihre Oberflächen, mitunter bis zu 30% des Volumens. Die Schrumpfungen sind vor allem im 70%igen und 80%igen (v/v), aber kaum im über 90%igen (v/v) Ethanol gegeben. Verschiedene Autoren raten daher, die Entwässerung von vornherein mit einer hohen Konzentration zu beginnen; dieses Unterfangen dürfte sich jedoch für empfindliche Objekte nicht ohne weiteres empfehlen.

Wird Aceton statt Ethanol eingesetzt, so sind die Schwellungen bzw. Schrumpfungen größer.

Während der Entwässerung erfolgt auch eine weitere Härtung der Präparate; diese lassen sich daher jetzt (vor allem im 70%igen und 80%igen (v/v) Ethanol) besser zerkleinern als während der Fixation.

Aus der letzten 100%igen (v/v) Stufe kann direkt oder unter Substitution des Ethanols/Aceton durch verschiedene Intermedien (s. 3.5) getrocknet werden.

Anstelle der Substitution des Wassers durch Ethanol/Aceton kann auch eine – rasch ablaufende – Entwässerung mit DMP (2,2 Dimethoxypropan) durchgeführt werden; dazu wird nach Fixierung und sorgfältigem Spülen mit Aq. bidest. das überschüssige H_2O entfernt, dann ausreichend DMP-Lösung zugegeben, die Probe für 2 min bei Raumtemperatur leicht geschüttelt, wieder überstehende Flüssigkeit entfernt, erneut DMP-Lösung zugegeben und die Probe je nach Objektgröße für einige Minuten bis Stunden stehen gelassen. Es schließt sich eine Kritische-Punkt-Trocknung mit CO_2 an. Bei der DMP-Methode treten in aller Regel größere Objektschrumpfungen als bei Entwässerung mit Ethanol/Aceton auf.

3.5 Trocknung

Sofern eine Probe nicht im feuchten gefrorenen Zustand (Kühltischmethode) im Rasterelektronenmikroskop untersucht wird, müssen das Wasser bzw. das Entwässerungsmedium (s. 3.4) aus dem Objekt entfernt werden. Die Probe ist möglichst schonend zu trocknen; insbesondere sind die Artefakte, die beim Übergang von der feuchten zur gasförmigen Phase auftreten, tunlichst zu vermeiden. Dies kann mittels zweier Methoden erreicht werden: Kritische-Punkt-Trocknung (s. 3.5.1) und Gefriertrocknung (s. 3.5.2).

Die Kritische-Punkt-Trocknung läßt sich vergleichsweise schnell und sicher vornehmen und ist für viele Fragestellungen vorzuziehen. Die Gefriertrocknung dauert, wenn sie präparateschonend durchgeführt wird, lange und ist schon aus diesem Grund für den Routinebetrieb weniger geeignet; zudem sind die benötigten Anlagen wesentlich teurer als bei der Kritischen-Punkt-Trocknung.

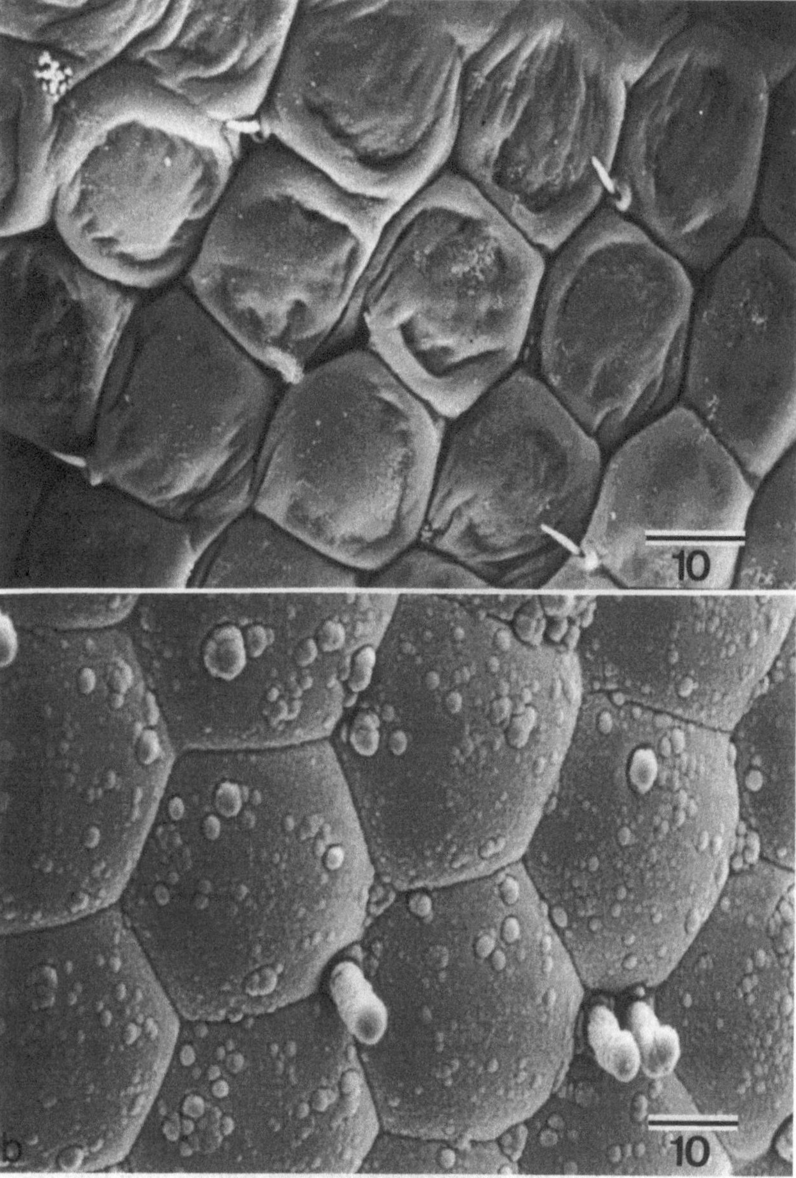

Abb. 3.2 a, b. Ausschnitte von Facettenaugen bei Archaeognathen (Insecta). Präparationsmängel: in **a** mangelhafte Trocknung, in **b** unzureichende Objektreinigung (**a** in Ethanol gereinigt, in der aufsteigenden Ethanolreihe entwässert, luftgetrocknet und mit Gold besputtert; **b** nicht gereinigt, in der aufsteigenden Ethanolreihe entwässert, Kritische-Punkt-Trocknung mit CO_2 und mit Gold besputtert). Vergrößerungsangabe in μm

Nur selten dürfte sich heute noch die früher gebräuchliche Lufttrocknung empfehlen; verglichen mit den anderen Methoden ergibt sich fast immer eine deutlich schlechtere Strukturerhaltung (vgl. Abb. 3.2a mit Abb. 3.2b).

Die Artefakte lassen sich geringfügig mildern, wenn nicht direkt aus 100%igem (v/v) Ethanol, sondern aus einem Intermedium luftgetrocknet wird, so aus Ether oder Frigen 11.

3.5.1 Kritische-Punkt-Trocknung

Mit Hilfe dieser Methode lassen sich nahezu alle biologischen Objekte in relativ kurzer Zeit bei guter bis sehr guter Strukturerhaltung trocknen; diese Trocknung wird daher am häufigsten angewandt.

Zum Funktionsprinzip: Das Wasser im Untersuchungsobjekt ist vollständig gegen ein organisches Medium ausgetauscht (s. 3.4), das mit dem Übergangs-(Trocknungs-)medium wie Freon 13 oder CO_2 oder/und mit einem zusätzlichen Intermedium (Freon 113, Amylacetat) mischbar ist. Das Objekt (in Ethanol/Aceton oder einem Intermedium) wird in eine Kammer eingebracht, die hohe Drücke aushalten kann; hier erfolgt – bei verriegelter und gekühlter Kammer – eine vollständige Substitution des Entwässerungsmittels bzw. des Intermediums durch das flüssige Übergangsmedium (z. B. CO_2) durch mehrfaches Spülen. Dabei dürfen die Objekte nicht trockenfallen! Ist alles Entwässerungsmedium bzw. Intermedium entfernt und befindet sich nur noch flüssiges Übergangsmedium in der geschlossenen Kammer, wird diese aufgeheizt, und zwar soweit, daß Temperatur und Druck jenen (kritischen) Punkt überschreiten, an dem das Übergangsmittel in seiner flüssigen Phase und seiner Gasphase die gleiche Dichte annimmt und sich ohne Durchschreiten einer Phasengrenze voll vermischt. Das Mittel wird dann als Gas aus der Kammer entlassen; das Objekt ist getrocknet.

Es gibt verschiedene Gerätetypen auf dem Markt. Von Vorteil ist eine Kammer mit einem großen Schauglas bzw. überhaupt der Möglichkeit, die Objekte während der Behandlung im Gerät (Substitution der Medien und Trocknung) genau zu beobachten. Bei Geräten, die den Einblick von oben in die Kammer gestatten, ist es schwieriger, den jeweiligen Flüssigkeitsstand genau zu bestimmen. Bei Geräten mit einem seitlichen Einblick ist dieses Problem nicht gegeben, jedoch läßt sich dann schlechter beurteilen, wie eine Substitution eines Mediums durch ein anderes (Schlierenbildung) abläuft; auch die beim Spülen u. U. auftretenden Turbulenzen sind nicht immer rechtzeitig zu erkennen. Relativ einfach zu bedienen sind Gerätetypen, bei denen sich die Temperaturwerte zum Kühlen bzw. zum Aufheizen der Probenkammer vorgeben lassen und diese Werte wie auch der Druck automatisch kontrolliert und geregelt werden.

Nur größere Objekte werden direkt in die Kammer eingebracht. Für die Mehrzahl biologischer Objekte, vor allem kleinere Präparate, empfiehlt es sich, diese zunächst in geeignete Behältnisse zu überführen und diese dann in die Kammer einzusetzen. Die Behältnisse müssen so beschaffen sein, daß einerseits ein Austausch der Medien stattfinden kann; andererseits sollen sich die Präparate während dieser Wechsel und des Trocknungsvorganges nicht aus dem Behältnis herausspülen lassen. Die für kommerziell erhältliche Trocknungsgeräte mitgelieferten Behältnisse

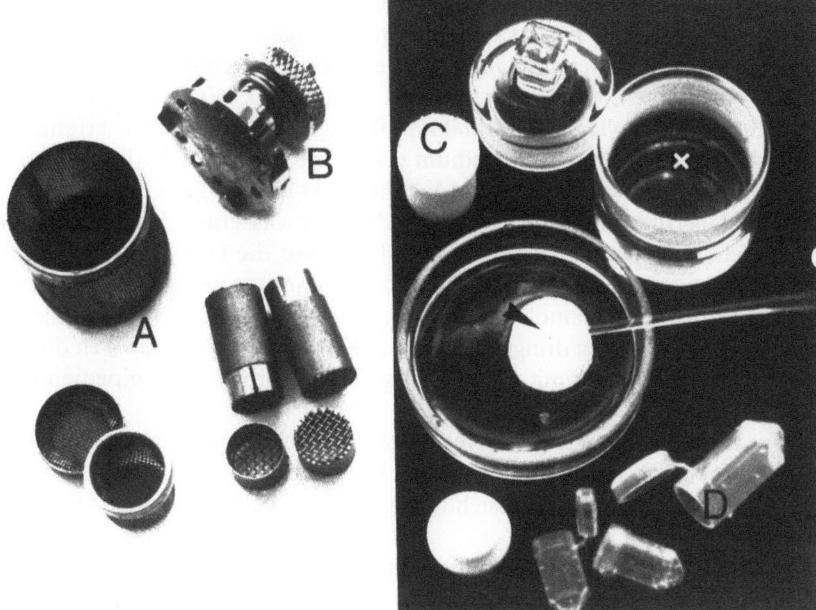

Abb. 3.3. Gefäße für die Kritische-Punkt-Trocknung. *A* Drahtkörbchen; *B* Vorrichtung zum Einklemmen von Trägernetzchen; *C* Kunststoffkörbchen; *D* perforierte BEEM-Kapseln. Das *Kreuz* markiert ein Wägeschälchen; der *Pfeil* verweist auf ein Präparat, das in ein Kunststoffkörbchen einpipettiert wird

wie Drahtkörbe etc. (Abb. 3.3) sind nur für robuste Objekte geeignet. Zumeist werden kleine poröse Kunststoffkörbchen (Abb. 3.3) verwandt, die kommerziell erhältlich sind und für in der TEM einzusetzende Entwässerungs- und Einbettautomaten angeboten werden. Weisen die zu untersuchenden Objekte, wie z. B. kleinere Meereswürmer (Polychaeten) längere Körperfortsätze auf, so können sich diese in der Wandung der Drahtkörbchen und der porösen Kunststoffkörbchen verhaken; für solche Objekte sind BEEM-Kapseln geeignet, die zuvor mit einer feinen Nadel perforiert wurden. Für sehr kleine Objekte, wie z. B. isoliertes Zellmaterial, haben sich kleine Schiffchen auf stärkerer Aluminiumfolie bewährt; diese Schiffchen werden nur einmal benutzt und dann verworfen, um Verunreinigungen einer Probe durch noch anhaftende Materialrückstände eines anderen Präparates auszuschließen.

Als Übergangsmedien werden heute vor allem fluorierte Kohlenwasserstoffe (Handelsnamen: Frigen, Freon) und CO_2 eingesetzt, häufig unter zusätzlicher Verwendung eines Intermediums.

So wird bei Benutzung von Freon 13 als Übergangsmedium die Probe aus dem 100%igen (v/v) Ethanol-Aceton zunächst in Freon 113 und dann in der Kammer in Freon 13 überführt. Diese Methode hat einen großen Vorteil: In der Objektkammer muß nicht das gesamte Intermedium Freon 113 durch das Übergangsmedium Freon 13 substituiert werden; sind beim Trocknungsvorgang noch Reste von Freon 113 in der Probe, so wird diese in ihrer Erhaltung offenbar nicht nachteilig verändert.

Allerdings sind fluorierte Kohlenwasserstoffe recht kostspielig. In vielen Laboratorien wird daher CO_2 als Übergangsmittel eingesetzt; die Strukturerhaltung der Objekte entspricht bei sorgfältiger Arbeitsweise derjenigen einer Trocknung mit Freon oder Frigen. Die Objekte werden aus dem 100%igen (v/v) Ethanol/Aceton zunächst in Isoamylacetat und dann in flüssiges CO_2 überführt; erfahrungsgemäß kann häufig auch ohne Intermedium gearbeitet werden, d.h. die Proben kommen aus dem 100%igen (v/v) Ethanol/Aceton direkt in flüssiges CO_2.

Beim Überführen der Präparate aus dem Entwässerungsbehältnis in die Trocknungsgefäße ist peinlichst darauf zu achten, daß die Objekte nicht trockenfallen. Werden die porösen Kunststoffkörbchen verwandt, so reicht es aus, diese in eine nicht zu hoch mit Ethanol/Aceton/Amylacetat etc. gefüllte Petrischale zu setzen. Das jeweilige Medium dringt sofort in das Körbchen ein, so daß sich die Proben direkt in das zur Hälfte mit Flüssigkeit gefüllte Körbchen einpipettieren lassen (s. Abb. 3.3).

Das Körbchen (bzw. ein anderes Trocknungsgefäß) mit dem Objekt wird dann in möglichst kurzer (!) Zeit in die gekühlte Kammer des Trocknungsgerätes eingesetzt, diese sofort verriegelt und vorsichtig mit dem sich verflüssigenden Übergangsmedium gefüllt.

Beim Einbringen des Präparates in die Objektkammer ist einerseits zu beachten, daß die Menge des Intermediums bzw. Ethanols-Acetons nicht zu gering ist. Sonst besteht die Gefahr, daß durch Verdampfen eine vollständige oder partielle Lufttrocknung erfolgt, und zwar zu einem Zeitpunkt, bevor das Präparat erstmals mit dem Übergangsmedium in Kontakt kommt. Werden andererseits große Volumina des Intermediums bzw. Ethanols/Acetons mit in die Kammer eingeschleust oder diese gar zuvor damit partiell gefüllt, um ein Lufttrocknen der Präparate auszuschließen, so muß wesentlich häufiger mit flüssigem CO_2 gespült werden, um eine vollständige Substitution des Entwässerungsmittels bzw. Intermediums durch CO_2 zu erreichen.

Die druckdicht verschlossene Kammer mit der Probe wird dann langsam mit flüssigem CO_2 gefüllt; es erfolgt eine teilweise Vermischung des CO_2 mit der eingebrachten Flüssigkeit. Beim Einlassen des CO_2 in die Kammer dürfen keine Turbulenzen auftreten, da sonst die Gefahr mechanischer Beschädigung für die Präparate besteht. Nach kurzer Wartezeit (3–5 min, bei größeren Objekten auch länger) wird das Gemisch vorsichtig abgelassen, aber nur soweit, bis der Flüssigkeitsspiegel die Oberseite des Trocknungsgefäßes erreicht (die Proben dürfen nicht trockenfallen); zu schnelles Ablassen bewirkt Turbulenzen.

Nach dem teilweisen Ablassen wird die Kammer erneut mit flüssigem CO_2 gefüllt, dann wieder abgelassen etc. Diese Vorgänge sind solange zu wiederholen, bis man sicher annehmen kann, sämtliche Überführungsflüssigkeiten durch CO_2 substituiert zu haben; die Häufigkeit der Austauschvorgänge läßt sich für jedes Objekt nur empirisch ermitteln: Je größer das Präparat bzw. das Volumen der miteingebrachten Flüssigkeit, desto häufiger muß mit CO_2 ausgetauscht werden. Allgemein gilt: lieber einige Austauschvorgänge zuviel als zu wenig.

Vor dem eigentlichen Trocknungsvorgang wird die Kammer ein letztes Mal mit einer bestimmten Menge an flüssigem CO_2 gefüllt (die zu wählende Menge variiert von Gerätetyp zu Gerätetyp von halbvoller bis zu fast vollständig gefüllter Kammer) und dann bei verschlossenen Einlaß- und Auslaßventilen langsam aufgeheizt.

Auch hierbei dürfen keine Turbulenzen auftreten. Sobald die zuvor erkennbare Phasengrenze verschwindet, ist der Kritische Punkt erreicht. Die Kammer wird noch um einige Grad Celsius weiter aufgeheizt (bei CO_2 mit kritischer Temp. von 31.3 °C auf 36° -40 °C; bei Freon 13 mit kritischer Temp. von 28.9 °C auf 33° -36 °C); dadurch wird verhindert, daß sich das gasförmige Medium beim Ablassen zu stark abkühlt und u. U. rekondensiert. Treten während des Aufheizens Drücke auf, die weit jenseits der kritischen Werte liegen, so kann der Druck durch vorsichtiges Öffnen des Auslaßventils noch während des Aufheizens geringfügig reduziert werden.

Ansonsten wird nach Beendigung des Aufheizens und damit Trocknung des Präparates das Gas vorsichtig und langsam (!) abgelassen, und zwar bei gleichbleibend hoher Temperatur. Zeigt das Manometer keinen Überdruck mehr an, wird die Objektkammer entriegelt und die Probe herausgenommen.

Diese ist sofort weiter zu verarbeiten (s. 3.6ff.); ansonsten muß eine Aufbewahrung in einem Exsikkator über einem Trockenmittel erfolgen. Ein erneutes Feuchtwerden durch Wasseraufnahme aus der Raumatmosphäre oder Atemluft ist auf jeden Fall zu verhindern.

Die Kritische-Punkt-Methode liefert für die meisten biologischen Objekte hervorragende Ergebnisse. Artifizielle Veränderungen treten dennoch auf. Diese sind häufig durch Präparationsfehler bedingt:

a) Während des Überführens des Präparates aus dem Entwässerungsmedium in die Objektkammer, ob mit oder ohne Intermedium, kommt es bei nicht sorgfältiger oder zu langsamer Handhabung zum Austrocknen des Objektes.
b) Vor der Trocknung erfolgt eine zu geringe Zahl von Austauschvorgängen mit CO_2 (oder Freon 13).
c) Turbulenzbildungen bei den Austauschvorgängen oder einem zu schnellen Aufheizen der Kammer bzw. Ablassens des gasförmigen Übergangsmediums.
d) Keine eigentliche Kritische-Punkt-Trocknung, wenn die kritischen Werte für Druck und Temperatur nicht erreicht werden. Nach Boyde u. Maconnachie (1984) soll dies jedoch keinen negativen Einfluß auf die Erhaltung der Probe haben.
e) Rekondensation des Übergangsmediums durch zu rasche Entleerung der Objektkammer.

Dagegen sind bestimmte Schrumpfungsphänomene nicht abzustellen; sie werden durch die eingesetzten Chemikalien bewirkt. Boyde und Maconnachie (1981) geben hierzu eine ausführliche Übersicht. In der Regel erfolgen die Schrumpfungen sehr gleichmäßig über die gesamte Oberfläche des Objektes.

Nach neueren Untersuchungen von Boyde und Tamarin (1984) lassen sich die Schrumpfungen durch den Einsatz von Freon 113 ($C_2Cl_3F_3$) erheblich vermindern, wenn vor einer Trocknung Ethanol durch dieses Intermedium substituiert wird; als Übergangsmedium dient CO_2.

Werden Präparate zusätzlich zur konventionellen Fixation auch mit Uranylacetat behandelt, so lassen sich Schrumpfungen ebenfalls reduzieren (Wollweber et al. 1981).

Weiterführende Literatur

Boyde A, Maconnachie E (1981) Morphological correlations with dimensional change during SEM specimen preparation. Scanning Electron Microsc 1981/IV: 27–34
Boyde A, Maconnachie E (1984) Not quite critical point drying. In: Revel J-P, Barnard T, Haggis GH (eds) The science of biological specimen preparation for microscopy and microanalysis. Scanning Electron Microscopy Inc, AMF O'Hare, Il, pp 71–75
Boyde A, Tamarin A (1984) Improvement to critical point drying technique for SEM. Scanning 6: 30–35
Fromme HG, Pfautsch E (1975) Die Trocknung wasserhaltiger Objekte mit der Kritischen-Punkt-Methode. In: Schimmel G, Vogell W (Hrsg) Methoden-Sammlung der Elektronenmikroskopie. 7 Lieferung (Nr 2.2.2.). Wiss Verlagsges, Stuttgart, S 1–19
Wollweber L, Stracke R, Gothe U (1981) The use of a simple method to avoid cell shrinkage during SEM preparation. J Microsc 121: 185–189

3.5.2 Gefriertrocknung

Native Proben, aber auch chemisch fixierte Objekte lassen sich nach einer Kryofixation (s. 3.3.2) in einer Gefriertrocknungsanlage trocknen.

Dazu wird das gefrorene Objekt zur Sublimation des Eises in einer Kammer mit einem Volumen von ca. 10^{-4} torr gehalten. Die Kammer (bzw. der das Präparat aufnehmende Bereich) muß soweit abgekühlt sein, daß das in der Probe vorhandene Eis nicht rekristallisiert. Wenn, wie zu fordern wäre, das gefrorene Präparat einer Temperatur von unter $-130\,°C$ ausgesetzt bliebe, würde eine Sublimation selbst bei kleinsten Objekten mehrere Wochen dauern. Auch bei einer Erhöhung der Temperatur auf $-100\,°C$ erfolgt die Sublimation noch sehr langsam, an der Oberfläche des Präparats mit weniger als 200 nm/min.

Um den Sublimationsvorgang zu verkürzen, werden die gefrorenen Präparate häufig nur einer Temperatur von $-60\,°C$ ausgesetzt; empfehlenswert ist jedoch, mit einer möglichst niedrigen Temperatur beim Trockenvorgang zu beginnen (möglichst $-100\,°C$ und tiefer) und dann die Temperatur langsam auf $-60\,°C$ zu erhöhen, bis die Probe trocken ist.

So läßt sich z. B. eine einschichtige Zellkultur bei $-65\,°C$ bis $-70\,°C$ innerhalb von 72 h trocknen; unfixierter Rattenknorpel innerhalb von 10 Tagen (6 Tage bei $-150\,°C$, 2 Tage bei $-100\,°C$; dann innerhalb von 2 Tagen langsam auf $-70\,°C$ erwärmen). Zur Entnahme wird auf Raumtemperatur erwärmt.

Verschiedene Autoren geben an, daß gefriergetrocknete Proben weniger schrumpfen als die nach der Kritischen-Punkt-Methode behandelten Objekte. Diese Aussage trifft jedoch nicht für alle bisher untersuchten Strukturen zu; häufiger sind keine Unterschiede festzustellen.

Bei stark wasserhaltigen tierischen oder pflanzlichen Geweben oder bei nichtzellulären Proben wie Knorpel vermag eine Gefriertrocknung jedoch das bessere Resultat zu liefern, sofern der Prozeß der Rekristallisation des Eises und damit die Gefahr von Präparatschädigungen vermieden oder gering gehalten werden.

3.6 Präparatmontage

Die getrockneten hydrophilen Präparate werden höchstens kurzfristig in einem Exsikkator aufbewahrt, besser ist die sofortige Weiterverarbeitung: Montage auf geeigneten Präparathaltern und – sofern erforderlich – die Herstellung der Leitfähigkeit (s. 3.7).

Die Präparathalter sind daher schon frühzeitig für die Aufnahme der Probe vorzubereiten, nicht erst im Anschluß an die Trocknung.

Auf dem Markt gibt es eine Vielzahl von verschiedenen Trägern für die verschiedensten Untersuchungsobjekte; eine detaillierte Aufstellung findet sich bei Murphy (1982). Ebenso gibt es die verschiedensten Rezepte, wie sich das Präparat auf dem Träger verankern oder ankleben läßt.

An einen brauchbaren Träger bzw. ein Klebemittel sind folgende Anforderungen zu stellen:
a) Der Träger muß einen guten elektrischen Kontakt zu dem Präparattisch im Rasterelektronenmikroskop besitzen.
b) Zwischen der Oberfläche des Präparats und dem Träger (also auch zwischen Präparat und Klebemittel bzw. Klebemittel und Träger) muß ebenfalls ein guter elektrischer Kontakt gegeben sein.
c) Der Träger (bzw. das aufgebrachte Klebemittel) sollten möglichst wenig Rückstreuelektronen freisetzen; daher empfiehlt sich vor allem die Verwendung von Trägern aus Spektralkohle oder Aluminium.
d) Das Klebemittel muß das Objekt fest auf dem Träger verankern, damit es sich im Elektronenstrahl nicht bewegt und damit sich im Rasterelektronenmikroskop Präparatverschiebungen, insbesondere Kippungen, durchführen lassen.
e) Während der Montage auf dem Träger darf das Klebemittel die Probe nicht erneut anfeuchten oder vor einem Eintrocknen – bedingt durch Kapillarkräfte – auch nicht Details der Probe nahe der Klebestelle überdecken.

Allgemein gilt: Größere Objekte wie z. B. umfangreichere Gewebeproben oder größere Pflanzen- und Tierteile lassen sich direkt auf einem Aluminiumträger mit Hilfe leitender Kleber (Leitsilber, Leitkupfer) auftragen, sehr harte Präparate wie Knochen etc. dort auch festklemmen.

Zur Aufnahme kleinerer Objekte wird die Oberfläche des Trägers zunächst mit einem Doppelklebeband überzogen und das Präparat dann auf dieses übertragen. Ein Übertragen kann unter dem Stereomikroskop erfolgen; so ist ein sehr gezieltes Aufsetzen der Proben auf den Träger bzw. die Folie möglich (Abb. 3.4), so daß die interessierenden Teile von vornherein in einer exponierten Lage verbleiben. Zum Überführen haben sich Holz-, Glas- oder Metallstäbchen bewährt, an deren Ende eine Augenwimper befestigt ist; diese besitzt eine ausreichende Steife und ist distal fein genug zugespitzt, um auch sehr kleine biologische Objekte ohne Beschädigung von der Trocknungsfläche auf die Folie zu übertragen und die Probe optimal zu orientieren. Mittelkleine Objekte wie z. B. Extremitäten von Insekten lassen sich vorsichtig aus dem Trocknungsbehältnis auf ein Stückchen Filtrierpapier ausschütten. Das Papier befindet sich auf einem kleinen Kunststoffblöckchen, das auf einer Breitseite einen Absatz aufweist; die Oberfläche eines dort eingesetzten und mit

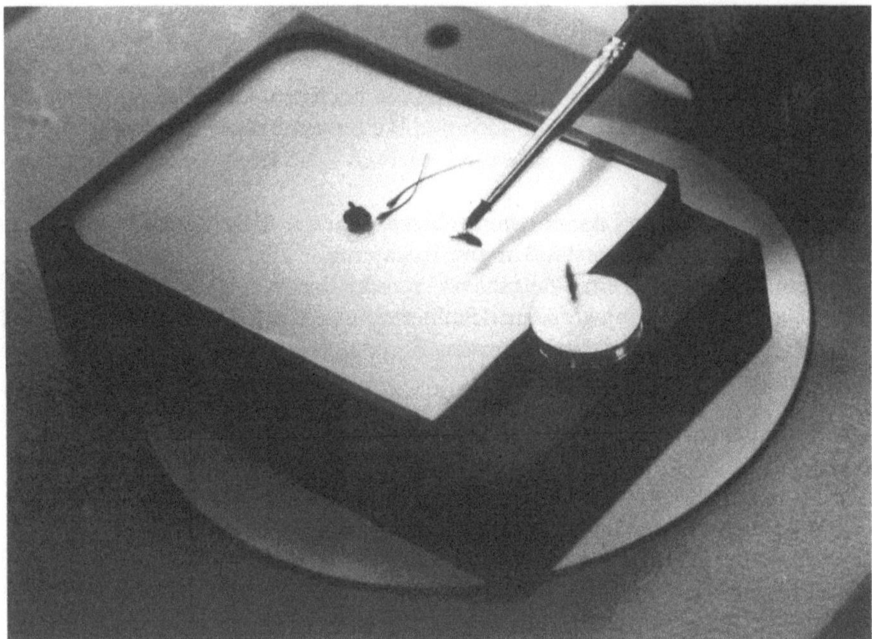

Abb. 3.4. Montage von getrockneten Proben (hier Teile von Insekten) auf einen Aluminiumträger

Doppelklebefolie bezogenen Trägers befindet sich auf exakt gleicher Höhe mit dem Papier (s. Abb. 3.4). Das trockene Präparat wird durch äußerst vorsichtiges Antupfen mit dem Wimpernstäbchen (bei größeren Objekten auch mit einem Pinsel) vom Papier genommen und orientiert auf dem Träger durch leichtes druckfreies Aufsetzen montiert.

Es empfiehlt sich, nie zu viele Objekte nebeneinander auf einem Träger zu montieren. Wird dieser im Rasterelektronenmikroskop stärker gekippt, so besteht die Gefahr, daß die am vorderen Rand lokalisierten Objekte die in der Mitte bzw. am hinteren Rand des Trägers befindlichen Präparate gegen den Primärelektronenstrahl abdecken.

Zur Erhöhung der Leitfähigkeit bringt man eine „Brücke" aus Leitsilber oder Leitkupfer am seitlichen Trägerrand zwischen Klebfolie und der Oberfläche des Trägers an.

Sehr kleine Objekte wie Mikroorganismen, Pollen etc. können direkt auf die Trägeroberfläche gebracht werden; die Adhäsion läßt sich durch ein Aufrauhen oder die Beschichtung mit Gelatine, Formvar, Polylysin etc. verbessern.

Auch können die Objekte zunächst auf ein Deckgläschen oder Glasobjektträgerstückchen überführt werden, das dann auf dem Träger festgeklebt wird (Glas liefert einen homogenen Bildhintergrund im Rasterelektronenmikroskop), ebenso ist mit kleinen Stückchen von Membranfiltern zu verfahren. Sollen auf Agar wachsende Mikroorganismen untersucht werden, so schneidet man kleine Würfel aus der Fläche aus, fixiert, entwässert, trocknet und montiert die getrockneten Agarstückchen auf den Träger.

Wichtig ist in jedem Fall, weder die Proben noch die Träger mit der Hand zu berühren. Auch beim Auftragen einer Klebfolie oder eines Klebmittels werden die Träger nur mit einer Pinzette erfaßt bzw. gehalten.

Schließt sich der Montage sofort eine Bedampfung oder eine Besputterung an (s. 3.7), so ist sicherzustellen, daß sich die in den Klebern befindlichen Lösungsmittel vollständig verflüchtigt haben, bevor der Träger in den Rezipienten des Geräts eingebracht wird.

Weiterführende Literatur

Murphy JA (1982) Considerations, materials, and procedures for specimen mounting prior to scanning electron microscopic examination. Scanning Electron Microsc 1982/II: 657–696

3.7 Erhöhung der Leitfähigkeit

Biologische Objekte sind in der Regel elektrisch schwachleitend oder sogar nichtleitend (s. 1.1.2.2); eine Leitfähigkeit läßt sich entweder während der Fixation (s. 3.3.1) erreichen, oder die Oberfläche getrockneter Objekte wird mit leitenden Metallen beschichtet. Diese Maßnahme bewirkt auch eine Erhöhung der Zahl der emittierten Sekundärelektronen und trägt somit entscheidend zur Signalverbesserung bei.

Um Aufladungserscheinungen (streifige, zeilenversetzte Aufhellungen und Bildverzerrungen (Abb. 3.5 und 1.7) und eine thermische Belastung des Präparats durch den Elektronenstrahl zu vermeiden sowie eine hinreichend hohe Ausbeute von Sekundärelektronen zu erhalten, genügt in der Regel eine Beschichtung von ca. 10 nm; bei sehr zerklüfteten Objekten empfiehlt sich jedoch eine dickere Beschichtung (bis zu 30–40 nm). Das gilt ebenso bei Objekten, die dem Elektronenstrahl länger ausgesetzt bleiben, oder wenn die Untersuchung bei höheren Beschleunigungsspannungen erfolgt. Zwei Methoden der Metallbeschichtung stehen zur Wahl: Kathodenzerstäubung (Sputtern) (s. 3.7.1) und Bedampfung im Vakuum (s. 3.7.2). Bei beiden Methoden kommen verschiedene Schwermetalle oder Legierungen zum Einsatz, bevorzugt Gold (Au) oder Gold-Palladium (Au-Pd), aber auch Kohle, diese zumeist zur Vorbeschichtung mit nachfolgender Gold- oder Gold-Palladium-Beschichtung.

Ein Nachteil beider Methoden ist durch die thermische Belastung der Probe während der Beschichtung gegeben; diese Belastung kann zu Strukturschädigungen führen.

Aus diesem Grund wird die gesamte Metallschicht nicht auf einmal, sondern in mehreren kleinen Schritten aufgetragen, zwischen denen sich das Objekt jeweils wieder abkühlen kann.

Eine Kathodenzerstäubung läßt sich im Vergleich zur Bedampfung schneller vornehmen; stärker zerklüftete Oberflächen werden gleichmäßiger mit einer leitenden Metallschicht überzogen. Zudem haftet die Metallschicht sehr fest auf der Präparatoberfläche, da die Metallatome mit hoher Energie auf die Objektoberfläche treffen. Die thermische Belastung der Probe wurde in neueren Geräten durch verschiedene Maßnahmen (Triodenzerstäubung, „kalte" Diodenzerstäubung bei Temperaturen von 32°–37 °C) erheblich vermindert.

Abb. 3.5. Typische Beispiele für Aufladungserscheinungen (Präparat: Haftorgane der Plathelminthenspecies *Coelogynopora axi*, Fixation mit Glutaraldehyd und OsO_4, in aufsteigender Ethanolreihe entwässert, Kritische-Punkt-Trocknung mit CO_2, nicht (!) ausreichend mit Gold besputtert). Vergrößerungsangabe in μm

Eine ausführliche Übersicht über die verschiedenen Beschichtungsmöglichkeiten gibt Echlin (1978, 1981); dieser Autor kommt zu dem Schluß, daß eine „Kalt"-Zerstäubung die besten Ergebnisse liefert.

Eine Vakuumbedampfung empfiehlt sich, um für Mikroanalyseverfahren dünne Filme von Elementen mit niedrigem Atomgewicht auf Proben aufzubringen.

In jedem Fall gilt: Je dünner die Metallage auf dem Präparat, um so wirklichkeitsgetreuere Ergebnisse sind über die Oberfläche zu erwarten. Die Schichtdicke sollte insbesondere im Vergleich mit dem Auflösungsvermögen des benutzten Rasterelektronenmikroskops nicht der begrenzende Faktor sein.

Weiterführende Literatur

Echlin P (1978) Coating techniques for scanning electron microscopy and X-ray microanalysis. Scanning Electron Microsc 1978/I: 109–132
Echlin P (1981) Recent advances in specimen coating techniques. Scanning Electron Microsc 1981/I: 79–90

3.7.1 Kathodenzerstäubung („Sputtern")

Bei dieser Methode wird der Träger mit dem Präparat in einem zylindrischen Rezipienten auf eine zu kühlende Tischplatte gesetzt; die Platte fungiert als Anode. Über dem Präparat befindet sich eine zweite, zumeist goldbeschichtete Platte, die

Kathode. Der Rezipient wird evakuiert, mit Argon geflutet und erneut bis zu einem
Druck von ca. 0.2–0.5 mbar evakuiert. Legt man eine negative Hochspannung an
die Kathode an, so setzt eine Gasentladung ein, die sich in Form einer blauvioletten
Plasmaleuchtzone zwischen den beiden Elektroden bemerkbar macht. Hier im
Plasma erfolgt eine Ionisation der Gasmoleküle. Es entstehen Elektronen und positiv geladene Ionen; letztere treffen beschleunigt auf der Kathodenoberfläche auf,
und zwar mit einer der dort anliegenden negativen Spannung proportionalen Energie; die Ionen schlagen dabei Au-Atome heraus. Diese Atome schlagen sich auf der
Anode bzw. dem dort aufgesetzten Präparat nieder und bilden letzlich eine zusam-
menhängende Metallschicht auf der Präparatoberfläche. Treffen die aus der Kathode herausgeschlagenen Atome mit nichtionisierten Gasmolekülen zusammen, so
werden die Atome abgelenkt und treffen unter den verschiedensten Winkeln auf
das Präparat; dadurch werden auch tiefer liegende und von der Kathode abgewandte Präparatestellen beschichtet.

Leider ist die thermische Belastung bei dieser Methode nicht unbeträchtlich; diese Erwärmung resultiert vor allem aus der von den Elektronen auf der Präparatoberfläche abgegebenen Energie.

Bei einfachen Diodenzerstäubungsanlagen erfolgt daher eine Wasserkühlung der
Anode bzw. des Präparates während der Zerstäubung. Bei Triodenanlagen ist neben der Kathode eine ringförmige, gegenüber der Kathode positive Elektrode angebracht, die einen beträchtlichen Teil der Elektronen absaugt.

Bei einer „kalten" Diodenzerstäubungsanlage verläuft die hier ringförmige Kathode um einen zentral angeordneten Permanentmagneten; die Wärmebelastung
des Präparats ist entscheidend geringer, da kaum noch Elektronen die Präparatoberfläche erreichen.

Der eigentliche Arbeitsvorgang bei der Kathodenzerstäubung ist sehr einfach
und den jeweiligen Gerätebeschreibungen zu entnehmen. Um möglichst reproduzierbare Werte zu erhalten, sollte das Besputtern immer in einer reinen Argonatmo-
sphäre erfolgen; dies setzt mehrfaches Spülen des Rezipienten vor Zündung der
Gasentladung voraus. Auch ist die Schichtdicke auf dem Präparat zunächst möglichst gering zu halten. Sollte sich bei einer Überprüfung im Rasterelektronenmikroskop herausstellen, daß der leitende Belag noch zu dünn ist (z.B. wenn starke
Aufladungen wie in Abb.3.5 auftreten), kann kurzfristig und kontrolliert nachge-
sputtert werden, bis eine hinreichend mächtige Goldschicht aufgetragen ist.

3.7.2 Bedampfung

Diese Methode zum Auftragen einer leitenden Oberfläche auf biologische Objekte
hat mit der Entwicklung verfeinerter Zerstäubungstechniken zunehmend an Bedeutung verloren. Dennoch ist diese Methode für verschiedene Fragestellungen weiterhin vorzuziehen.

So z.B. für Mikroanalyseuntersuchungen in Form einer Kohlebedampfung, bei
der angespitzte und aneinander gedrückte Spektralkohlestäbe im Bereich der Be-
rührungsstelle widerstandserhitzt werden, so daß Kohle sublimiert und sich auf der
ebenfalls im Rezipienten befindlichen Probe niederschlägt. Werden die Präparate
dabei einer Rotationsbewegung ausgesetzt, so erfolgt eine ziemlich gleichmäßige

Beschichtung. Solcherart behandelte Präparate können direkt im Rasterelektronenmikroskop untersucht werden, oder es schließt sich eine Bedampfung mit Gold oder Gold-Palladium oder eine Metallzerstäubung im „Sputter" an.

Im Gegensatz zu einer Kathodenzerstäubung mit einem einfachen Diodengerät ist die thermische Belastung des Präparates bei einer Bedampfung kleiner zu halten; allerdings erfolgt die Beschichtung ungleichmäßiger, so daß im Rasterelektronenmikroskop eher mit Aufladungen zu rechnen ist.

Weiterführende Literatur

Reimer L, Pfefferkorn G (1977) Raster-Elektronenmikroskopie. 2. Aufl Springer, Berlin Heidelberg New York, S 1–282
Rosenbauer KA, Kegel BH (1978) Rasterelektronenmikroskopische Technik: Präparationsverfahren in Medizin und Biologie. Thieme, Stuttgart, S 1–241

3.8 Präparataufbewahrung

Zur Aufbewahrung fertiger REM-Präparate gibt es verschiedene kommerziell erhältliche Gefäße.

Bewährt hat sich eine Aufbewahrung in Exsikkatoren über Silikagel; gelegentlich wird mit gutem Erfolg als Trocknungsmittel auch P_2O_5 eingesetzt. Hier bleiben die Präparate wasser- und staubfrei und stehen selbst nach Jahren noch für eine Untersuchung zur Verfügung, insbesondere dann, wenn eine leichte Evakuierung des Exsikkators vorgenommen wurde.

Für kurze Zeiträume (einige Tage, u. U. auch Wochen) lassen sich viele Präparate in einem trockenen Raum auch in einfachen abgedeckten Plastikschälchen lagern, ohne daß Qualitätsverluste zu beobachten wären.

Allerdings sind bei mehrfachen Untersuchungen die bekannten Vorsichtsmaßnahmen stets beizubehalten (kein Anfassen des Trägers mit den Fingern; die Probe nicht der feuchten Atemluft aussetzen; jegliches Anritzen der aufgetragenen leitenden Oberfläche vermeiden), da es sonst im Vakuum zu einem Zerreißen der Metallbeschichtung und damit zu Aufladungen kommen kann.

3.9 Darstellung von Oberflächen durch Abdruck- und Ausgußverfahren

Mitunter ist es wünschenswert oder erforderlich, eine Oberfläche nicht im Original, sondern nur als Abdruck zu untersuchen. Das ist der Fall, wenn das Objekt nicht zur Untersuchung im Rasterelektronenmikroskop zur Verfügung steht, wenn es für die Objektkammer zu groß ist, wenn sich keine interessierenden Teile (z. B. Haut) entnehmen lassen, ohne das Objekt zu sehr zu schädigen, wenn das Objekt eine vollständige Präparation nicht ohne größere Veränderungen überstehen würde, wenn die Originaloberfläche nicht exponiert ist oder wenn man die im Verlauf einer bestimmten Zeitspanne eintretenden Veränderungen an ein und derselben Oberfläche untersuchen will.

Andererseits sind auch verschiedene Forderungen an den Abdruck selbst zu stellen: Er darf das Original nicht schädigen, er sollte nicht toxisch sein, wenn es sich bei dem Original um lebendes Material handelt; er sollte das Original so genau wie möglich wiedergeben; er sollte die Originaloberfläche nicht verändern, wenn mehr als ein Abdruck anzufertigen ist; er sollte möglichst einfach herzustellen sein; er sollte sich leicht von der Originaloberfläche lösen lassen, und er darf sich im Hochvakuum des Rezipienten unter Elektronenbeschuß nicht verändern.

In der Literatur finden sich detaillierte Hinweise, für welche Objekte bzw. Oberflächen sich die Anfertigung eines Abdruckes anbietet und welches Material zum Anfertigen eines Abdruckes genommen werden sollte.

Sind die Abdrücke nichtleitend, so werden sie, aufgebracht auf Trägern, bedampft oder besputtert. Auch Patrizen (Abdrücke von Matrizen) lassen sich anfertigen und im Rasterelektronenmikroskop untersuchen.

Zur Untersuchung mit Hilfe der Abdrucktechnik bieten sich vor allem Zähne und Haut als Objekte an; als Material für den Negativabdruck wird häufig Silikonkautschuk genommen, für die Patrize Paraffin, Acrylharz etc. Qualitativ gute Ergebnisse liefert ein Material, das aus einer Kombination von Reprosil und dem Spurr-Einbettungsmedium besteht.

Die Darstellung innerer Oberflächen, z. B. der Lunge, der Niere, des Darms etc., kann durch ein Ausgußverfahren erfolgen. In der Regel werden Latex, Silikonkautschuk oder Technovit in das entsprechende Organ injiziert; dieses wird dann nach Härtung des Mittels korrodiert (Mazeration mit Kalilauge, Salzsäure, Eisessig). Auf diese Weise lassen sich auch eindrucksvolle dreidimensionale Darstellungen des Blutgefäßsystems von Vertebraten gewinnen.

Weiterführende Literatur

Gannon BJ (1978) Vascular casting. In: Hayat MA (ed) Principles and techniques of scanning electron microscopy, vol VI. Biological applications. Van Nostrand-Reinhold, New York, pp 170–193

Murakami T (1978) Methyl methacrylate injection replica method. In: Hayat MA (ed) Principles and techniques of scanning electron microscopy, vol VI. Biological applications. Van Nostrand-Reinhold, New York, pp 159–169

Pameijer CH (1975) Replica techniques. In: Hayat MA (ed) Principles and techniques of scanning electron microscopy, vol IV. Biological applications. Van Nostrand-Reinhold, New York, pp 45–93

Pameijer CH (1979) Replication techniques with new dental impression materials in combination with different negative impression materials. Scanning Electron Microsc 1979/II: 571–574

Rosenbauer KA, Kegel BH (1978) Rasterelektronenmikroskopische Technik. Präparationsverfahren in Medizin und Biologie. Thieme, Stuttgart, S 1–241

3.10 Darstellung von Innenstrukturen durch Sprödbruch- und Anschnittverfahren

Von nahezu allen biologischen Objekten lassen sich auch innere Strukturen durch REM demonstrieren, und zwar durch sekundär hergestellte Oberflächen.

Gebräuchlich sind zwei Methoden: Herstellung von Schnitten an einem harten bzw. zuvor gehärtetem Objekt oder Sprödbruchverfahren, durchgeführt an gefrorenem oder getrocknetem Material. Durch ein Anschnittverfahren läßt sich eine Oberfläche gezielt schaffen; dagegen brechen die Objekte bei einem Sprödbruch an einer oder mehreren nicht exakt vorauszubestimmenden Stellen auf; es entstehen dabei Oberflächen mit einem ausgeprägten dreidimensionalen Relief (Abb. 3.1 b).

Weist das Objekt von vornherein eine gewisse Härte auf, wie es z. B. bei Holz der Fall ist, so lassen sich bereits von nativem Material gute Schnittflächen herstellen. Bei tierischem Gewebe empfiehlt es sich, erst nach der Fixierung oder der Entwässerung die Schnittfläche herzustellen. Zudem besteht die Möglichkeit, auch für lichtmikroskopische Zwecke in Paraffin o. ä. bzw. für transmissionselektronenmikroskopische Zwecke in Kunstharze eingebettete Schnitte für REM-Untersuchungen heranzuziehen, jeweils nach partieller oder vollständiger Entfernung der Einbettmittel.

Sprödbrüche lassen sich leicht an einem getrockneten Objekt durchführen. Dazu wird das Präparat zunächst auf einem Träger montiert (z. B. mit einer Doppelklebfolie), dann wird ein weiteres Stück Klebefolie mit einer Pinzette behutsam an das Präparat gepreßt. Beim Wegziehen des Stückchens bleiben Teile des Objekts an der Klebefolie haften, das Objekt ist aufgebrochen. Das Stückchen Folie wird ebenfalls auf einem Träger montiert, so daß beide Bruchflächen des Objekts im Rasterelektronenmikroskop untersucht werden können. Der Vorgang läßt sich mehrfach wiederholen, so daß es möglich ist, mehr oder weniger gezielt bestimmte innere Strukturen freizulegen.

Bei nicht getrocknetem Material läßt sich das Probeninnere durch einen Gefrierbruch darstellen. Humphreys et al. (1974, 1978) gehen dabei so vor: Zunächst wird ein Parafilmzylinder hergestellt (2 cm breite Parafilmstreifen um einen Stab von 2 mm Durchmesser wickeln); in diesen Zylinder füllt man fixierte und entwässerte Objekte, die sich in absolutem Ethanol befinden; danach dichtet man beide Enden des Zylinders ab. Sodann ergreift man den Zylinder mit einer Pinzette und taucht ihn in flüssigen Stickstoff; der so gefrorene Zylinder wird dann auf einen in flüssigem Stickstoff gekühlten flachen Metallblock gelegt. Man setzt dann eine einkantige Rasierklinge, die zuvor ebenfalls in flüssigem Stickstoff gekühlt wurde, auf dem gefrorenen Zylinder auf und zerbricht diesen und damit auch die eingefrorenen Objekte durch Andrücken mit der Klinge. Die so gewonnenen Bruchstücke werden in frisches absolutes Ethanol übertragen. Nach Entfernen des Parafilms lassen sich die gebrochenen Objektteile trocknen, z. B. nach der Kritischen-Punkt-Methode mit CO_2.

Bei dem geschilderten Sprödbruchverfahren entstehen sehr saubere innere Oberflächen; allerdings ist der Verlauf der Bruchflächen nicht vorausbestimmbar.

Weiterführende Literatur

Flood PR (1975) Dry-fracturing techniques for the study of soft internal biological tissues in the scanning electron microscope. Scanning Electron Microsc 1975/I: 287–294
Goldstein JJ, Newbury DE, Echlin P, Joy DC, Fiori C, Lifshin E (1981) Scanning electron microscopy and x-ray microanalysis. Plenum Press, New York London, pp 1–673
Humphreys WJ, Spurlock BO, Johnson JS (1974) Critical point drying of ethanol-infiltrated, cryofractured biological specimens for scanning electron microscopy. Scanning Electron Microsc 1974/I: 275–282
Humphreys WJ, Spurlock BO, Johnson JS (1978) Critical-point drying of cryofractured specimens. In: Hayat MA (ed) Principles and techniques of scanning electron microscopy, vol VI. Biological applications. Van Nostrand-Reinhold, New York, pp 136–158
Laane MM (1976) Sectioned specimens. In: Hayat MA (ed) Principles and techniques of scanning electron microscopy, vol V. Biological applications. Van Nostrand-Reinhold, New York, pp 36–52
Reimer L, Pfefferkorn G (1977) Raster-Elektronenmikroskopie. 2. Aufl Springer, Berlin Heidelberg New York, S 1–282

3.11 Materialanalyse

Die Darstellung morphologischer Gegebenheiten eines Gewebes, wie es im typischen Anwendungsfall der REM das Primärziel ist, gewährt kaum Aufschlüsse über seine Funktion. Eine Zugangsmöglichkeit zu physiologischen Sachverhalten besteht über die Kathodolumineszenz, eine weitere über die dispersive Röntgenmikroanalyse. Beide Methoden erlauben Aussagen über Materialqualität und -verteilung in der untersuchten Probe. Ihre Anwendung ist indes nicht auf biologische Objekte beschränkt, wie sie ebenfalls nicht auf die REM beschränkt ist, sondern auch in der TEM eingesetzt werden können. Sie werden hier nur gestreift, zur Vertiefung wird auf die Literatur verwiesen (z. B. Reimer und Pfefferkorn 1977, besonders zu den theoretischen Grundlagen).

Bei der Kathodolumineszenz wird durch Elektronen, welche auf das Untersuchungsobjekt treffen, eine Lumineszenz im Probenmaterial angeregt. Der Vorgang ist im Prinzip mit einer Lumineszenzanregung vergleichbar, auf der die optische Fluoreszenzmikroskopie beruht. Die durch den Elektronenbeschuß angeregte Lumineszenz ist in ihrem Ausmaß abhängig von der Lumineszenzfähigkeit des Materials und dessen Konzentration. Die Lichtausbeute ist in der Regel gering, jedenfalls bei biologischen Objekten. Daher werden diese in speziellen Detektoren (vgl. Herbst und Hoder 1978) untersucht, welche das emittierte Licht innerhalb eines großen Raumwinkels sammeln und durch einen Lichtleiter direkt dem Photomultiplier zuführen. Die Lichtausbeute ist umgekehrt proportional der Temperatur, so daß die zumeist unbeschichteten Proben häufig bei niedrigen Temperaturen untersucht werden.

Die Eigenfluoreszenz biologischer Materialien läßt sich erfolgreich z. B. für die Darstellung von Mikrokalken in Geweben oder sklerosierten Wandsäumen in Gefäßen einsetzen. Bei Applikation der üblichen Fluorochrome gelingt auch eine Anregung an solcherart „gefärbten" Präparaten (Abb. 3.6) und damit eine Differenzierung von Gewebe- bzw. Zellanteilen unter physiologischen Gesichtspunkten. Entsprechend läßt sich dieses Verfahren auch für die Immunfluoreszenz verwenden. Zu bedenken ist dabei die relative Kurzlebigkeit vieler organischer Farbstoffe, u. a.

von Acridinorange oder Quinacrin schon bei verhältnismäßig geringer Strahlenexposition, während beispielsweise Coriphosphin und Fluorescein-Natrium ausreichende Emissionszeiten haben.

Das zweite, zu einer Materialdifferenzierung geeignete Verfahren ist die dispersive Röntgenmikroanalyse. Sie beruht auf der Anregung der Atome bei Elektronenbeschuß, bei der eine charakteristische Röntgenbestrahlung entsteht. Durch Elektronensprünge auf Schalen niedriger Energieniveaus wird eine diskontinuierliche Strahlung mit definierten Energiebeträgen frei. Es ergeben sich Linienspektren gemäß dem spezifischen Atomaufbau. Folglich sind die Linienspektren geeignet, Aufschluß über die Atomart zu geben, oder, in anderer Formulierung, die materielle Zusammensetzung einer Probe zu beschreiben. Es ist also die Konzentration von chemischen Elementen an einem definierten Ort der Probe oder über das gesamte Präparat bestimmbar.

Die Verarbeitung der emittierten Strahlung kann entweder über ein wellenlängendispersives Spektrometer oder über ein energiedispersives Spektrometer laufen.

Beim wellenlängendispersiven Spektrometer wird die Röntgenstrahlung an einem Kristallgitter gebeugt, nach Wellenlängen zerlegt. Dieses Prinzip ist in den sog. Mikrosonden angewandt.

Sehr viel verbreiteter ist das energiedispersive System, bei dem ein an den Probenraum des Elektronenmikroskops angeflanschter, gekühlter Halbleiterdetektor (Si(Li)) die charakteristische Röntgenstrahlung aufnimmt. Das Analysensystem (z. B. ORTEC, EDAX) ermittelt die Energie der aufgenommenen Strahlung simultan für alle Elemente und stellt diese geordnet dar (Abb. 3.7). Man kann heute etwa den Bereich zwischen den Elementen 3 (Li) und 92 (U) analysieren. Die Darstellung ist mit Einschränkungen auch für eine quantitative Angabe verwendbar.

Für biologische Proben ist in erster Linie die qualitative Aussage, gegebenenfalls die halbquantitative, interessant, da biologische Präparate im strikten Sinne keine reproduzierbaren Einheiten darstellen. Von einer Variabilität von mindestens ± 10% ist daher als normal auszugehen.

Für die Röntgenanalyse ist eine höhere Beschleunigungsspannung erforderlich, welche die Probe insbesondere thermisch belasten kann. Die leichteren Elemente (bis Fe) werden bei einer Beschleunigungsspannung um 15 kV analysiert, für die schwereren Elemente sind Spannungen zwischen 20 und 30 kV zweckmäßig. Die erforderliche Leitfähigkeit wird mit einer Kohlenstoffbeschichtung hergestellt, die keinen störenden Untergrund liefert und die Emissionen der Röntgenstrahlung nicht behindert.

Für die Probenvorbereitung wird im einzelnen auf die ausführliche Darstellung von Goldstein et al. (1981) verwiesen. Allgemein muß bekannt sein, in welchem Umfang durch die Präparationsmaßnahmen qualitative und quantitative Veränderungen in der Elementenverteilung und -konzentration auftreten. Unter Fixierung und Differenzierung von Geweben können selektive Aufnahmen oder Auslösungen von Elementen vorkommen. Eine Maskierung der analysierten Elemente durch verwendete Chemikalien muß vermieden werden. Störend kann auch eine Kunststoffeinbettung sein, wenn diese unter den Beobachtungsbedingungen zu Formveränderungen neigt.

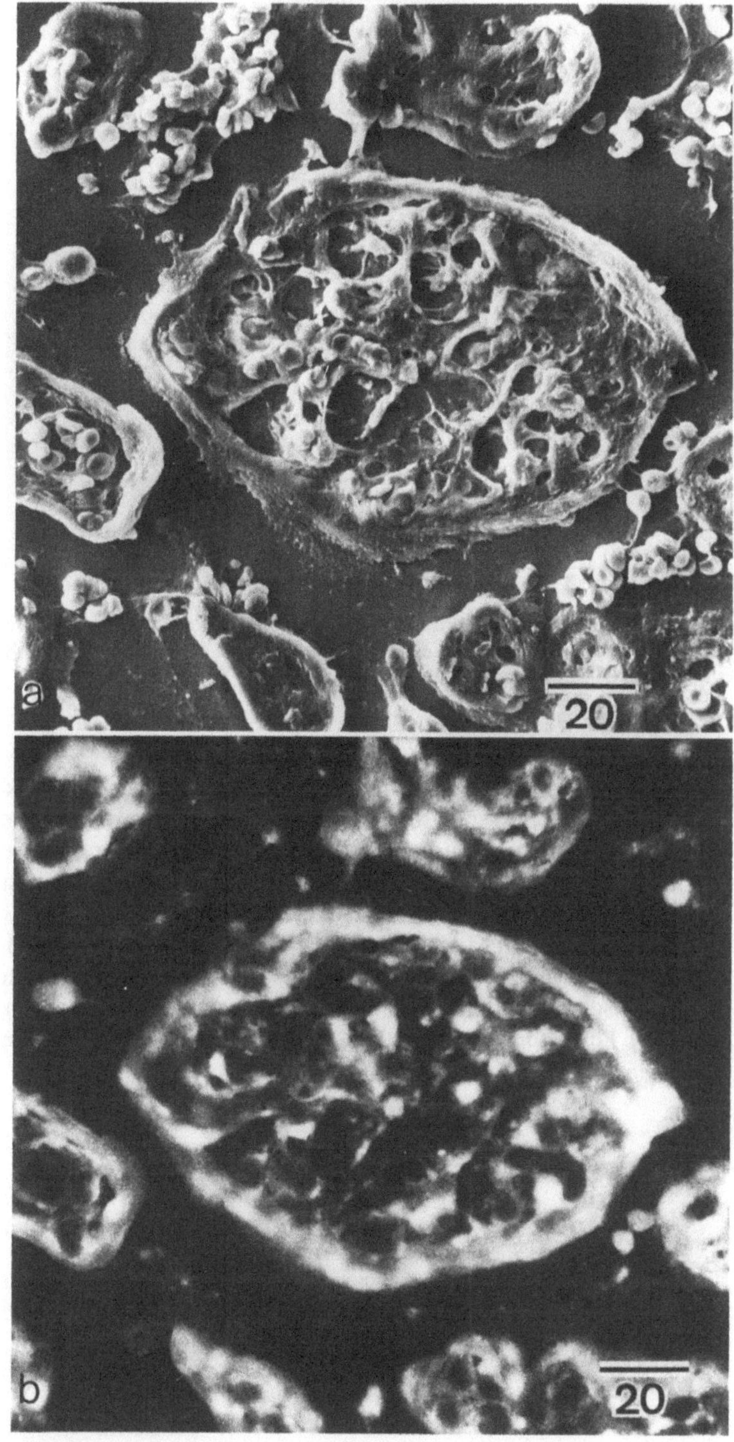

Abb. 3.6. **a** Sekundärelektronenbild eines Schnittes menschlicher Plazenta. **b** Kathodoluminiszenz-aufnahme des Schnittes wie **a**; Anfärbung mit Fluorescein-Natrium. (Nach Hoder et al. 1981). Ver-größerungsangabe in μm

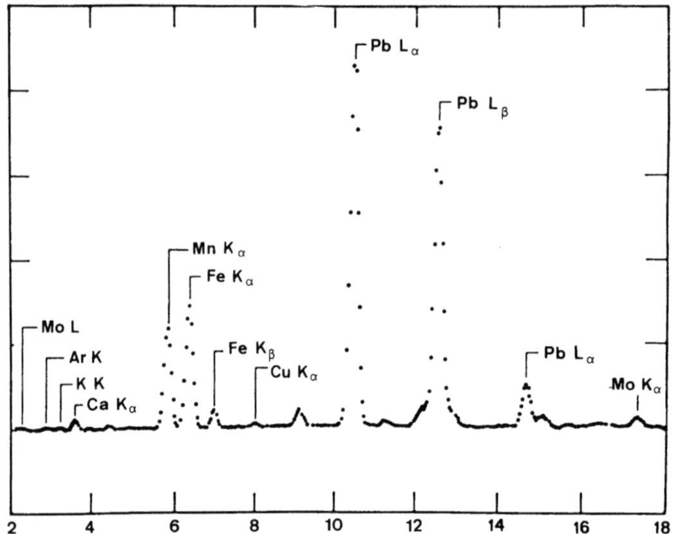

Abb. 3.7. Gesamtemissionsspektrum einer Probe. *Ordinate:* gezählte Impulse. *Abszisse:* Energie der emittierten Strahlung (keV). Für die einzelnen Elemente sind die jeweiligen Strahlungsqualitäten eingezeichnet. (Porzellanglasur, analysiert mit ORTEC-System)

Neben dem Vorteil einer zerstörungsfreien Multielementanalyse der Probe bietet die energiedispersive Analyse eine weitere gesuchte Anwendungsmöglichkeit, indem Elementverteilungsbilder erstellt werden. Die von der Probe emittierte Röntgenstrahlung, welche ja durch den abrasternden Elektronenstrahl angeregt wurde, wird für den Bildschirm des Rasterelektronenmikroskops zeilenweise in eine Punktfolge umgesetzt. Mit den resultierenden Punktwolken, deren Intensität natürlich auch durch die Zählzeit beeinflußbar ist, werden Elementverteilungen in der Probe optisch dargestellt. Dies ist für das einzelne Element separat möglich (Abb. 3.8). Physiologische Sachverhalte lassen sich so mit morphologischen Einheiten verbinden.

Weiterführende Literatur

Goldstein JI, Newbury DE, Echlin P, Joy DC, Lifshin E (1981) Scanning electron microscopy and X-ray microanalysis. Plenum Press, New York London, pp 205–495
Herbst R, Hoder D (1978) Chathodoluminiscence in biological studies. Scanning 1: 35–41
Hoder D, Herbst R, Multier-Lajous A-M (1980) Farbverschiebungen in Kathodoluminiszenz-Aufnahmen. BEDO 13: 153–156
Reimer L, Pfefferkorn G (1977) Rasterelektronenmikroskopie. Springer, Berlin Heidelberg New York, pp 186–222

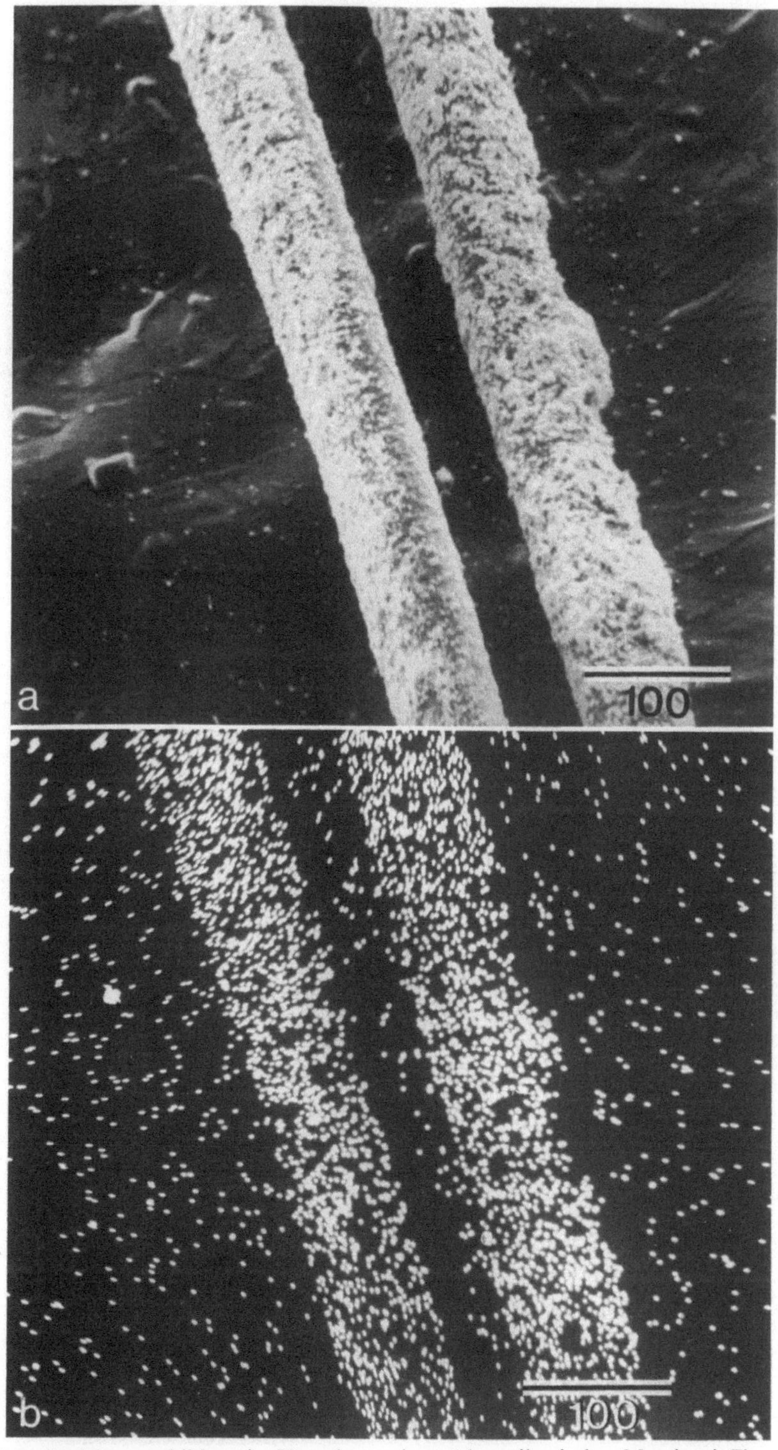

Abb. 3.8. a Sekundärelektronenbild zweier Haupthaare einer südamerikanischen Mumie mit Zinnoberauftrag, Quecksilbersulfid (Hgs). **b** Elementverteilungsbild für Quecksilber (Hg). (Nach Herrmann u. Staubach). Vergrößerungsangabe in μm

4 Methoden für die Bildauswertung

4.1 Bestimmungen von Linien, Flächen und Volumina

4.1.1 Problemstellung

Die Erfassung und Bewertung von Informationen aus Strukturabbildungen kann qualitativ oder quantitativ erfolgen. Häufig liefern erst numerische Messungen objektive Aussagen. Statistische Behandlung der Meßwerte kann dann zu Informationen führen, die bei qualitativer Beschreibung verborgen bleiben.

Häufige Probleme der Morphologie sind der Vergleich entsprechender Strukturen verwandter Arten, die Beschreibung der Entwicklung von Strukturen oder die Analyse ihrer Veränderungen im Zusammenhang mit biochemischen oder physiologischen Experimenten. Oft sind funktionelle Veränderungen lediglich mit einer Vermehrung oder Verminderung der Anzahl von Organellen verbunden, während drastische, qualitativ sichtbare Strukturveränderungen ausbleiben. Eine Beziehung zwischen den Befunden der Biochemie und Physiologie und der Bildinformation aus Ultrastrukturuntersuchungen läßt sich dann erst durch den Übergang von der subjektiven Bildbeschreibung zur objektiven Messung am Bild herstellen.

Die messenden Verfahren der Morphologie werden durch die Morphometrie umfaßt. Ein wichtiges Teilgebiet der Morphometrie ist die Stereologie. Sie liefert ein mathematisches Methodengebäude, um dreidimensionale Strukturen durch Messungen aus zweidimensionalen Abbildungen von Präparaten zu charakterisieren.

Bestimmungen von Längen, Flächen und Volumina sind in vielen Arbeitsbereichen der Feinstrukturanalyse Routineaufgaben. Viele Partikel wie Moleküle, Viren und Bakterien können über lineare Messungen charakterisiert werden. So ist z. B. über die Längenmessung gespreiteter Nukleinsäuren ihr Molekulargewicht zu ermitteln. In Gefrierätzbildern lassen sich die Flächenanteile von makromolekularen Strukturaggregaten messen.

Abbildungen aus der TEM und REM stellen entweder isolierte Partikel oder aber Strukturen im topographischen Zusammenhang dar. Isolierte kleine Partikel (z. B. Makromoleküle, Viren, Zellorganellen) können mit der TEM in ihrer ganzen Ausdehnung dargestellt werden und gestatten häufig die Bestimmung ihrer Strukturparameter mit einfachen Meßverfahren. Bei Messungen aus Dünnschnittpräparaten, Gefrierbruch- und Rasterabbildungen mit häufig komplizierten Raumstrukturen sind in den meisten Fällen Methoden der Stereologie anzuwenden.

4.1.2 Allgemeine Hinweise zu Messungen

Der Fülle und Vielfalt der biologischen Objekte und präparativen Methoden entsprechen die Probleme und Verschiedenheiten bei der Meßwerterhebung und -behandlung. Ausführliche Abhandlungen zu den verschiedensten damit zusammenhängenden Fragestellungen finden sich in der weiterführenden Literatur.

Die direkte Bestimmung von Längen, Breiten, Höhen aus bedampften Präparaten und Hüllabdrücken von Einzelpartikeln, von positiv oder negativ kontrastierten kleinen Objekten ist relativ einfach vorzunehmen, wenn Objekte mit geometrisch einfachen Formen (Kugeln, Ellipsoide, Zylinder, Kuben und Quader) vorliegen. Derartige Gestalten kommen bei vielen Molekülen, Bakterien und Viren vor. Aus der Linearmessung solcher Objekte lassen sich sodann Flächen-, Volumen- und auch Gewichtsbestimmungen vornehmen. Problematisch und aufwendig werden Messungen dann, wenn Objekte komplizierter Gestalt vorliegen. Dies kommt bei kleinen Partikeln vor wie auch bei den größeren Zellorganellen und Zellverbänden. Gestaltbestimmung und Meßwerterhebung großer Objekte können über Serienschnittanalyse vorgenommen werden. Aber auch aus Einzelschnitten, die ein zweidimensionales Bild liefern, lassen sich mit Hilfe der Stereologie Bestimmungen von Linien, Flächen und Volumina durchführen.

Eine wesentliche Voraussetzung für Messungen sind die Kenntnis und Einbeziehung der Artefakte und Fehlergrenzen, die durch die präparativen Verfahren bedingt sind und die in die zu messenden Endabbildungen mit eingehen. Kann kein interner Standard eingesetzt werden, dann müssen z. B. bei der Nukleinsäurevermessung die Auswirkungen der Spreitung auf die Längen der Moleküle bekannt sein. Bei Messungen von fixierten Zellen und Geweben sind Faktoren zur Kompensation von Schrumpfung einzuführen. Bei Bestimmungen aus Abdruck- und Gefrierätzverfahren und bei rasterelektronenmikroskopischen Abbildungen ist das Ausmaß der Bedampfung zu berücksichtigen.

Präparative Verfahren sind weitgehend zu standardisieren, damit bei späteren Berechnungen Korrekturfaktoren angewendet werden können. Ganz wesentlich für die Meßwerterhebung ist die Kalibrierung der Vergrößerung elektronenoptischer Abbildungen. Hier liegen Schwankungen der Werte eingestellter Vergrößerungsstufen vor, die bei den Elektronenmikroskopen verschiedener Fabrikate zumeist 5–10% betragen. Die durch die Abbildungsverfahren bedingten hohen Meßfehler sind entscheidend zu verringern, wenn man neben den zu messenden Strukturen Eichpartikel mit bekannter Größe (Latexkugeln, Tabakmosaikvirus, Ferritinmoleküle) mitabbildet. Messungen von Partikeln, die sich dem Größenbereich der elektronenoptischen Auflösung annähern, sind mit relativ großen Fehlern behaftet.

4.1.3 Hinweise zur stereologischen Analyse

Stereologische Verfahren werden herangezogen, wenn Bestimmungen von Volumina, Flächen, Linien und Anzahlen (Teilchenzählung) sowie die Beschreibung von Oberflächen-Volumen-Verhältnissen und Gestalten benötigt werden, ohne daß lückenlose Schnittserien vorliegen oder vermessen werden können.

Im folgenden werden lediglich einige Grundbedingungen und einfache Verfahren der Stereologie angesprochen, die für die Analyse von Zellstrukturen und Geweben aus elektronenoptischen Bildern angewendet werden. Auf Formeln und mathematische Begründungen wird ebenso verzichtet wie auf eine umfassende Definition der erforderlichen Randbedingungen und die Erwähnung vieler spezieller Verfahren. Sie sind einschlägigen Handbüchern zu entnehmen.

Die stereologische Analyse geht von der Annahme aus, daß die zu untersuchenden Strukturkomponenten in genügend großer Anzahl vorliegen, daß sie unverwechselbar im Schnitt erkannt werden und daß sie in einheitlicher Größe und Gestalt in Zell- oder Gewebsanschnitten auftreten. Es wird vorausgesetzt, daß das zahlenmäßige Auftreten von Strukturanschnitten im Schnitt bestimmt wird durch die Gesamtmenge einer Struktur im geschnittenen Objekt. In einer Schnittfläche wird eine n-dimensionale Struktur durch ein (n–1-)dimensionales Bild repräsentiert: Körper werden als Flächen gesehen, Oberflächen durch Linien und Linien als Punkte repräsentiert. Das generelle Vorgehen in der Stereologie basiert dann auf der Annahme, daß die Häufigkeiten und Dichten der Bildkonturen der Untersuchungsobjekte sich zum Gesamtschnitt ebenso verhalten wie diejenigen der Objekte selbst zum Gesamtvolumen, in dem sie enthalten sind. Dabei sind solche Verfahrensweisen besonders günstig, die die gewünschten Meßgrößen durch einfache Zähloperationen liefern. Dafür besteht allerdings die Grundvoraussetzung, daß die Strukturen in jeder beliebigen Schnittebene mit gleicher Wahrscheinlichkeit angeschnitten werden, d.h. homogen und zufällig verteilt sind. Für viele biologische Strukturen liegt jedoch Strukturanisotropie vor (z.B. bei Nervenfasern, Skelettmuskel u.a.). Anisotrope Strukturen sind mit speziellen stereologischen Verfahren zu erfassen. Es gibt inzwischen eine Reihe von ausgearbeiteten Verfahren, die für derartige Fragestellungen (z.B. Anisotropie, Auftreten von Strukturgradienten) entwickelt und an verschiedensten Objekten erprobt worden sind.

4.1.4 Meßwerterhebung, Auswertung und statistische Behandlung

Die Anwendung einfacher und stereologischer Meßverfahren mit anschließender statistischer Bearbeitung verlangt, daß homogen aufbereitetes Material (standardisierte Fixierung) hoher Qualität in seiner Gesamtheit (z.B. ganzes Organ, bestimmte abgrenzbare Teile eines Organs) zur Verfügung steht. Die Auswahl bestimmter, subjektiv geeignet erscheinender Regionen aus einem Gewebsstück oder Präparat ist unzulässig. Fehlerquellen wie Schrumpfungen oder Schnittstauchungen müssen weitgehend vermieden bzw. durch Korrekturfaktoren kompensiert werden. Der Probenumfang (Objekte aus verschiedenen Individuen, Schnittzahlen, Meßwertreihen) ist im Hinblick auf die im Einzelfall anzuwendenden stereologischen Verfahren und für die Anwendung der Statistik zu kalkulieren.

Die stereologischen Messungen (z.B. bei Teilchenzählung, Linien-, Flächen-, Volumenbestimmung) sind mit geeigneten, auf die Struktur und die Fragestellung bezogenen Testsystemen durchzuführen. Solche Testsysteme sind z.B. auf Klarsichtfolien übertragene Flächengitter, Liniengitter, Punktnetze, kombinierte Gitter aus Linien und Punkten. Diese legt man über die zu analysierenden Abbildungen und prüft bei der Meßwerterhebung, wie und wie häufig eine Struktur mit einem Testsystem zusammenfällt. Die Testsysteme sind entweder selbst anzufertigen oder z. B. im Zusammenhang mit optischen Instrumenten kommerziell erhältlich (Fa. Wild, Fa. Zeiss). Eine Übersicht findet sich in den entsprechenden Handbüchern.

Die aufwendige manuelle Erhebung bei einzelnen Messungen von Linien oder von Flächen (mittels Planimetrie, durch Abwägen ausgeschnittener Flächen) und die Berechnung der Volumina aus solchen Daten wird heute weitgehend durch kombinierte rechnergestützte Registrierung, Messung und Auswertung verdrängt. Die teilautomatische, rechnergestützte Meßwerterhebung direkt am Elektronenmikroskop ist möglich (z. B. System IBAS der Fa. Zeiss). Auch kann die zu registrierende Struktur mittels Einspiegelung eines Lichtpunkts auf dem Leuchtschirm gezählt oder abgefahren und über ein graphisches Tablett in einen Rechner eingespeist werden (z. B. Zeichenspiegel für das Zeiss EM 10 und Morphomat 10).

Vielfach empfiehlt sich allerdings nach wie vor – aus Gründen der besseren Auflösung und bei Präparatinstabilität – die photographische oder Magnetbandregistrierung. Da der Probenumfang häufig sehr groß sein muß, bietet sich aus ökonomischen Gründen der Einsatz eines 35-mm-Kleinbildfilms an. Die Meßwerterhebung erfolgt dann vom photographischen Negativ- oder Positivbild. Die Analyse elektronenmikroskopischer Halbtonbilder mit geringen Graustufenunterschieden ist meist nicht vollständig zu automatisieren. Für die Registrierung und Auswertung sind die halbautomatischen Geräte mit festen Meßprogrammen (z. B. MOP-System der Fa. Kontron) hilfreich. Jedoch lassen sich – auch für stereologische Bearbeitung – die preiswerten und aufgrund der freien Programmierbarkeit im größeren Rahmen anzuwendenden Kleinrechner mit graphischem Tablett (z. B. Apple-System) einsetzen, für die ein vielfältiges Programmangebot zur Verfügung steht und die eine weitergehende statistische Behandlung der Meßdaten besonders vereinfachen.

Die Gesamtheit der gemessenen Einzelwerte stellt eine Stichprobe dar, die mathematisch zu bearbeiten ist. Der Umfang der Stichprobe kann nach Art der Messung und im Hinblick auf anzuwendende statistische Verfahren verschieden sein. Gewöhnlich wird die Tragfähigkeit der Aussagen durch die Erhöhung der Anzahl der Messungen verbessert.

Zumeist ergeben sich unterschiedliche Meßwerte mit verschiedener Häufung, die Werteklassen zugeordnet werden. Üblicherweise berechnet man zunächst aus den Meßwerten der Anzahl n den Mittelwert $\bar{x}$ (arithmetisches Mittel) nach der folgenden Formel

$$\bar{x} = \frac{1}{n}\,(x_1 + x_2 + \ldots .x_n) = \frac{\Sigma x}{n}$$

und die Standard-Abweichung s

$$s = \sqrt{\frac{\Sigma(x - \bar{x})^2}{n-1}} \; .$$

Mit der statistischen Analyse werden dann Meßwertverteilungen auf Unterschiede überprüft. Zu verwendende Verfahren entnimmt man Statistikbüchern.

Weiterführende Literatur

Agar AW, Alderson RH, Chescoe D (1974) Principles and practice of electron microscope operation. In: Glauert AM (ed) Practical methods in electron microscopy. Elsevier/North Holland, Amsterdam, 345 p

Ferguson J, Davis RW (1978) Quantitative electron microscopy of nucleic acids. In: Koehler JK (ed) Advanced techniques in biological electron microscopy, vol II. Springer, Berlin Heidelberg New York, pp 123–171

Haug H (1976) Die verschiedenen Verfahren zur Werteerfassung in der biologischen Morphometrie und Stereologie. Microsc Acta 78: 197–220

Hoppe W (1977) Strukturanalyse mit Elektronenstrahlen (Elektronenmikroskopie). In: Hoppe W, Lohmann W, Markl H, Ziegler H (Hrsg) Biophysik. Springer, Berlin Heidelberg New York, S 67–87

Mishima Y, Matsunaka M (1976) Quantitative and three-dimensional analysis of dendritic cells and keratin cells in the human epidermis revealed by transmission and scanning electron microscopy. In: Yamada E, Mizuhira V, Kurosima K, Nagano T (eds) Recent progress in electron microscopy of cells and tissues. Thieme, Stuttgart, pp 290–304

Sachs L (1974) Angewandte Statistik. Springer, Berlin Heidelberg New York, 545 S

Weber E (1980) Grundriß der biologischen Statistik. Fischer, Jena, 652 S

Weibel ER (1969) Stereological principles for morphometry in electron microscopic cytology. Int Rev Cytol 26: 235–302

Weibel ER (1979a) Stereological methods, vol I. Practical methods for biological morphometry. Academic Press, London New York, 415 p

Weibel ER (1979b) Stereological methods, vol II. Theoretical foundations, Academic Press, London New York 340 p

Willison JHM, Rowe AJ (1980) Resolution and quantitation in replicas and shadowed specimens. In: Glauert AM (ed) Practical methods in electron microscopy, vol VIII. Elsevier/North Holland, Amsterdam, pp 245–282

4.2 Mittelungs- und Bildrekonstruktionsverfahren

4.2.1 Problemstellung

Aussagen über die natürliche Struktur biologischer Makromoleküle anhand von elektronenmikroskopischen Abbildungen sind mit einigen Unsicherheiten verbunden. Ein Grund dafür ist in artifiziellen Formveränderungen zu sehen, die durch unterschiedliche Ursachen entstehen können, z. B. durch Abplattung während des Auftrocknens auf die Trägerfolie, durch Wasserverlust während des Trocknens oder durch Schädigung während der eigentlichen elektronenmikroskopischen Betrachtung. Auch die begrenzte Auflösung, verursacht durch die Kontrastierung mit Schwermetallen, ist ein sehr wesentlicher Faktor. Ein definitiver Ausweg aus dieser Situation ist noch nicht abzusehen. Jedoch sollte man durch Einsatz geeigneter Verfahren wenigstens nicht versäumen, die im Bild vorhandenen Informationen auszuschöpfen und kritisch zu analysieren. Im Bereich der makromolekularen EM kommt es darauf an, aus Abbildungen vieler Individuen ein- und desselben Molekültyps die gemeinsamen Merkmale zu extrahieren und so eine räumliche Modellvorstellung zu entwickeln, die auf nichtzufälligen Beobachtungen beruht. Zu diesem Zweck wurden unterschiedliche Verfahren entwickelt. Alle laufen auf eine Mittelung hinaus.

4.2.2 Markham-Rotation

Elektronenmikroskopisch abgebildetete isolierte Proteinmoleküle zeigen häufig mindestens in einer der möglichen Projektionen Andeutungen für eine Symmetrie (Abb. 4.1 a). Oft ist es eine Rotationssymmetrie. Zur Analyse einer solchen Symmetrie kann eine photographische Mittelung eingesetzt werden. Man geht folgendermaßen vor:

Von dem Originalnegativ wird ein vergrößertes Zwischennegativ hergestellt, das im Kontrast so ausgelegt ist, daß die zu analysierenden Strukturen auf dem Negativ hell erscheinen. Dieses Negativ wird in das Vergrößerungsgerät so eingelegt, daß das zu mittelnde Bild des fraglichen Makromoleküls im Zentrum des Strahlengangs liegt. Die Gesamtvergrößerung sollte so gewählt sein, daß das Makromolekül in der Ebene des Endbilds (also auf dem Photopapier) mindestens 1.5 cm Durchmesser hat. Nun wird eine Testbelichtung durchgeführt, um die Belichtungszeit zu bestimmen. Wenn z. B. eine 6fache Rotationssymmetrie vermutet wird, dann wird für die Rotationsanalyse das Photopapier für die erste Teilbelichtung mit ungefähr einem Viertel der vorher bestimmten Gesamtbelichtungszeit belichtet. Nun wird das Photopapier um eine Achse, die senkrecht durch die Mitte des zu analysierenden Molekülbilds läuft, um 60° gedreht. Hierzu kann eine entsprechend eingestochene Stecknadel dienen. Eine zweite Teilbelichtung folgt usw., bis sechs Teilbelichtungen durchgeführt sind. Nach der Entwicklung sollte die 6fache Rotationssymmetrie bei sorgfältigem Arbeiten, bedingt durch Summation von rotationssymmetrisch angeordneten Schwärzungen, wesentlich besser als auf dem Papierbild des unbehandelten Zwischennegativs erkennbar sein. Andere Winkelunterteilungen sollten auf entsprechende Weise untersucht werden, um Fehlinterpretationen auszuschließen. Im gegebenen Fall ist es z. B. ratsam, nicht nur eine Sechserrotation durchzuführen, sondern auch Zweier-, Dreier-, Vierer-, Fünfer-, Siebener-, Achter- und Zwölferrotationen. Dadurch können zusätzliche Symmetrien erkannt werden. Vorsicht ist bei diesem Verfahren besonders dann geboten, wenn bekannte biochemische Daten, wie Aussagen über die Stöchiometrie von Untereinheiten im Molekülkomplex, nicht mit den optischen Daten in Einklang zu bringen sind. Zudem müssen natürlich möglichst viele Einzelmoleküle auf gleiche Weise analysiert werden.

Weiterführende Literatur

Antranikian G, Klinner Ch, Kümmel A, Schwanitz D, Zimmermann Th, Mayer F, Gottschalk G (1982) Purification of L-Glutamate-dependent citrate lyase from *Clostridium sphenoides* and electron microscopic analysis of citrate lyase isolated from *Rhodopseudomonas gelatinosa*, *Streptococcus diacetilactis* and *C. sphenoides*. Eur J Biochem 126: 35–42

4.2.3 Prinzip der lichtoptischen Diffraktion

Eine lichtoptische Diffraktion kann an elektronenmikroskopischen Negativen durchgeführt werden, wenn auf ihnen mit ausreichendem Kontrast und geeigneter Vergrößerung periodische Strukturen abgebildet sind (Abb. 4.1 b, c). Zur Versuchsdurchführung wird eine optische Bank, ausgestattet mit einem Laser, Linsen für einen Beugungsstrahlengang und Photokamera benötigt. Das Negativ wird in den Laserstrahl gebracht. Dabei muß die interessierende Region auf dem Negativ entweder rund, quadratisch oder rechteckig begrenzt werden, falls sie kleiner ist als der Durchmesser des Laserstrahls. Der Laserstrahl wird an der abgebildeten Gitterstruktur gebeugt, und mit Hilfe des Linsensystems entsteht ein photographierbares Diffraktionsbild, das in Form von systematisch angeordneten Beugungspunkten alle Bildinformationen enthält und nach Eichung der Anlage durch Messen ausgewertet werden kann. Diffuse Beugungspunkte stammen von ungeordneten Bilddetails, z. B. Bildhintergrund oder von deformierten Objektbereichen. Aus einem solchen Diffraktogramm können mindestens Informationen über Längen und Winkel der Gitterstruktur entnommen werden. Die diffusen Beugungspunkte lassen, wenn sie zentrisch um die Mitte des Beugungsbilds ringförmig gehäuft auftreten (Abb. 4.1 d), Rückschlüsse auf den Grad der Defokussierung der elektronenmikroskopischen Aufnahme zu. Weicht der Ring von der Kreisform ab (Abb. 4.1 e), liegt außerdem Astigmatismus vor.

Will man den diffusen Bildhintergrund von den wichtigen Bildinformationen trennen, dann kann eine Bildrekonstruktion mit gleichzeitiger Filterung durchgeführt werden. Man erweitert die optische Bank, indem man ein Linsensystem hinzufügt, das dem Beugungssystem gleicht, jedoch in umgekehrter Anordnung. In die Ebene, in der das Beugungsbild photographiert wurde, wird eine Maske eingeschoben, welche Löcher an denjenigen Stellen hat, an denen das Beugungsbild seine systematischen Hauptmaxima hat. Auch für den Zentralstrahl wird eine Öffnung vorgesehen. Das entstehende rekonstruierte Bild ist nun frei von Störungen aus dem Bildhintergrund und meist wesentlich klarer als das ursprüngliche elektronenmikroskopische Bild.

Stammt die Vorlage von einem negativkontrastierten flächigen, helikalen oder andersartigen komplexen Objekt, so kann durch Auswahl entsprechender Beugungsmaxima eine einseitige Bildrekonstruktion durchgeführt werden.

Das lichtoptische Diffraktometer wird routinemäßig zur Kontrolle der Qualität von Negativen eingesetzt, die durch Computerbildrekonstruktion ausgewertet werden sollen (s. unten).

Weiterführende Literatur

Horne RW, Markham R (1973) Application of optical diffraction and image reconstruction techniques to electron micrographs. In: Glauert AM (ed) Practical methods in electron microscopy, vol I, part 2. Electron diffraction and optical diffraction techniques. Elsevier/North Holland, Amsterdam, pp 325–435

4.2.4 Prinzipien der Computerbildrekonstruktion

Dieses Verfahren ist dem konventionell ausgestatteten Labor in der Regel nicht zugänglich. Es erfordert neben hochwertiger EM relativ großen Rechenaufwand und Erfahrung.

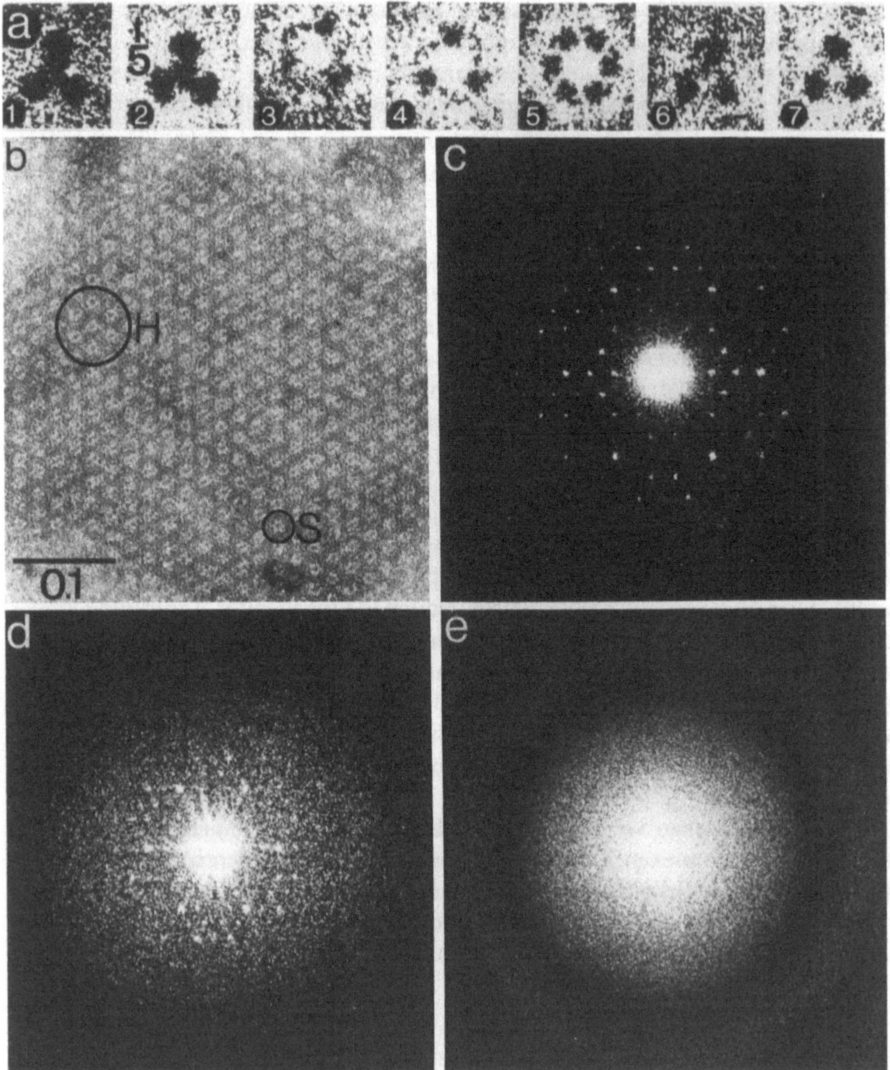

Abb. 4.1. a Elektronenmikroskopische Abbildungen verschiedener Form des Enzyms Citratlyase
(s. auch Abb. 2.20 c und 2.25 k) *(1, 3, 6)* sowie Ergebnisse der Bildanalyse durch Markham-Rotation
(2, 4, 5, 7). *1* „Stern"; *3* „Ring"; *6* Übergangsform zwischen „Stern"; und „Ring". *2, 4, 7* Rotation in
drei Schritten zu je 120° Drehung; *5* Rotation in sechs Schritten zu je 60° Drehung. Die Massenver-
teilungen werden durch dieses Mittelungsverfahren deutlicher. *5* ist eine unzulässige Auswertung,
da bereits auf dem Originalbild *(3)* eine alternierende zirkuläre Folge von großen und kleinen Massen zu erkennen ist. Wäre Bild *5* zutreffend, würde keine solche Folge alternierender unterschiedlicher Massen vorliegen. Negativkontrastierung mit Uranylacetat. Vergrößerungsangabe in µm (Antranikian et al. 1982).
b Mit Uranylacetat negativkontrastiertes isoliertes Fragment einer „surface layer" eines wasser-
stoffoxidierenden Bakteriums. Die Einheiten der Schicht sind hexagonal angeordnet *(H)*; jede Ein-
heit *(S)* besteht aus sechs Untereinheiten, die hexagonal angeordnet sind. Außer den Einheiten ist
noch eine feine periodische Strukturierung im Hintergrund zu erkennen. Vergrößerungsangabe in µm.
c–e Lichtoptische Diffraktogramme, gewonnen durch Auswertung von Aufnahmen ähnlich der in
b gezeigten Abbildung. **c** Klar erkennbare Beugungsreflexe verschiedener Ordnungen und Intensi-

Computerbildrekonstruktionen können für nur zwei oder für alle drei Dimensionen eines Objekts durchgeführt werden, je nach Datenmaterial, das vorhanden ist. Die Objekte können isolierte Makromoleküle, in gleicher Orientierung photographiert, oder periodisch geordnete Strukturen sein, wie z. B. Proteinkristalle, Membranen mit periodischer Strukturierung, Mikrotubuli usw. Soll eine zweidimensionale Bildrekonstruktion durchgeführt werden, reichen elektronenmikroskopische Aufnahmen von nur einer Projektionsrichtung aus. Für dreidimensionale Bildrekonstruktionen muß das Objekt mehrfach photographiert werden, wobei von Aufnahme zu Aufnahme die Orientierung relativ zum Elektronenstrahl in Form einer Kippserie systematisch variiert wird (s. 2.3.1.5).

Vor der Rechnung müssen die Bilddaten computergerecht erfaßt werden. Das erfolgt, indem man mit einem genau arbeitenden Mikrodensitometer das Negativ abrastert und für jeden Bildpunkt die Schwärzung mißt. Im Fall von isolierten Makromolekülen wird das für eine Anzahl von Molekülabbildungen gemacht, um eine Mittelung zu ermöglichen.

Im Fall der dreidimensionalen Bildrekonstruktion ist das Computerprogramm so ausgelegt, daß durch Vergleich aller vorhandenen Molekülprojektionen, jeweils photographiert bei bekanntem Winkel relativ zum Elektronenstrahl, die Bilddetails einander zugeordnet werden können. Sie werden dann zu einem in allen drei Dimensionen auswertbaren Dichteverteilungsmuster vereinigt, das bei Bedarf „scheibchenweise" ausgedruckt werden kann.

Für die zweidimensionale Bildrekonstruktion ist das Verfahren einfacher. Zunächst wird die periodische Struktur auf die Grenzen ihrer kleinsten Einheiten („Elementarzelle") untersucht. Da das elektronenmikroskopische Bild sich aus einer Vielzahl von solchen Einheiten zusammensetzt, ist eine Mittelung einfach möglich. Das Ergebnis ist ein Ausdruck, der eine Elementarzelle in Flächenansicht zeigt und der – meist durch Linien begrenzt – Flächen gleicher Schwärzung angibt. Bei entsprechender Versuchsdurchführung können Flächen gleicher Schwärzung einen Schluß auf gleiche Massendicke des biologischen Objekts an der jeweiligen Stelle zulassen. Abhängig von der Präparation, speziell von der Art der Kontrastentstehung, können Strukturdetails bis deutlich unter 1 nm aufgelöst werden.

Weiterführende Literatur

Baumeister W, Vogell W (eds) (1980) Electron microscopy at molecular dimensions; state of the art and strategies for the future. Springer, Berlin Heidelberg New York

---

täten; eine hexagonale Strukturierung ist erkennbar. **d** wie **c**, jedoch geringere Vergrößerung des Diffraktogramms. Durch eine gegenüber **c** geänderte Belichtung werden die Beugungsreflexe z. T. durch „Rauschen" überdeckt; das Beugungsbild weicht in seiner Gesamtform leicht von der Kreisform ab und zeigt damit an, daß in der elektronenmikroskopischen Originalaufnahme Astigmatismus vorhanden ist. **e** wie **c** und **d**; die nahezu ideale Kreisform des Beugungsbilds zeigt an, daß in der elektronenmikroskopischen Originalaufnahme kein oder nur sehr geringer Astigmatismus vorhanden ist

Appendix: Puffer in der EM

Die Pufferherstellung erfolgt unter Berücksichtigung des pka-Werts (s. 2.1.1.3.1) und der Temperatur. Es kann nach Mischtabellen oder nach Titration Säure bzw. Base gegen die wäßrige Pufferlösung vorgegangen werden. Hierfür ist ein pH-Meter erforderlich. Wir geben unten einige Beispiele für häufig angewandte Pufferlösungen in der EM an. Bei Molaritäten, die anders als 0.1 sind, müssen entsprechend veränderte Mengen ausgewogen werden.

1. Sörensen's Phosphatpuffer (0.1 M)

Lösung A: 0.1 M KH_2PO_4 $(13.76 \, g \cdot l^{-1})$
Lösung B: 0.1 M $Na_2HPO_4 \cdot 2H_2O$ $(18 \, g \cdot l^{-1})$

Erwünschter pH (25 °C)	Mischverhältnis für 100 ml Pufferlösung	
	A ml	B ml
6.0	87.7	12.3
6.8	50.8	49.2
7.0	39.2	60.8
7.2	28.5	71.5
7.4	19.6	80.4
7.6	13.2	86.8
7.8	8.6	91.4
8.0	5.5	94.5

2. Natriumphosphatpuffer (0.1 M)

Lösung A: 0.1 M $NaH_2PO_4 \cdot 2H_2O$ (15.6 g $\cdot$ l^{-1})
Lösung B: 0.1 M $Na_2HPO_4 \cdot 2H_2O$ (18 g $\cdot$ l^{-1})

erwünschter pH (25 °C)	Mischverhältnis für 100 ml Pufferlösung	
	A ml	B ml
6.0	87.7	12.3
6.8	51.0	49.0
7.0	39.0	61.0
7.2	28.0	72.0
7.4	19.0	81.0
7.6	13.0	87.0
7.8	8.5	91.5
8.0	5.3	94.7

3. Cacodylatpuffer (0.1 M)

Lösung A: 0.2 M $Na_2(CH_3)_2AsO_2 \cdot 3H_2O$ (42.8 g $\cdot$ l^{-1})
Lösung B: 0.2 M HCl [16.6 ml konz. (36–38%ig) HCl auf 1 l H_2O]

erwünschter pH (25 °C)	Mischverhältnis für 100 ml Pufferlösung		
	A ml	B ml	H_2O ml
6.4	50	36.8	13.2
6.6	50	26.8	23.2
6.8	50	18.8	31.2
7.0	50	12.8	37.2
7.2	50	8.4	41.6
7.4	50	5.6	44.4

4. Sulfonsäure- („Good"-)puffer

Puffer	pKa	Pufferbereich	pH einstellen mit
HEPES (N-2-Hydroxy ethylpiperazin-N'-2-ethan-sulfonsäure)	7.5	6.8–8.2	NaOH/HCl
MOPS (3-N-Morpholin propansulfonsäure)	7.2	6.5–7.9	NaOH/HCl
PIPES (Piperazin-N-N'-bis 2-ethansulfonsäure)	6.8	6.1–7.5	NaOH/HCl

MIX
Papier aus verantwortungsvollen Quellen
Paper from responsible sources
FSC® C105338

If you have any concerns about our products,
you can contact us on
ProductSafety@springernature.com

In case Publisher is established outside the EU,
the EU authorized representative is:
**Springer Nature Customer Service Center GmbH
Europaplatz 3, 69115 Heidelberg, Germany**

Printed by Libri Plureos GmbH
in Hamburg, Germany